BIM 应 用 系 列 教 程

U0243403

BIM造价应用

黄丽华　　朱溢镕　　贺成龙　　主编

（第二版）

化学工业出版社
·北京·

请单独购买《BIM算量一图一练》

内 容 简 介

本书基于"教、学、做一体化,以任务驱动导向,学生实践为中心"的设计思维,围绕工程造价专业能力分解,通过造价理论知识贯穿,打造基于 BIM 项目一体化案例、技能、实训三位一体课程模式。教材采取一图一练的讲练实战模式,通过理论知识与项目化实训相结合的内容设计,有效解决课堂教学与实训环节的脱节问题,从而达到提升技能应用型人才的培养目标。

全书以案例任务化模式展开,结合新版清单及各地最新定额进行本地化模式编制,讲解 BIM 造价应用。核心为 BIM 建筑工程计量与计价,在此基础上拓展为 BIM 造价应用综合项目实训。本书可以作为高等院校工程造价、工程管理、建筑工程、建筑经济信息化管理、建设工程监理、建筑工程技术等专业的教材,也可以作为建设单位、施工单位、设计及监理单位工程造价人员学习的参考资料。

图书在版编目(CIP)数据

BIM 造价应用/黄丽华,朱溢镕,贺成龙主编. —2
版. —北京:化学工业出版社,2022.7(2024.2重印)
BIM 应用系列教程
ISBN 978-7-122-41057-3

Ⅰ. ①B… Ⅱ. ①黄… ②朱… ③贺… Ⅲ. ①建筑工程—工程造价—应用软件—教材 Ⅳ. ①TU723.3-39

中国版本图书馆 CIP 数据核字(2022)第 048187 号

责任编辑:吕佳丽 邢启壮 装帧设计:王晓宇
责任校对:杜杏然

出版发行:化学工业出版社(北京市东城区青年湖南街 13 号 邮政编码 100011)
印 装:北京建宏印刷有限公司
787mm×1092mm 1/16 印张 16¾ 字数 412 千字 2024 年 2 月北京第 2 版第 2 次印刷

购书咨询:010-64518888 售后服务:010-64518899
网 址:http://www.cip.com.cn
凡购买本书,如有缺损质量问题,本社销售中心负责调换。

编写人员名单

主　编　黄丽华　浙江广厦建设职业技术大学
　　　　　朱溢镕　广联达数字高校 BU
　　　　　贺成龙　嘉兴学院
副主编　冯政荣　浙江广厦建设职业技术大学
　　　　　杨昭宇　温州大学
　　　　　樊　娟　黄河建工集团有限公司
参　编　刘晓勤　湖州职业技术学院
　　　　　刘国平　金华职业技术学院
　　　　　陈素萍　宁波工程学院
　　　　　孙咏梅　浙江水利水电学院
　　　　　李　娜　绍兴文理学院
　　　　　卢倩阳　浙江广厦建设职业技术大学
　　　　　蒋剑莹　浙江广厦建设职业技术大学
　　　　　胡江飞　浙江广厦建设职业技术大学
　　　　　李　晗　黄河建工集团有限公司
　　　　　李修强　浙江建设职业技术学院
　　　　　尹　珺　宁波大学
　　　　　周明荣　浙江工业职业技术学院
　　　　　吴　雁　嘉兴南洋职业技术学院
　　　　　吴华君　义乌工商职业技术学院

序

建设行业作为国民经济支柱产业之一，转型升级的任务十分艰巨，BIM 技术作为建设行业创新可持续发展的重要技术手段，其应用与推广对建设行业发展来说，将带来前所未有的改变，同时也将给建设行业带来巨大的前进动力。

伴随着 BIM 技术理念不断深化，范围不断拓展，价值不断彰显，呈现出了以下特点：一是应用阶段从以关注设计阶段为主向工程建设全过程扩展；二是应用形式从单一技术向多元化综合应用发展；三是用户使用从电脑应用向移动客户端转变；四是应用范围从标志性建筑向普通建筑转变。它对建设行业是一次颠覆性变革，对参与建设的各方，无论从工作方式、工作思路、工作路径都将发生革命性的改变。

面对新的趋势和需求，从技术技能应用型人才培养角度出发，需要我们更多地理解和掌握 BIM 技术，将 BIM 技术与其他先进技术融合到人才培养方案，融合到课程，融合到课堂之中，创新培养模式和教学手段，让课堂变得更加生动，使之受到更多学生的喜爱和欢迎。

本套 BIM 应用系列教程，主要围绕 BIM 技术深入应用到建筑工程计量计价与控制全过程这一主线展开，突出了以下特色：

一是项目导向，注重理论与实际融合。通过项目阶段任务化的模式，以情景片段展开，在完善基础知识的同时开展项目化实训教学，通过项目化任务的训练，让学生快速掌握计量计价手算技能。

二是通俗易懂，注重知识与技能融合。教材立足于学生能通过 BIM 技术在计量计价中学习与训练，形成完整知识架构，并能熟练掌握操作过程的目标，通过以完整的项目案例为载体，利用"一图一练"的模式进行讲解，将复杂项目过程更加直观化，学生也更容易理解内容与提升技能。

三是创新引领，注重技术与信息融合。本套教材在编写过程中，大量应用了二维码、三维实体动画、模拟情景中展开等多种形式与手段，将二维课本以三维立体的形式呈现于学生面前，从而提升学生实习兴趣，加快掌握造价技能与技巧。

四是校企合作，注重内容与标准融合。有多家企业共同参与策划与编写本系列教材，尤其是计价软件教材依托于广联达 BIM 系列软件，按照 BIM 一体化课程设计思路，围绕设计打通造价应用展开编制，较好地做到了教材内容与实际职业标准、岗位职责相一致，真正让学生做到学以致用、学有所用。

本教材是在现代职业教育有关改革精神指导下，围绕能力培养为主线，根据 BIM 技术发展趋势与毕业生岗位就业方向、生源实际情况编写的，教学思路清晰，设计理念先进，突破了传统的计量计价课程模式，为 BIM 技术在工程造价行业落地应用提供了很好的资源，探索了特色教材编写的新路径，值得向广大读者推荐。

浙江建设职业技术学院院长 何辉 教授

前　言

　　随着新技术的发展，当今建筑业正面临着极大转型，BIM 应用技术席卷而至，造价行业变革迫在眉睫。工程造价行业的信息化发展经历了从手工绘图计算到二维 CAD 绘图计算，再到现在正如火如荼的 BIM 造价应用的时代变迁。随着 BIM 技术在工程造价等行业的深入应用，整个工程造价行业都在向精细化、规范化和信息化的方向迅猛发展。

　　相比传统工程造价，BIM 技术的应用可谓是对工程造价的一次颠覆性革命。BIM 技术的造价应用使得复杂烦琐、耗时耗力的工程量计算在设计阶段即可高效完成，具有精准度高、效率高的特点；工程造价管理核心转变为全过程造价控制，减少了烦琐的工程量计算，对工程造价人员的能力与素质提出了更高的要求，对于建筑工程造价全过程管理而言有积极意义。

　　为推动 BIM 技术在造价行业的应用，落地 BIM 造价应用人才培养，笔者联合多方业务及教学专家一起编写此书。将 BIM 技术及新业务模式与传统工程造价融合，打造基于 BIM 造价应用理实一体化课程，满足新型人才培养的需求。本书基于"教、学、做一体化，任务驱动导向，学生实践为中心"的设计思维，围绕工程造价专业能力分解，通过造价理论知识贯穿，打造基于 BIM 项目一体化案例、技能、实训三位一体课程模式。教材采取一图一练的讲练实战模式，通过理论知识与项目化实训相结合的内容设计，有效解决课堂教学与实训环节的脱节问题，从而达到提升技能应用型人才的培养目标。

　　《BIM 造价应用》核心为 BIM 建筑工程计量与计价，在此基础上拓展为 BIM 造价应用综合项目实训。本书以《房屋建筑与装饰工程工程量计算规范》（GB 50854—2013）、《建设工程工程量清单计价规范》（GB 50500—2013）和《浙江省房屋建筑与装饰工程预算定额》（2018 版）为依据进行案例编制。

　　本书为 BIM 应用系列教程中的 BIM 造价应用分册，BIM 造价应用系列教程由"BIM 算量一图一练""建筑工程计量与计价""建筑工程 BIM 造价应用"组成，该系列是围绕建筑工程案例的理论，结合实践，将手算分析与软件实操互融的理实一体化的 BIM 应用教材。本书适合建筑类相关专业建筑识图、建筑工程计量与计价及 BIM 造价软件应用等课程学习使用，可以作为高等院校工程造价、工程管理、建筑工程、建筑经济信息化管理、建设工程监理、建筑工程技术等专业的教材，也可以作为建设单位、施工单位、设计及监理单位工程造价人员学习的参考资料。

　　本系列教材提供有配套的教材授课 PPT、案例图纸等授课资料包，读者可以至

www. cipedu. com. cn 免费下载。或加入 BIM 教学应用交流群【QQ 群号：777544320】获取配套资源。

由于编者水平有限，书中难免有不足之处，恳请广大读者批评指正，以便及时修订与完善。

编者

2021. 10

目　录

第1章

BIM基础应用概述

1.1 BIM 基础概述

1.1.1 BIM 的概念

在《建筑信息模型应用统一标准》（GB/T 51212—2016）中，将 BIM 定义如下：建筑信息模型 [building information modeling，building information model（BIM）]，是指在建设工程及设施全生命期内，对其物理和功能特性进行数字化表达，并依此设计、施工、运营的过程和结果的总称。

BIM 技术是一种多维（三维空间、四维时间、五维成本、N 维更多应用）模型信息集成技术，可以使建设项目的所有参与方（包括政府主管部门、业主、设计、施工、监理、造价、运营管理、项目用户等）在项目从概念产生到完全拆除的整个生命周期内都能够在模型中操作信息和在信息中操作模型，从根本上改变从业人员依靠符号文字的图纸进行项目建设和运营管理的工作方式，实现在建设项目全生命周期内提高工作效率和质量以及减少错误和风险的目标。BIM 的含义总结为以下三点。

①BIM 是以三维数字技术为基础，集成了建筑工程项目各种相关信息的工程数据模型，是对工程项目设施实体与功能特性的数字化表达。

②BIM 是一个完善的信息模型，能够连接建筑项目生命期不同阶段的数据、过程和资源，是对工程对象的完整描述，提供可自动计算、查询、组合拆分的实时工程数据，可被建设项目各参与方普遍使用。

③BIM 具有单一工程数据源，可解决分布式、异构工程数据之间的一致性和全局共享问题，支持建设项目生命期中动态的工程信息创建、管理和共享，是项目实时的共享数据平台。

1.1.2 BIM 的特点

1.1.2.1 可视化

（1）设计可视化　设计可视化，即在设计阶段建筑及构件以三维方式直观呈现出来。设计师能够运用三维思考方式有效地完成建筑设计，同时也使业主（或最终用户）真正摆脱了技术壁垒限制，随时可直接获取项目信息，大大减少了业主与设计师之间的交流障碍。

BIM 工具具有多种可视化的模式，一般包括隐藏线、带边框着色和真实渲染三种模式，如图 1-1 所示。

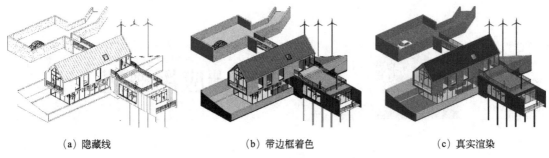

(a) 隐藏线　　　　　　　(b) 带边框着色　　　　　　　(c) 真实渲染

图 1-1　BIM 可视化的三种模式图

此外，BIM 还具有漫游功能，通过创建相机路径、动画或一系列图像，向客户进行模型展示，如图 1-2 所示。

（2）施工可视化

① 施工组织可视化。即利用 BIM 工具创建建筑设备模型、周转材料模型、临时设施模型等，以模拟施工过程，确定施工方案，进行施工组织。通过创建各种模型，在电脑中进行虚拟施工，使施工组织可视化，如图 1-3 所示。

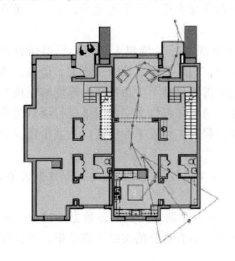

图 1-2　BIM 漫游可视化图　　　　　　　图 1-3　施工组织可视化图

② 复杂构造节点可视化。即利用 BIM 的可视化特性将复杂的构造节点全方位呈现，如复杂的钢筋节点、幕墙节点等。图 1-4 是复杂钢筋节点的可视化应用，传统 CAD 图纸 [图 1-4（a）] 难以表示的钢筋排布，在 BIM 中可以很好地展现 [图 1-4（b）]，其甚至可以做成钢筋模型的动态视频，有利于施工和技术交底。

（3）设备可操作性可视化　设备可操作性可视化即利用 BIM 技术对建筑设备空间是否合理进行提前检验。某项目生活给水机房的 BIM 模型如图 1-5 所示，通过该模型可以验证设备房的操作空间是否合理，并对管道支架进行优化。通过制作工作集和设置不同施工路线，可以制作多种设备安装动画，不断调整，从中找出最佳的设备安装位置和工序。与传统的施工方法相比，该方法更直观、清晰。

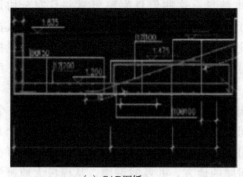

（a）CAD图纸   （b）BIM展现

图1-4 复杂构造节点可视化图

图1-5 设备可操作性可视化图

（4）机电管线碰撞检查可视化 机电管线碰撞检查可视化，即通过将各专业模型组装为一个整体BIM模型，从而使机电管线与建筑物的碰撞点以三维方式直观显示出来。在传统的施工方法中，对管线碰撞检查的方式主要有两种：一是把不同专业的CAD图纸叠在一张图上进行观察，根据施工经验和空间想象力找出碰撞点并加以修改；二是在施工的过程中边做边修改。这两种方法均费时费力，效率很低。但在BIM模型中，可以提前在真实的三维空间中找出碰撞点，由各专业人员在模型中调整好碰撞点或不合理处后再导出CAD图纸。某工程管线碰撞检查如图1-6所示。

图1-6 某工程管线碰撞检查

1.1.2.2 一体化

一体化指的是BIM技术可进行从设计到施工再到运营贯穿工程项目的全生命周期的一体化管理。BIM的技术核心是一个由计算机三维模型所形成的数据库，不仅包含了建筑师的设计信息，而且可以容纳从设计到建成使用，甚至是使用周期终结的全过程信息。BIM可以持续提供项目设计范围、进度以及成本信息，这些信息完整可靠并且完全协调。BIM能在综合数字环境中保持信息不断更新并可提供访问，使建筑师、工程师、施工人员以及业主可以全面地了解项目。这些信息在建筑设计、施工和管理的过程中能使项目质量提高，收益增加。BIM在整个建筑行业从上游到下游的各个企业间不断完善，从而实现项目全生命周期的信息化管理，最大化地实现BIM的一体化管理目标。

在设计阶段，BIM使建筑、结构、给排水、空调、电气等各个专业基于同一个模型进行工作，从而使真正意义上的三维集成协同设计成为可能。将整个设计整合到一个共享的建筑信息模型中，结构与设备、设备与设备间的冲突会直观地显现出来，工程师们可在三维模型中随意查看，并能准确查看到可能存在问题的地方，并及时调整，从而极大地避免了施工中的浪费。这在极大程度上促进了设计施工的一体化过程。在施工阶段，BIM可以同步提供有关建筑质量、进度以及成本的信息。利用BIM可以实现整个施工周期的可视化模拟与可视化管理，帮助施工人员促进建筑的量化，迅速为业主制定展示场地使用情况或更新调整情况的规划，提高文档质量，改善施工规划。最终结果就是，能将业主更多的施工资金投入到建筑，而不是行政和管理中。此外，BIM还能在运营管理阶段提高收益和成本管理水平，为开发商销售招商和业主购房提供极大的透明度和便利。BIM这场信息革命，对于工程建设设计施工各个环节一体化，必将产生深远的影响。这项技术已经可以清楚地表明其在协调方面的作用，还缩短了设计与施工时间表，显著降低成本，提升工作场所安全性和可持续的建筑项目所带来的整体利益。

1.1.2.3　参数化建模

参数化建模指的是通过参数（变量）而不是数字建立和分析模型，简单地改变模型中的参数值就能建立和分析新的模型。

BIM的参数化设计分为两个部分：参数化图元和参数化修改引擎。参数化图元指的是BIM中的图元是以构件的形式出现。这些构件之间的不同，是通过参数的调整反映出来的，参数保存了图元作为数字化建筑构件的所有信息。参数化修改引擎指的是参数更改技术使用户对建筑设计或文档部分做的任何改动，都可以自动地在其他相关联的部分反映出来。在参数化设计系统中，设计人员根据工程关系和几何关系来指定设计要求。参数化设计的本质是在可变参数的作用下，系统能够自动维护所有的不变参数。因此，参数化模型中建立的各种约束关系，正是体现了设计人员的设计意图。参数化设计可以大大提高模型的生成和修改速度。

在某钢结构项目中，钢结构采用交叉状的网壳结构。图1-7（a）为主肋控制曲线，它是在建筑师根据莫比乌斯环的概念确定的曲线走势基础上衍生出的多条曲线；生成基础控制线后，利用参数化设定曲线间的参数，按照设定的参数自动生成主次肋曲线，如图1-7（b）所示；相应的外表皮单元和梁也是随着曲线的生成自动生成，如图1-7（c）所示。这种参数化的特性，不仅能够大大加快设计进度，还能够极大地缩短设计修改的时间。

1.1.2.4　仿真性

（1）建筑物性能分析仿真　建筑物性能分析仿真，即基于BIM技术，建筑师在设计过程中赋予所创建的虚拟建筑模型大量建筑信息（几何信息、材料性能、构件属性等），然后

(a) 主肋控制曲线　　　　　　　(b) 主次肋曲线　　　　　　　(c) 外表皮单元和梁

图 1-7　参数化建模图

将 BIM 模型导入相关性能分析软件，就可得到相应的分析结果。这一性能使得 CAD 时代需要专业人士花费大量时间输入大量专业数据的过程，如今可自动轻松完成，从而大大减少了工作周期，提高了设计质量，优化了为业主的服务。

性能分析主要包括能耗分析、光照分析、设备分析、绿色分析等。

（2）施工仿真

① 施工方案模拟优化。施工方案模拟优化指的是通过 BIM 可对项目重点及难点部分进行可建造性模拟，按月、日、时进行施工安装方案的分析优化，验证复杂建筑体系（如施工模板、玻璃装配、锚固等）的可建造性，从而提高施工计划的可行性。对项目管理方而言，可直观了解整个施工安装环节的时间节点、安装工序及疑难点。而施工方也可进一步对原有安装方案进行优化和改善，以提高施工效率和施工方案的安全性。

② 工程量自动计算。BIM 模型作为一个富含工程信息的数据库，可真实地提供造价管理所需的工程量数据。基于这些数据信息，计算机可快速对各种构件进行统计分析，大大减少了烦琐的人工操作和潜在错误，实现了工程量信息与设计文件的统一。通过 BIM 所获得的准确的工程量统计，可用于设计前期的成本估算、方案比选、成本比较，以及开工前预算和竣工后决算。

③ 消除现场施工过程干扰或施工工艺冲突。随着建筑物规模和使用功能复杂程度的增加，设计、施工、甚至业主对于机电管线综合的出图要求愈加强烈。利用 BIM 技术，通过搭建各专业 BIM 模型，设计师能够在虚拟三维环境下快速发现并及时排除施工中可能遇到的碰撞冲突，显著减少由此产生的变更申请单，大大提高施工现场作业效率，降低了因施工不协调造成的成本增长和工期延误。

（3）施工进度模拟　施工进度模拟，即通过将 BIM 技术与施工进度计划相链接，把空间信息与时间信息整合在一个可视的 4D 模型中，直观、精确地反映整个施工过程。当前建筑工程项目管理中常以甘特图表示进度计划，其专业性强，但可视化程度低，无法清晰描述施工进度以及各种复杂关系（尤其是动态变化过程）。而通过基于 BIM 技术的施工进度模拟可直观、精确地反映整个施工过程，进而可缩短工期，降低成本，提高质量。

（4）运维仿真

① 设备的运行监控。即采用 BIM 技术实现对建筑物设备的搜索、定位、信息查询等功能。在运维 BIM 模型中，在设备信息集成的前提下，运用计算机对 BIM 模型中的设备进行操作，可以快速查询设备的所有信息，如生产厂商、使用寿命期限、联系方式、运行维护情况以及设备所在位置等。通过对设备运行周期的预警管理，可以有效地防止事故的发生，利用终端设备和二维码、RFID 技术，迅速对发生故障的设备进行检修。

② 能源运行管理。即通过 BIM 模型对租户的能源使用情况进行监控与管理，赋予每个能源使用记录表传感功能，在管理系统中及时做好信息的收集处理，通过能源管理系统对能源消耗情况自动进行统计分析，并且可以对异常使用情况进行警告。

③ 建筑空间管理。即基于 BIM 技术，业主通过三维可视化直观地查询定位到每个租户的空间位置以及租户的信息，如租户名称、建筑面积、租约区间、租金情况、物业管理情况；还可以实现租户的各种信息的提醒功能，同时根据租户信息的变化，实现对数据的及时调整和更新。

1.1.2.5　协调性

协调一直是建筑业工作中的重点内容，不管是施工单位还是业主及设计单位，都在做着协调及相配合的工作。基于 BIM 进行工程管理，可以有助于工程各参与方进行组织协调工作。通过 BIM 建筑信息模型可在建筑物建造前期对各专业的碰撞问题进行协调，生成并提供协调数据。

（1）设计协调　设计协调指的是通过 BIM 三维可视化控件及程序自动检测，可对建筑物内机电管线和设备进行直观布置模拟安装，检查是否碰撞，找出问题所在及冲突矛盾之处，还可调整楼层净高、墙柱尺寸等。

（2）整体进度规划协调　整体进度规划协调指的是基于 BIM 技术，对施工进度进行模拟，同时根据最前线的经验和知识进行调整，可极大地缩短施工前期的技术准备时间，并帮助各类各级人员对设计意图和施工方案获得更高层次的理解。以前施工进度通常是由技术人员或管理层敲定的，容易出现下级人员信息断层的情况，BIM 技术的应用可使得施工方案更高效，更完美。

（3）成本预算、工程量估算协调　成本预算、工程量估算协调指的是应用 BIM 技术可以为造价工程师提供各设计阶段准确的工程量、设计参数和工程参数，这些工程量和参数与技术经济指标结合，可以计算出准确的估算、概算，再运用价值工程和限额设计等手段对设计成果进行优化。同时，基于 BIM 技术生成的工程量不是简单的长度和面积的统计，专业的 BIM 造价软件可以进行精确的 3D Max 布尔运算和实体扣减，从而获得更符合实际的工程量数据，并且可以自动形成电子文档进行交换、共享、远程传递和永久存档。其在准确率和速度上都较传统统计方法有很大的提高，有效降低了造价工程师的工作强度，提高了工作效率。

（4）运维协调　BIM 系统包含了多方信息，如厂家价格信息、竣工模型、维护信息、施工阶段安装深化图等，BIM 系统能够把成堆的图纸、报价单、采购单、工期图等统筹在一起，呈现出直观、实用的数据信息，并可以基于这些信息进行运维协调。运维管理主要体现在以下几方面。

① 空间协调管理。空间协调管理主要应用在照明、消防等各系统和设备空间定位。首先，应用 BIM 技术，业主可获取各系统和设备空间位置信息，把原来的编号或者文字表示变成三维图形位置，直观形象且方便查找，如通过 RFID 获取大楼的安保人员位置。其次，BIM 技术可应用于内部空间设施可视化，利用 BIM 建立一个可视三维模型，所有数据和信息可以从模型获取调用，如装修的时候，可快速获取不能拆除的管线、承重墙等建筑构件的相关属性。

② 设施协调管理。设施协调管理主要体现在设施的装修、空间规划和维护操作。BIM 技术能够提供关于建筑项目的协调一致的、可计算的信息，该信息可用于共享及重复使用，

从而可降低业主和运营商由于缺乏操作性而导致的成本损失。此外基于 BIM 技术还可对重要设备进行远程控制，把原来商业地产中独立运行的各种设备通过 RFID 等技术汇总到统一的平台上进行管理和控制。最后，通过远程控制，可充分了解设备的运行状况，为业主更好地进行运维管理提供良好条件。

③ 隐蔽工程协调管理。基于 BIM 技术的运维可以管理复杂的地下管网，如污水管、排水管、网线、电线以及相关管井，并且可以在图上直接获得相对位置关系。当改建或二次装修的时候可以避开现有管网位置，便于管网维修、更换设备和定位。内部相关人员可以共享这些电子信息，有变化可随时调整，保证信息的完整性和准确性。

④ 应急管理协调。通过 BIM 技术的运维管理对突发事件管理，包括：预防、警报和处理。以消防事件为例，该管理系统可以通过喷淋感应器感应信息；如果发生着火事故，在商业广场的 BIM 信息模型界面中，就会自动触发火警警报；着火区域的三维位置和房间立即进行定位显示；控制中心可以及时查询相应的周围环境和设备情况，为及时疏散人群和处理灾情提供重要信息。

⑤ 节能减排管理协调。通过 BIM 结合物联网技术的应用，使得日常能源管理监控变得更加方便。通过安装具有传感功能的电表、水表、煤气表后，可以实现建筑能耗数据的实时采集、传输、初步分析、定时定点上传等基本功能，并具有较强的扩展性。系统还可以实现室内温湿度的远程监测，分析房间内的实时温湿度变化，配合节能运行管理。在管理系统中可以及时收集所有能源信息，并且通过开发的能源管理功能模块，对能源消耗情况进行自动统计分析，比如各区域、各户主的每日用电量、每周用电量等，并对异常能源使用情况进行警告或者标识。

1.1.2.6　优化性

整个设计、施工、运营的过程，其实就是一个不断优化的过程，没有准确的信息是做不出合理优化结果的。BIM 模型提供了建筑物存在的实际信息，包括几何信息、物理信息、规则信息，还提供了建筑物变化以后的实际信息。BIM 及与其配套的各种优化工具提供了对复杂项目进行优化的可能。把项目设计和投资回报分析结合起来，计算出设计变化对投资回报的影响，使得业主知道哪种项目设计方案更有利于自身的需求，对设计施工方案进行优化，可以带来显著的工期和造价改进。

1.1.2.7　可出图性

运用 BIM 技术，除了能够进行建筑平、立、剖面图及详图的输出外，还可以输出碰撞报告及构件加工图等资料。

（1）施工图纸输出　通过将建筑、结构、电气、给排水、暖通等专业的 BIM 模型整合后，进行管线碰撞检测，可以输出综合管线图（经过碰撞检查和设计修改，消除了相应错误）、综合结构留洞图（预埋套管图）、碰撞检查报告和建议改进方案。

① 建筑与结构专业的碰撞。建筑与结构专业的碰撞主要包括建筑与结构图纸中的标高、柱、剪力墙等的位置是否一致等问题。如图 1-8 是梁与门之间的碰撞。

② 设备内部各专业碰撞。设备内部各专业碰撞内容主要是检

图1-8　梁与门碰撞图

测各专业与管线的冲突情况，如图 1-9 所示。

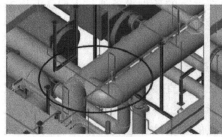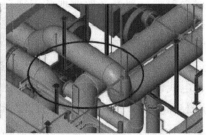

（a）检测出的碰撞　　　　　　　（b）优化后的管线

图 1-9　设备管道互相碰撞图

③ 建筑、结构专业与设备专业碰撞。设备与室内装修碰撞属于建筑专业与设备专业的碰撞，如图 1-10 为水管穿吊顶图。管道与梁、柱冲突属于结构专业与设备专业的碰撞，如图 1-11 为风管和梁碰撞图。

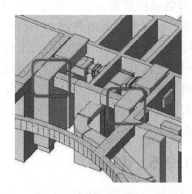

图 1-10　水管穿吊顶图　　　　　　　图 1-11　风管和梁碰撞图

④ 解决管线空间布局。基于 BIM 模型可调整解决管线空间布局问题，如机房过道狭小、各管线交叉等问题。管线交叉及优化具体过程如图 1-12 所示。

（2）构件加工指导

① 出构件加工图。通过 BIM 模型对建筑构件的信息化表达，可在 BIM 模型上直接生成构件加工图，不仅能清楚地传达传统图纸的二维关系，而且对于复杂的空间剖面关系也可以清楚表达，同时还能够将离散的二维图纸信息集中到一个模型当中，这样的模型能够更加紧密地实现与预制工厂的协同和对接。

② 构件生产指导。在生产加工过程中，BIM 信息化技术可以直观地表达出配筋的空间关系和各种参数情况，能自动生成构件下料单、派工单、模具规格参数等生产表单，并且能通过可视化的直观表达帮助工人更好地理解设计意图，可以形成 BIM 生产模拟动画、流程图、说明图等辅助培训的材料，有助于提高工人生产的准确性和质量效率。

③ 实现预制构件的数字化制造。借助工厂化、机械化的生产方式，采用集中、大型的生产设备，将 BIM 信息数据输入设备，就可以实现机械的自动化生产，这种数字化建造的方式可以大大提高工作效率和生产质量。比如现在已经实现了钢筋网片的商品化生产，符合设计要求的钢筋在工厂可自动下料、自动成形、自动焊接（绑扎），形成标准化的钢筋网片。

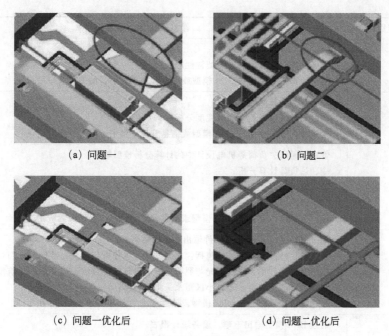

(a) 问题一　　　　　　　　　　　　　　(b) 问题二

(c) 问题一优化后　　　　　　　　　　　(d) 问题二优化后

图 1-12　风管和梁及消防管道优化前后对比图

1.1.2.8　信息完备性

信息完备性体现在 BIM 技术可对工程对象进行 3D 几何信息和拓扑关系的描述以及完整的工程信息描述，如对象名称、结构类型、建筑材料、工程性能等设计信息；施工工序、进度、成本、质量以及人力、机械、材料资源等施工信息；工程安全性能、材料耐久性能等维护信息；对象之间的工程逻辑关系等。

1.2　BIM 基础应用

1.2.1　BIM 在勘察设计阶段的应用

BIM 在勘察设计阶段的主要应用分析见表 1-1。

表 1-1　BIM 在勘察设计阶段的主要应用分析

勘察设计 BIM 应用内容	勘察设计 BIM 应用分析
设计方案论证	设计方案比选与优化，提出性能、品质最优的方案
设计建模	三维模型展示与漫游体验； 建筑、结构、机电各专业协同建模； 参数化建模技术实现一处修改，相关联内容智能变更； 避免错、漏、碰、缺发生
能耗分析	通过 IFC 或 gbxml 格式文件输出能耗分析模型； 对建筑能耗进行计算、评估，进而开展能耗性能优化； 能耗分析结果存储在 BIM 模型或信息管理平台中，便于后续应用

续表

勘察设计 BIM 应用内容	勘察设计 BIM 应用分析
结构分析	通过 IFC 或 Structure Model Center 输出数据计算模型； 开展抗震、抗风、抗火等结构性能设计； 结构计算结果存储在 BIM 模型或信息管理平台中，便于后续应用
光照分析	建筑、小区日照性能分析； 室内光源、采光、景观可视度分析； 光照计算结果存储在 BIM 模型或信息管理平台中，便于后续应用
设备分析	管道、通风、负荷等机电设计中的计算分析模型输出； 冷、热负荷计算分析； 舒适度模拟； 气流组织模拟； 设备分析结果存储在 BIM 模型或信息管理平台中，便于后续应用
绿色评估	通过 IFC 或 gbxml 格式文件输出绿色评估模型； 建筑绿色性能分析，其中包括：规划设计方案分析与优化、节能设计与数据分析、建筑遮阳与太阳能利用、建筑采光与照明分析、建筑室内自然通风分析、建筑室外绿化环境分析、建筑声环境分析、建筑小区雨水采集和利用； 绿色分析结果存储在 BIM 模型或信息管理平台中，便于后续应用
工程量统计	通过 BIM 模型输出土建、设备统计报表； 输出工程量统计，与概预算专业软件集成计算； 概预算分析结果存储在 BIM 模型或信息管理平台中，便于后续应用
其他性能分析	建筑表面参数化设计； 建筑曲面幕墙参数化分析、优化与统计
管线综合	各专业模型碰撞检测，提前发现错、漏、碰、缺等问题，减少施工中的返工和浪费
规范验证	BIM 模型与规范、经验相结合，实现智能化的设计，减少错误，提高设计便利性和效率
设计文件编制	从 BIM 模型中生成二维图纸、计算书、统计表单，特别是详图和表单，可以提高施工图的出图效率，并能有效减少二维施工图中的错误

在中国的工程设计领域应用 BIM 的部分项目中，可发现 BIM 技术已获得比较广泛的应用，除表 1-1 中的"规范验证"外，其他方面都有应用，应用较多的方面大致如下。

① 设计中均建立了三维设计模型，各专业设计之间可以共享三维设计模型数据，进行专业协同、碰撞检查，避免数据重复录入。

② 使用相应的软件直接进行建筑、结构、设备等各专业设计，部分专业的二维设计图纸可以从三维设计模型自动生成。

③ 可以将三维设计模型的数据导入到各种分析软件，例如能耗分析、日照分析、风环境分析等软件中，快速地进行各种分析和模拟，还可以快速计算工程量并进一步进行工程成本的预测。

1.2.2　BIM 在施工阶段的作用

（1）BIM 对施工阶段技术提升的价值

① 辅助施工深化设计或生成施工深化图纸；

② 利用 BIM 技术对施工工序的模拟和分析；

③ 基于 BIM 模型的错、漏、碰、缺检查；

④ 基于 BIM 模型的实时沟通方式。

（2）BIM 对施工阶段管理和综合效益提升的价值

① 可提高总包管理和分包协调工作效率；

② 可降低施工成本。

（3）BIM 对工程施工的价值和意义　BIM 对工程施工的价值和意义见表 1-2。

表 1-2　BIM 对工程施工的价值和意义

工程施工 BIM 应用	工程施工 BIM 应用分析
支撑施工投标的 BIM 应用	（1）3D 施工工况展示； （2）4D 虚拟建造
支撑施工管理和工艺改进的单项功能 BIM 应用	（1）设计图纸审查和深化设计； （2）4D 虚拟建造，工程可建造性模拟（样板对象）； （3）基于 BIM 的可视化技术讨论和简单协同； （4）施工方案论证、优化、展示以及技术交底； （5）工程量自动计算； （6）消除现场施工过程干扰或施工工艺冲突； （7）施工场地科学布置和管理； （8）服务构配件预制生产、加工及安装
支撑项目、企业和行业管理集成与提升的综合 BIM 应用	（1）4D 计划管理和进度监控； （2）施工方案验证和优化； （3）施工资源管理和协调； （4）施工预算和成本核算； （5）质量安全管理； （6）绿色施工； （7）总承包、分包管理协同工作平台； （8）施工企业服务功能和质量的拓展、提升
支撑基于模型的工程档案数字化和项目运维的 BIM 应用	（1）施工资料数字化管理； （2）工程数字化交付、验收和竣工资料数字化归档； （3）业主项目运维服务

1.2.3　BIM 在运营维护阶段的作用

BIM 参数模型可以为业主提供建设项目中所有系统的信息，在施工阶段做出的修改将全部同步更新到 BIM 参数模型中，形成最终的 BIM 竣工模型。该竣工模型作为各种设备管理的数据库，为系统的维护提供依据。

此外，BIM 可同步提供有关建筑使用情况或性能、入住人员与容量、建筑已用时间以及建筑财务方面的信息；同时，BIM 可提供数字更新记录，并改善搬迁规划与管理。BIM 还促进了标准建筑模型对商业场地条件（例如零售业场地，这些场地需要在许多不同地点建造相似的建筑）的适应。有关建筑的物理信息（例如完工情况、承租人或部门分配、家具和设备库存）和关于可出租面积、租赁收入或部门成本分配的重要财务数据都更加易于管理和使用。稳定访问这些类型的信息可以提高建筑运营过程中的收益与成本管理水平。

综合应用 GIS 技术，将 BIM 与维护管理计划相链接，实现建筑物业管理与楼宇设备的实时监控相集成的智能化和可视化管理，及时定位问题来源，结合运营阶段的环境影响和灾害破坏，针对结构损伤、材料劣化及灾害破坏，可进行建筑结构安全性、耐久性分析与预测。

1.2.4 BIM 在项目全生命周期的作用

在传统的设计-招标-建造模式下，基于图纸的交付模式使得跨阶段时信息损失带来大量价值的损失，导致出错、遗漏，需要花费额外的精力来创建、补充精确的信息。而基于 BIM 模型的协同合作模型，利用三维可视化、数据信息丰富的模型，各方可以获得更大投入产出比，如图 1-13 所示。

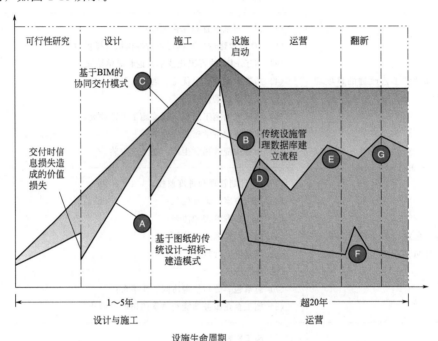

A—传统单阶段、基于图纸的交付；　E—FM与后台办公系统的整合；
B—传统设施管理数据库系统；　　　F—利用既存图纸进行翻新；
C—基于BIM的一体化交付与运营；　G—更新设施管理数据库
D—设施管理数据库的建立；
注：线的斜率代表信息创建与维护的效率

图 1-13　设施生命周期中各阶段的信息与效率图

美国 Building SMART alliance 在 "BIM Project Execution Planning Guide Version 1.0" 中，根据当前美国工程建设领域的 BIM 使用情况总结了 BIM 的 20 多种主要应用（图 1-14）。从图 1-14 中可以发现，BIM 应用贯穿了建筑的规划、设计、施工与运营四大阶段，多项应用是跨阶段的，尤其是基于 BIM 的"现状建模"与"成本预算"贯穿了建筑的全生命周期。

基于 BIM 技术无法比拟的优势和活力，现今 BIM 已被愈来愈多的专家应用在各式各样的工程项目中，涵盖了从简单的仓库到形式最为复杂的新建筑，随着建筑物的设计、施工、运营的推进，BIM 将在建筑的全生命周期管理中不断体现其价值。

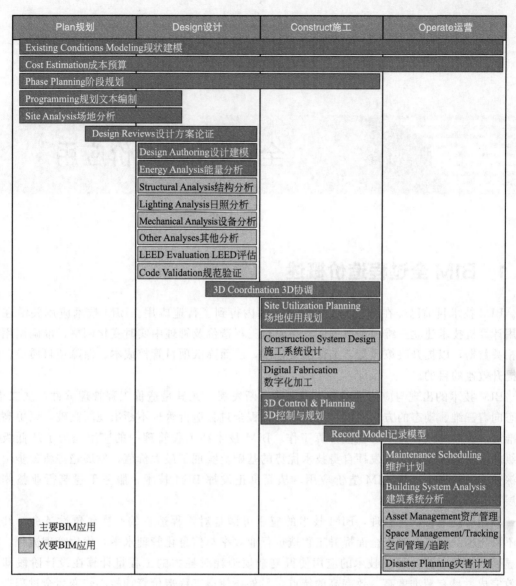

图 1-14　BIM 在建筑工程行业的应用

第2章

全过程BIM造价应用

2.1 BIM 全过程造价概述

BIM 技术目前已经在全世界工程领域范围内得到了普遍应用。BIM 技术应用关键在于利用计算机技术建立三维模型数据库，在建筑工程造价及管理中实时变化调整，准确调用各类相关数据，以提升决策质量，加快决策进度，从而降低项目管控成本、保障项目质量，达到提升效益的目的。

BIM 技术的出现与应用推动着工程软件不断发展，尤其是造价工程管理软件，从二维、静态向着三维、动态的方向发展，促使建筑工程全过程造价管理不断出现新突破，以更高的精准度、更高的效率完成工程量计算工作。BIM 技术在工程管理中的应用经历了从低级到高级的发展层次，在充分发挥自身技术优势的基础上实现了最大价值，发展趋势将逐步由浅到深地实现项目全过程 BIM 造价应用，从而真正发挥 BIM 技术，服务于建筑行业整体的发展。

相比传统工程造价管理，BIM 技术的应用可谓是对工程造价的一次颠覆性革命，其具有不可比拟的优势，对于全面提升工程造价行业效率与信息化管理水平，优化管理流程，具有显著的应用优势。BIM 技术的应用使得复杂烦琐耗时耗力的工程量计算在设计阶段即可高效完成，具有精准度高、效率高的特点，另外还使得工程造价管理核心转变为全过程造价控制，减少烦琐的工程量计算，并对工程造价人员的能力与素质提出了更高的要求，对于建筑工程全过程造价管理而言有积极意义。

2.1.1 提升工程量计算准确性与效率

工程量计算作为造价管理预算编制的基础，比起传统手工计算、二维软件计算，BIM 技术的自动算量功能可提升计算客观性与效率，还可利用三维模型对规则或不规则构件等进行准确计算，也可实时完成三维模型的实体扣减计算，无论是效率、准确率还是客观性上都有保障。BIM 技术的应用改变了工程造价管理中工程量计算的烦琐复杂，节约了人力、物力与时间资源等，让造价工程师可更好地投入到高价值工作中，有利于做好风险评估与询价工程，编制精度更高的预算。比如某地区海洋公园的度假景观项目，希望将园区内工程房屋改造为度假景区，需对原有房屋设备等进行添置删减、修补更换，利用 BIM 技术建立三维模型，可更好地完成管线冲突、日照、景观等工程量项目的分析检查与设计。

BIM技术在造价管理应用方面的最大优势体现在工程量统计与核查上，三维模型建立后可自动生成具体工程数据，对比二维设计工程量报表与统计情况来看，可发现数据偏差大量减少。造成如此差异的原因在于，二维图纸计算中跨越多张图纸的工程项目存在多次重复计算的可能性、面积计算中立面面积有被忽略的可能性、线性长度计算中只顾及投影长度等，以上这些都会影响准确性，BIM技术的应用可有效消除偏差。

2.1.2 加强全过程成本控制

建筑工程项目管控过程中合理的实施计划可起到事半功倍的作用，应用BIM技术建立三维模型可提供更好、更精确、更完善的数据基础，能更好地服务于资金计划、人力计划、材料计划与设备设施计划等的编制与使用。BIM模型可赋予工程量时间信息，显示不同时间段的工程量与工程造价，有利于各类计划的编制，达到合理安排资源的目的，从而有利于工程管控过程中成本控制计划的编制与实施，有利于合理安排各项工作，高效利用人力、物力、资源等。

2.1.3 加强对设计变更管理

建筑工程管理中经常会遇到设计变更的情况，设计变更可谓是管控过程中应对压力大、难度大的一项工作。应用BIM技术首先可以有效减少设计变更情况的发生，利用三维建模碰撞检查工具可降低变更发生率；在设计变更发生时，可将变更内容输入到相关模型中，通过模型的调整获得工程量自动变化情况，避免了重复计算造成的误差等问题。将设计变更后工程量变化引起的造价变化情况直接反馈给设计师，有利于更好地了解工程设计方案的变化和工程造价的变化，全面控制设计变更引起的多方影响，提升建筑项目造价管理水平与成本控制能力，有利于避免浪费与返工等现象。

2.1.4 方便历史数据积累和共享

建筑工程项目完成后，众多历史数据的存储与再应用是一大难点。利用BIM技术可做好这些历史数据的积累与共享，在碰到类似工程项目时，可及时调用这些参考数据，对工程造价指标、含量指标等此类借鉴价值较高的信息的应用有利于今后工程项目的审核与估算，有利于提升企业工程造价全过程管控能力和企业核心竞争力。

2.1.5 有利于项目全过程造价管理

建筑工程全过程造价管理贯穿决策、设计、招投标、施工、结算五大阶段，每个阶段的管理都为最终项目投资效益服务，利用BIM技术可发挥其自身优越性，使之在工程各个阶段的造价管理中提供更好的服务。

决策阶段，可利用BIM技术调用以往工程项目数据估算、审查当前工程费用，估算项目总投资金额，利用历史工程模型服务当前项目的估算，有利于提升设计编制准确性。

设计阶段，利用BIM技术历史模型数据可服务限额设计，限额设计指标提出后可参考类似工程项目测算造价数据，一方面可提升测算深度与准确度，另一方面也可减少计算量，节约人力与物力成本等。项目设计阶段完成后，BIM技术可快速完成模型概算，并核对其是否满足要求，从而达到控制投资总额、发挥限额设计价值的目标，对于全过程工程造价管理而言有积极意义。

招投标阶段，工程量清单招投标模式下 BIM 技术的应用可在短时间内高效、快速、准确地提供招标工程量。尤其是施工单位，在招投标期限较紧的情况下，面对逐一核实难度较大的工程量清单，可利用 BIM 模型迅速准确完成核实，减少计算误差，避免项目亏损，高质量完成招投标工作。

施工阶段的造价管控，时间长、工作量大、变量多，BIM 技术的碰撞检查可减少设计变更情况，在正式施工前进行图纸会审可有效减少设计问题与实际施工问题，减少变更与返工情况。BIM 技术下的三维模型有利于施工阶段资金、人力物力资源的统筹安排与进度款的审核支付，以及在施工中迅速按照变更情况及时调整造价，做到按时间、按工序、按区域输出工程造价，实现全过程成本管控的精细化管理。

结算阶段，BIM 模型可提供准确的结算数据，提升结算进度与效率，减少经济纠纷。

综上所述，BIM 技术在工程造价管理中的应用可全面提升工程造价行业效率与信息化管理水平，优化管理流程，高效率、高精准度地完成工程量计算工作，有利于加强全过程成本控制，做好设计变更应对，方便历史数据积累和共享，对于建筑项目造价管理工作而言有诸多优越性，应用价值较高，值得大力推广应用。

2.2　BIM 全过程造价应用

随着我国工程造价管理工作不断发展，造价控制已从原先侧重于施工阶段，发展为"事前预控、事中控制、事后评估"的全过程造价管理。相比于传统工程造价管理，BIM 技术将工程造价管理的全过程管控扎根于及时而准确的海量工程基础数据，通过工程管理的自动化、信息化与智能化，从而在全过程管控中提供支持决策的各类信息基础，节约流程管控时间成本与经济成本，高效监督工程实施情况，实时核查对比，更好地完成成本全过程管控与风险管控，服务建筑工程管理。

因此，引入 BIM 技术推行工程造价的全过程精细化管理是促进中国工程造价管理工作健康发展的重要手段。图 2-1 为根据全过程造价应用及项目管理涉及的主要业务梳理的一个业务全景图，本节将围绕以下业务全景图展开 BIM 全过程造价应用介绍。

业务领域	决策阶段	设计阶段			交易阶段	施工阶段	
		方案设计	初设/扩初	施工图设计		工程施工	竣工交付
造价咨询	投资估算	方案估算	初设/扩初	施工图设计	工程量清单与控制价	变更 洽商 认价 价差 索赔 计量支付	结算
	目标成本测算						
		合约规划			招标管理		
	方案比选			资金计划			
		深化设计					
项目管理	工程项目行政审批管理					进度管理 质量管理 安全管理	

图 2-1

2.2.1　BIM项目投资决策阶段应用

项目投资决策阶段是工程造价的前期和基础。BIM技术的可视化和模拟化特征可以为项目决策提供有力支持。业主可以通过BIM技术的多维建模手段进行真实化虚拟建造,从而对建筑设计方案预评估。利用BIM模型中构件的可运算性,造价人员可以利用以往类似工程的BIM数据搭建拟建项目模型,快速统计工程量信息,然后结合造价的云端系统快速查询价格信息和估算指标,从而在没有图纸的情况下完成类似项目的投资估算。其不仅在成本控制及利益最大化的造价技术方面提高估算效率,更在方案选择方面,利用数据选择最优化的工程质量与项目效益。

2.2.2　BIM项目设计阶段应用

项目设计阶段是工程造价控制的关键,对工程造价的影响程度达到70%左右。BIM技术的引入大大改善了建设项目设计工作,尤其在以下两方面优势突出。

(1) 轻松实现限额设计　传统的设计软件功能单一,需要大量人力物力完成,并且无法快速算量算价。通过BIM技术的应用,利用BIM数据库存储的大量历史数据,可从不同角度细化出各种指标,如不同建筑中的钢筋配比、不同时期的市场价等。通过BIM软件进行设计,可以快速导入相应算量软件,并结合数据库信息,轻松得到工程造价,实现限额设计。

(2) 快速检查设计碰撞　根据美国建筑行业研究院相关研究结果显示,建设行业浪费率接近50%,造成浪费的主要原因在于图纸错误和设计不合理导致的设计变更或工程返工。而在中国这种浪费现象更是司空见惯且数额触目惊心,大大提高了建筑造价。BIM软件可利用的可视化特性,构建出逼真清晰的三维模型,很容易将设计中的问题暴露出来,方便设计人员对各个专业的设计进行碰撞检查和空间协调。通过设计阶段的BIM模型对施工阶段的构件和管线、建筑与结构、结构与管线等进行碰撞检查、施工模拟等优化设计,对施工中机械位置、物料摆放进行合理规划,在施工前尽早地发现未来将会面对的问题及矛盾,发现施工中不合理的地方及时进行调整,或者商讨出最佳施工方案与解决办法,减少传统2D模式的错、漏、碰、缺等现象的出现,以此提高建筑设计的可靠性,同时也可以最大限度地减少设计变更的出现。

2.2.3　BIM项目招投标阶段应用

项目招投标阶段是BIM价值的集中体现。按照传统的造价方式,需要花费大量的人力物力,计算工程量,编制工程量清单。通过BIM技术的应用,招标代理机构或建设单位可以利用BIM模型中的工程信息快速提取工程量,借助信息模型获取更多的工程信息数据,准确编制工程量清单,减少漏洞问题以及因工程量不准确而造成的纠纷问题的产生。投标人可以利用BIM模型数据提取工程信息,制定符合自己的投标策略准确的投标文件,增大得标概率。同时,将BIM平台和互联网有机结合,有利于政府招投标管理部门监管,从而有效遏制招投标中的腐败舞弊现象,让招标工作顺利进行。

2.2.4　BIM项目施工阶段应用

项目施工阶段是中国BIM应用最多的阶段。施工阶段的造价管理目标是将工程项目造价控制在计划投资额范围内，定期对实际发生造价和目标值比对，发现和纠正偏差。BIM技术能够对工程计量、施工组织设计、技术交底、方案分析、深化设计、工程变更、物料跟踪、进度款支付、索赔管理和资金使用计划等各方面进行全面管理。利用 BIM 体系完成对建筑、装饰、安装、机电等多专业的结合，通过 BIM 模型关联项目质量、成本、安全、资源信息，为技术和管理人员提供直观准确的分析模型，通过模块的详细划分，帮助造价人员完成对成本的精细化管理，并对科学决策起到辅助作用，预防因施工过程中的盲目性导致延误工期、浪费资源、出现质量缺陷等问题，也降低了出现工程变更的概率，从而完成控制造价的目的。通过 BIM 信息化模型的工程造价运作，可真正实现在施工过程中的成本最优化利用及成本最低化管理，让工程的智能化充分发挥作用。

2.2.5 BIM 项目竣工阶段应用

项目竣工阶段是建设项目的收尾阶段，是工程质量验收的关键环节。竣工阶段的工程造价管理是对整个项目建设的最终造价予以评估。通过运用 BIM 技术可以将整个施工过程对应的造价信息反映出来，BIM 技术的应用可以实现工程数据的动态管理和更新，让工作人员能够及时了解到各环节施工的具体情况，并通过数据的收集和分析，根据实际发生的工程量与造价信息对比，计算出各阶段的单价情况，尤其是变量情况，以此了解进度款的具体情况，呈现的信息量即可完全表达竣工实体工程信息量，使竣工结算更加高效、准确、省时省力。这样可以确保对项目维护工作进行全面的监督，从而促进造价管理水平和质量的提高。使用 BIM 技术则可以利用之前阶段的已经建立的完备的 BIM 模型，轻松检查。这样既可以对整个项目过程中的历史数据实现追溯，领导层可查看项目过程中的各类信息，又可以将过程中资金情况实时反馈存档。

第3章

BIM工程计量案例实务

3.1 BIM工程计量基础知识

基于 BIM 的全过程造价管理，落实到招投标阶段，招标单位需要编制工程量清单，投标单位需要编制投标报价，在施工阶段则需要进行工程量的统计、成本控制和进度管理。本章以一个现浇混凝土框架结构——专用宿舍楼工程项目为例，通过项目阶段任务化的模式，先实现案例工程计量，再实现案例工程计价，在完善基础知识的同时，开展项目化任务训练，在真实的工作中理解内容、提升技能。

3.1.1 BIM 计量平台算量基本原理

3.1.1.1 BIM工程计量案例实务简介

【案例工程概况】现浇钢筋混凝土框架结构——《BIM 算量一图一练》中的专用宿舍楼工程，总建筑面积为 $1732.48m^2$，基底面积为 $836.24m^2$，建筑高度为 7.650m，地上主体为两层，无地下主体，室内外高差为 0.45m。建筑物设计使用年限 50 年，抗震设防烈度 7 度，工程一层平面图见图 3-1。

3.1.1.2 钢筋和土建工程量的主要计算依据

（1）《混凝土结构施工图平面整体表示方法制图规则和构造详图（现浇混凝土框架、剪力墙、梁、板）》（16G101-1）。

（2）《混凝土结构施工图平面整体表示方法制图规则和构造详图（现浇混凝土板式楼梯）》（16G101-2）。

（3）《混凝土结构施工图平面整体表示方法制图规则和构造详图（独立基础、条形基础、筏板基础、桩基础）》（16G101-3）。

（4）清单工程量计算规范采用《房屋建筑与装饰工程工程量计算规范》（GB 50854—2013）。

（5）定额规范采用《浙江省房屋建筑与装饰工程预算定额》（2018 版）及配套解释、相关规定。

以 BIM 计量平台 GTJ2018 为载体完成该工程的工程量计量工作，通过项目阶段化任务的完成，学会平法图纸识读、掌握各构件工程量计算方法，形成进行工程计量的能力。明确学习规则内容的目的是什么，了解钢筋、土建信息能有什么作用，知道建立的工程模型能解决什么问题，详见图 3-2。

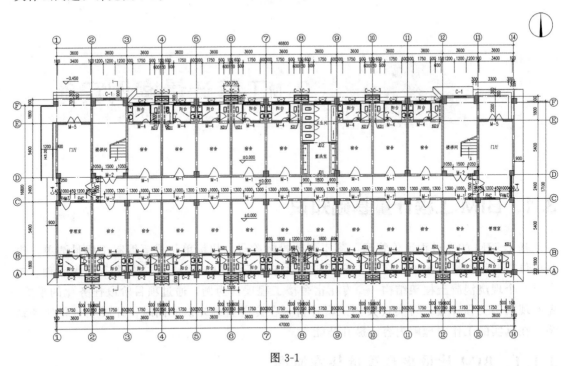

图 3-1

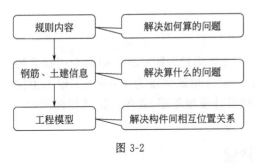

图 3-2

3.1.2 BIM 计量平台算量操作流程

土建和钢筋工程量都可以在 BIM 计量平台 GTJ2018 中计算，在计算构件的钢筋工程量时已经得出相应的混凝土体积，这部分在计算土建工程量时可以直接使用。

钢筋存在的位置和功能计算的量统称为钢筋工程量；土建算量包括土方、装修、其他三个部分，一般指不含钢筋的结构构件体积或面积、长度算量。计算的土建工程量包括：土石方工程量、砌体工程量、混凝土及模板工程量、屋面工程量、天棚及其楼地面工程量、墙柱面工程量等。从中能够得到完整的项目工程总量，也可以得到根据工程要求按照结构类型、楼层、构件等不同维度输出的工程量，根据报表中的数据可以汇总相应的构件工程明细量。

3.1.2.1 计量平台操作流程

在进行实际工程的计算时，基本操作流程如图 3-3 所示。

3.1.2.2 不同结构类型的绘制流程

施工图的顺序：先结构后建筑，先地上后地下，先主体后屋面，先室内后室外。不同结构类型绘制构件顺序有所区别，钢筋部分的构件绘制顺序如下。

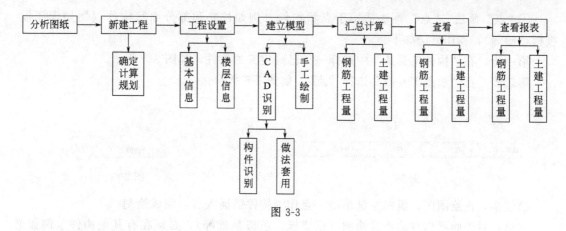

图 3-3

砖混结构：砖墙→门窗洞→构造柱→圈梁。

框架结构：柱→梁→板→基础。

剪力墙结构：剪力墙→门窗洞→暗柱/端柱→暗梁/连梁。

框剪结构：柱→剪力墙→门窗洞→暗柱/端柱→暗梁/连梁→板→梁→砌体墙。

表格输入一般包括阳台、楼梯等可以参数化输入的构件或软件中不包括需单独输入的构件。

3.1.3　BIM 计量平台应用重难点

3.1.3.1　计算影响因素

建筑工程的计算影响因素非常多，如图 3-4 所示。根据图 3-4 的分析，造价人员要求掌握《混凝土结构设计规范》（GB 50010—2010）和平法图集对构件的构造相关要求，能够解读个性化节点的钢筋节点布置，并在计算过程中考虑锚固及相关构件尺寸的依附关系。

3.1.3.2　BIM 计量平台应用重点

本案例工程主要是通过 CAD 导图建立模型的方式计算钢筋工程量和土建工程量，构件图元的绘制是 BIM 计量平台使用中的重要部分，掌握绘图方式是学习算量的基础。

图 3-4

（1）构件图元的分类　工程实际中的构件可以划分为点状构件、线状构件和面状构件。点状构件包括柱、门窗洞口、独立基础、桩基础、桩承台等；线状构件包括梁、墙、条形基础等；面状构件包括现浇板、筏板等。不同形状的构件有不同的绘制方法。对于点式构件，主要是"点"画法；线状构件可以使用"直线"画法或"弧线"画法，也可以使用"矩形"画法在封闭区域内绘制；对于面状构件，可以采用"直线"绘制边线围成面状图元的画法，也可以采用"弧线"画法以及"点"画法。考虑到各构件之间均有相互关联，平台也对应提供了多种"智能布置"方式，具体操作见算量软件，此处不再赘述。

（2）"点"画法和"直线"画法

①"点"画法。"点"画法适用于点状构件（例如柱）和部分面状构件（例如现浇板、筏板基础等），操作方法如下。

第一步，在"构件工具条"中选择一种已经定义的构件，如图 3-5 所示。

第二步，在"绘图工具栏"选择"点"，如图 3-6 所示。

图 3-5　　　　　　　　　　　　　　　　　　　　图 3-6

第三步，在绘图区，鼠标左键单击一点作为构件的插入点，完成绘制。

注意：对于面状构件的点式绘制（现浇板、筏板基础等），必须在有其他构件（例如梁和墙）围成的封闭空间内才能进行点式绘制。

②"直线"画法。"直线"绘制主要用于线状构件（例如梁和墙），当需要绘制一条或多条连续的直线时，可以采用绘制"直线"的方式。操作方法如下。

第一步，在"构件工具条"中选择一种已经定义的构件，如图 3-7 所示。

第二步，左键单击"绘图工具栏"中的"直线"，如图 3-8 所示。

图 3-7　　　　　　　　　　　　　　　　　　　　图 3-8

第三步，用鼠标点取第一点，再点取第二点即可画出一道梁，再点取第三点，就可以在第二点和第三点之间画出第二道梁，以此类推。这种画法是系统默认的画法；当需要在连续画的中间从一点直接跳到一个不连续的地方时，可单击鼠标右键临时中断，然后再到新的轴线交点上继续点取第一点开始连续画图，如图 3-9 所示。

使用"直线"绘制现浇板等面状图元时，采用与"直线"绘制梁相同的方法，不同的是要连续绘制，使绘制的线围成一个封闭的区域，形成一块面状图元，绘制结果如图 3-10 所示。

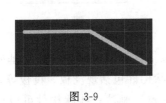

图 3-9

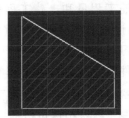

图 3-10

3.1.3.3　BIM 计量平台应用难点

计算结果的正确依赖于对工程图纸识读和领会正确，在此基础之上需再熟悉平台的功能和应用技巧，具体来说分为以下几点。

① 掌握节点设置、构件设置对钢筋计算的实质性影响；

② 完成构件的几何属性与空间属性定义或绘制；

③ 学习各类构件配筋信息的输入格式及便捷方法；

④ 掌握个性化节点或构件的变通应用。

3.1.4　BIM工程案例图纸解析管理

3.1.4.1　建筑施工图识读及业务分析

案例工程配套图纸为《BIM算量一图一练》中的专用宿舍楼，现浇钢筋混凝土框架结构，基础为钢筋混凝土独立基础。该宿舍楼总建筑面积为 1732.48m²，基底面积为 836.24m²，建筑高度为 7.650m（按自然设计地坪到结构屋面顶板）；1～2 层为宿舍，无地下主体，室内外高差为 0.45m，建筑物设计使用年限为 50 年，抗震设防烈度为 7 度。

土建工程量的计算主要依据是建筑施工图，建筑施工图纸大多由总平面布置图，建筑设计说明，各楼层平面图、立面图、剖面图，节点详图和楼梯详图等组成。通过识读建筑施工图可以对工程全貌、各结构、构件间位置关系有准确了解，下面将对部分关键内容结合案例图纸分别阐述。

（1）总平面布置图

1）概念　建筑总平面布置图，是表明新建房屋所在基础有关范围内的总体布置，它反映新建、拟建、原有和拆除的房屋、构筑物等的位置和朝向，室外场地、道路、绿化等的布置，地形、地貌、标高，以及原有环境的关系和邻界情况等。建筑总平面图也是房屋及其他设施施工的定位、土方施工以及绘制水、暖、电等管线总平面图和施工总平面图的依据。

2）对编制工程预算的作用

① 结合拟建建筑物位置，确定塔吊的位置及数量。

② 结合场地总平面位置情况，考虑是否存在二次搬运。

③ 结合拟建工程与原有建筑物的位置关系，考虑土方支护、放坡、土方堆放调配等问题。

④ 结合拟建工程之间的关系，综合考虑建筑物的共有构件等问题。

本案例工程为一单独建筑，未提供总平面布置图。

（2）建筑设计说明

1）概念　建筑设计说明，是对拟建建筑物的总体说明。包含的主要内容如下。

① 建筑施工图目录。

② 设计依据。设计所依据的标准、规定、文件等。

③ 项目概况。一般应包括建筑名称、建设地点、建设单位、建筑面积、建筑基底面积、建筑工程等级、设计使用年限、建筑层数和建筑高度、防火设计建筑分类和耐火等级、人防工程防护等级、屋面防水等级、地下室防水等级、抗震设防烈度等，以及能反映建筑规模的主要技术经济指标，如住宅的套型和套数（包括每套的建筑面积、使用面积、阳台建筑面积，房间的使用面积可在平面图中标注）、旅馆的客房间数和床位数、医院的门诊人次和住院部的床位数、车库的停车泊位数等。案例工程的项目概况见图3-11。

a. 案例工程项目名称：专用宿舍楼。

b. 总建筑面积为 1732.48m²，基底面积为 836.24m²。

c. 建筑高度为 7.650m（按自然设计地坪到结构屋面顶板）；1～2 层为宿舍，无地下主体，室内外高差为 0.45m。

二、项目概况

1. 项目名称：专业宿舍楼（不可指导施工）。
2. 建筑面积及占地面积：总建筑面积1732.48m²，基底面积836.24m²。
3. 建筑高度及层数：建筑高度为7.650m（按自然地坪计到结构屋面顶板），1~2层为宿舍。
4. 建筑耐火等级及抗震设防烈度：建筑耐火等级为二级，抗震设防烈度为7度。
5. 结构类型：框架结构。
6. 建筑物设计使用年限为50年。屋面防水等级为Ⅱ级。

图 3-11

---

d. 建筑物设计使用年限为 50 年。

e. 抗震设防烈度为 7 度。

④ 建筑物定位及设计标高、高度。

⑤ 图例。

⑥ 材料说明和室内外装修说明。

⑦ 对采用新技术、新材料的做法说明及对特殊建筑造型和必要的建筑构造的说明。

⑧ 门窗表及门窗性能（防火、隔声、防护、抗风压、保温、空气渗透、雨水渗透等）、用料、颜色、玻璃、五金件等的设计要求。

⑨ 幕墙工程（包括玻璃、金属、石材等）及特殊的屋面工程（包括金属、玻璃、膜结构等）的性能及制作要求，平面图、预埋件安装图等，以及防火、安全、隔声构造。

⑩ 电梯（自动扶梯）选择及性能说明（功能、载重量、速度、停站数、提升高度等）。

⑪ 墙体及楼板预留孔洞需封堵时的封堵方式说明。

⑫ 其他需要说明的问题。

2）编制工程预算必须思考的问题

① 该建筑物的建设地点在哪里？（涉及税金税率、规费等费用问题）

② 该建筑物的总建筑面积是多少？地上、地下建筑面积各是多少？（可根据经验，对此建筑物估算造价金额）

③ 图纸中的特殊符号表示什么意思？（辅助读图）

④ 层数是多少？层高及建筑物总高度是多少？（是否产生超高增加费）

⑤ 填充墙体采用什么材质？厚度是多少？砌筑砂浆强度等级是多少？特殊部位墙体是否有特殊要求？（查套填充墙子目）

⑥ 是否有关于墙体粉刷防裂的具体措施？（比如在混凝土构件与填充墙交接部位设置钢丝网片）

⑦ 是否有相关构造柱、过梁、压顶的设置说明？（此内容不在图纸上画出，但也需计算造价）

⑧ 门窗采用什么材质？对玻璃的特殊要求是什么？对框料的要求是什么？有什么五金？门窗的油漆情况如何？是否需要设置护窗栏杆？（查套门窗、栏杆相关子目）

⑨ 有几种屋面？构造做法分别是什么？或者采用哪本图集？（查套屋面子目）

⑩ 屋面排水的形式是什么？（计算落水管的工程量及查套子目）

⑪ 外墙保温的形式是什么？保温材料及厚度如何？（查套外墙保温子目）

⑫ 外墙装修分几种？做法分别是什么？（查套外墙装修子目）

⑬ 室内有几种房间？它们的楼地面、墙面、墙裙、踢脚、天棚（吊顶）装修做法是什么？或者采用哪本图集？（查套房间装修子目）

查看案例工程图纸"建施 01-建筑设计总说明""建施 02-室内装修做法表"，可思考是如何进行介绍的。

（3）各层平面图　在窗台上边用一个水平剖切面将房子水平剖开，移去上半部分、从上向下透视它的下半部分，可看到房子的四周外墙和墙上的门窗、内墙和墙上的门，以及房子周围的散水、台阶等。将看到的部分都画出来，并标注上尺寸，即完成平面图。编制预算时必须思考的问题如下。

1）首层平面图

① 通看平面图，是否存在对称的情况？

② 台阶的位置在哪里？台阶挡墙的做法是否有节点引出？台阶的构造做法采用哪本图集？坡道的位置在哪里？坡道的构造做法采用哪本图集？坡道栏杆的做法是什么？（台阶、坡道的做法有时也在"建筑说明"中明确）

③ 散水的宽度是多少？做法采用的图集号是多少？（散水做法有时也在"建筑说明"中明确）

④ 首层的大门、门厅位置在哪里？

⑤ 首层墙体的厚度是多少？材质是什么？砌筑要求是什么？（可结合"建筑说明"对照来读）

⑥ 是否有节点详图引出标志？（如有节点引出标志，则需对照相应节点号找到详图，帮助全面理解图纸）

⑦ 注意图纸下方对此楼层的特殊说明。

下面以案例工程首层平面图（图 3-12）为例进行识读练习。

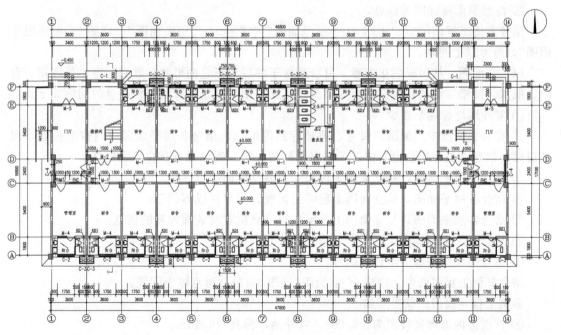

图 3-12

案例工程首层平面图识读要点如下。

① 本工程平面图为对称结构。

② 首层的门厅位于建筑物北侧两侧。

③ ±0.000 以上墙体均为 200mm 厚加气混凝土砌块，其中南北面的外墙部分为 300mm 厚（除宿舍管理室、卫生间、楼梯间、门厅所在的外墙，均为 300mm 厚）。宿舍卫生间隔墙为 100mm 厚加气混凝土砌块，卫生间门垛均为 50mm，门洞详见门窗表。

④ 墙体定位除南北外墙（内墙边与轴线齐）均为轴线居中。宿舍为标准宿舍，均是镜像或对称关系。

⑤ 室外散水、台阶、坡道、室外空调板、楼梯栏杆做法详见大样图。

2）其他层平面图

① 是否存在平面对称或户型相同的情况？

② 当前层墙体的厚度、材质、砌筑要求是什么？（可结合"建筑说明"对照来读）

③ 是否有节点详图引出标志？（如有节点引出标志，则需对照相应节点号找到详图，以帮助全面理解图纸）

④ 注意当前层与其他楼层平面的异同，并结合立面图、详图、剖面图综合理解。

⑤ 注意图纸下方对此楼层的特殊说明。

3）屋面平面图

① 屋面结构板顶标高是多少？（结合层高、相应位置结构层板顶标高来识读）

② 屋面女儿墙顶标高是多少？（结合屋面板顶标高计算出女儿墙高度）

③ 查看屋面女儿墙详图。（理解女儿墙造型、压顶造型等信息）

④ 屋面的排水方式如何？排水管位置及长度是多少？

⑤ 注意屋面造型平面形状，并结合相关详图理解。

⑥ 注意屋面楼梯间的信息。

结合案例工程图纸中"建施 03-一层平面图""建施 04-二层平面图""建施 05-屋顶层平面图"，思考以上问题。

（4）立面图　从房子的正面看，可看到房子前后的正立面形状，看到门窗、外墙裙、台阶、散水、挑檐等结构，将其画出即形成建筑立面图。编制预算时必须注意的问题如下。

① 室外地坪标高是多少？

② 查看立面图中门窗洞口尺寸、离地标高等信息，结合各层平面图中门窗的位置，思考过梁的信息；结合建筑说明中关于护窗栏杆的说明，确定是否存在护窗栏杆。

③ 结合屋面平面图，从立面图上理解女儿墙及屋面造型。

④ 结合各层平面图，从立面图上理解空调板、阳台栏板等信息。

⑤ 结合各层平面图，从立面图上理解各层节点位置及装饰位置的信息。

⑥ 从立面图上理解建筑物各个立面的外装修信息。

⑦ 结合平面图理解门斗造型信息。

结合案例工程图纸中"建施 06-立面图"（图 3-13），思考以上问题。

案例工程立面图识读要点如下。

① 首层室内地坪高设定为 ±0.000，室外地坪标高 −0.45m。

② 首层和二层层高均为 3.6m，女儿墙高 1.5m，楼梯间顶标高 11.70m。

③ 南北阳台处窗户离地高均为 0.1m，窗户高 2.85m；卫生间处窗户离地高 1.20m，窗

户高 1.75m。

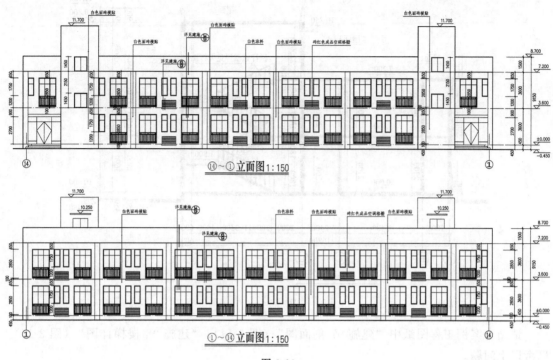

图 3-13

④ 外墙墙面装修均为白色面砖横贴，空调格栅为砖红色成品格栅，空调板装修为白色涂料。

⑤ 墙身、空调板、台阶等详细信息需阅读节点详图。

(5) 剖面图　剖面图的作用是对无法在平面图及立面图中表述清楚的局部进行剖切，以清楚表述建筑内部的构造，从而补充说明平面图、立面图所不能显示的建筑物内部信息。编制预算需注意以下问题。

① 结合平面图、立面图、结构板的标高信息、层高信息及剖切位置，理解建筑物内部构造的信息。

② 查看剖面图中关于首层室内外标高信息，结合平面图、立面图理解室内外高差的概念。

③ 查看剖面图中屋面标高信息，结合屋面平面图及其详图，正确理解屋面板的高差变化。

请结合案例工程图纸中"建施07-剖面图"（图 3-14），思考以上问题。

(6) 楼梯详图　楼梯详图由楼梯剖面图、平面图组成。由于平面图、立面图只能显示楼梯的位置，而无法清楚显示楼梯的走向、踏步、标高、栏杆等细部信息，因此设计中一般以楼梯详图展示。编制预算时需注意以下问题。

① 结合平面图中楼梯位置、楼梯详图的标高信息，正确理解楼梯作为竖向交通工具的立体状况（思考关于楼梯平台、楼梯踏步、楼梯休息平台的概念，进一步理解楼梯及楼梯间装修的工程量计算及定额套用的注意事项）。

② 结合楼梯详图，掌握楼梯井的宽度，进一步思考楼梯工程量的计算规则。

③ 了解楼梯栏杆的详细位置、高度及所用到的图集。

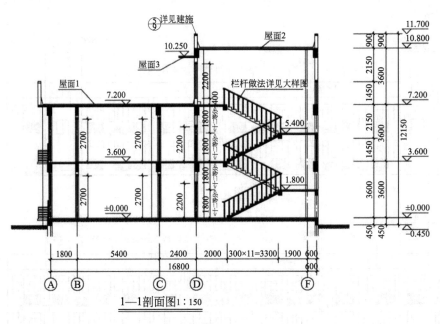

图 3-14

请结合案例工程图纸中"建施07-剖面图"（图3-14）、"建施08-楼梯详图"（图3-15），
思考以上问题。

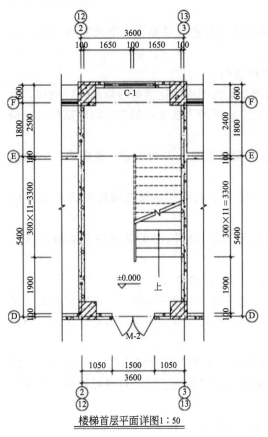

楼梯首层平面详图1∶50

图 3-15

（7）节点详图　为了补充说明建筑物细部的构造，从建筑物的平面图、立面图中特意引出需要说明的部位，对相应部位进一步详细描述，就构成了节点详图。编制预算时需注意以下问题。

1）墙身节点详图

①墙身节点详图底部。查看关于散水、排水沟、台阶、勒脚等方面的信息，对照散水宽度是否与平面图一致，参照的散水、排水沟图集是否明确（图集有时在平面图或建筑设计说明中明确）。

②墙身节点详图中部。了解墙体各个标高处外装修、外保温信息；理解外窗中关于窗台板、窗台压顶等信息；理解关于圈梁位置、标高的信息。

③墙身节点详图顶部。理解相应墙体顶部关于屋面、阳台、露台、挑檐等位置的构造信息。

2）压顶节点详图　了解压顶的形状、标高、位置等信息。

3）空调板节点详图

4）其他详图

请结合案例工程图纸中"建施 09-卫生间及盥洗室详图、门窗详图""建施 10-节点大样（一）""建施 11-节点大样（二）"，如图 3-16 所示，思考以上问题。

案例工程"建施 10-节点大样（一）"识读要点如下。

①理解相应墙体顶部屋面、阳台、挑檐等位置的构造信息。

②识读楼面标高差异。

③窗户及护栏基础材料为 C25 混凝土，预埋铁件详图需详见"建施 11-节点大样（二）"；护栏立杆为 30mm×30mm×2mm 方钢立管外喷墨绿色漆，栏杆净间距≤110mm，护栏横杆为 50mm×50mm×2mm 方钢立管外喷墨绿色漆。

④空调板护栏详细尺寸详见图纸，空调板装修为找平层，20mm 厚干混 DS M20 砂浆抹面压光；面层为满刮腻子一遍，刷底漆一遍，白色乳胶漆一遍。

⑤屋顶女儿墙处防水层收头，室外台阶、室外散水详见图纸。

案例工程"建施 11-节点大样（二）"识读要点如下。

①楼梯栏杆详图：栏杆带基础高 1.05m，不带基础从底层横杆顶起至顶层扶手顶 0.9m；立杆为 φ20mm×1.5m 不锈钢圆管，横杆为 φ30mm×1.5m 不锈钢圆管，局部立杆为 φ40mm×2m 不锈钢圆管，顶层扶手为 φ60mm×2m 不锈钢圆管。

②无障碍坡道断面图、扶手水平段与墙体交接处、踏步面层构造、预埋件细部请见详图。

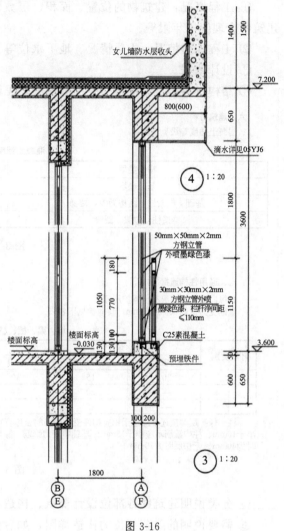

图 3-16

3.1.4.2　结构施工图识读及业务分析

结构施工图大多由图纸目录、结构设计总说明、基础平面图及基础详图、剪力墙配筋图、各层剪力墙暗柱、端柱配筋表、柱子平面布置图及柱表、各层梁平面图、各层楼板配筋平面图、楼梯配筋详图、节点详图等组成。

结构施工图是计算混凝土、模板工程量，计算钢筋工程量进而计算其造价的重要依据，需要了解建筑物的基础及其垫层、墙、梁、板、柱、楼梯等的混凝土标号、截面尺寸、长度、高度、厚度、位置、钢筋配筋情况、锚固要求、搭接方式等信息。从预算角度，也应着重从这些方面对结构施工图加以详细阅读。

（1）结构设计总说明

1）主要内容

① 工程概况：建筑物的位置、面积、层数、结构抗震类别、抗震设防烈度、抗震等级、建筑物合理使用年限等。

② 工程地质情况：土质情况、地下水位等。

③ 设计依据。

④ 结构材料类型、规格、强度等级等，见图3-17、图3-18。

六、建筑材料

1.混凝土强度等级见下表。

混凝土强度等级

构件类型	混凝土等级
基础垫层	C15
基础、框架柱、结构梁板、楼梯	C30
构造柱、过梁、圈梁	C25

图 3-17

七、通用性构造措施

1.纵向受力钢筋混凝土保护层厚度
基础受力钢筋保护层50mm，其他参见下表。

墙、梁、板、柱保护层厚度

环境类别		板、墙		梁		柱	
		C20	C25～C45	C20	C25～C45	C20	C25～C45
一		20	15	30	25	30	30
二	a	—	20	—	30	—	30
	b	—	25	—	35	—	35

注：保护层厚度还不应小于相应构件受力钢筋的公称直径；板、墙中分布筋保护层厚度按上表减10mm，且不应小于10mm；柱中箍筋不应小于15mm；基础中受力钢筋，除地下室筏板及防水底板的迎水面为50mm外，其他有垫层时为40mm，无垫层时为70mm。

图 3-18

⑤ 分类说明建筑物各部位设计要点、构造及注意事项等。

⑥ 需要说明的隐蔽部位的构造详图，如后浇带加强、洞口加强筋、锚拉筋、预埋件等。

⑦ 重要部位图例等。

案例工程结构设计总说明识读要点如下。

① 混凝土强度等级需根据楼层、构件类型来确定。

② 混凝土保护层需根据环境类别和构件类别来确定；环境类别一类指室内干燥环境，二类a指室内潮湿环境，二类b指干湿交替环境。

2）编制预算需要注意的问题

① 土质情况，作为针对土方工程组价的依据。

② 地下水位情况，考虑是否需要采取降排水措施。

③ 混凝土标号，作为查套定额的依据。

④ 砌体的材质及砌筑砂浆要求，作为套砌体定额的依据。

⑤ 其他文字性要求或详图，有时不在结构平面图纸中画出，但也应计算其工程量，例如现浇板分布钢筋、次梁加筋、吊筋、洞口加强筋等。

具体说明详见案例工程图纸"结施 01-结构设计总说明"。

（2）基础平面图及其详图　基础平面图及其详图会详细描述基础的类型、形状、位置、标高、厚度、布筋情况，编制预算时需要注意以下问题。

① 基础类型是什么？其决定查套的子目，例如需要注意判断是有梁式条基还是无梁式条基。

② 基础详图情况。其帮助理解基础构造，特别注意基础标高、厚度、形状等信息，了解在基础上生根的柱、墙等构件的标高及插筋情况。

③ 注意基础平面图及详图的设计说明。有些内容设计人员不标注在平面图上，而是以文字的形式加以说明。

结合案例工程图纸中"结施 02-基础平面布置图"，见图 3-19，思考以上问题。

案例工程基础平面布置图识读要点如下。

① 结合图纸说明，基础类型为独立基础、两阶，基础梁需详见"结施 05-一层梁配筋图"。

② 基础底标高均为 −2.45m，混凝土基础底板下设100mm 厚 C15 素混凝土垫层，每边比基础边宽 100mm。

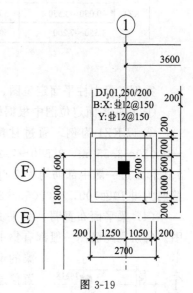

图 3-19

③ 以基础 01 为例：独立基础 01，底阶高 0.25m，顶阶高 0.20m，基础配筋情况：底阶横向和纵向即 X 向和 Y 向均为 Φ12@150。

（3）柱子平面布置图及柱表　柱子平面布置图表明柱的位置，框架柱信息由柱表反映，暗柱信息由柱大样图反映，三者会详细描述出柱的位置、适用高度、柱的形状和尺寸、布筋情况。编制预算时需要注意以下问题。

① 对照柱子位置信息（b 边、h 边的偏心情况）及梁、板、建筑平面图墙体梁的位置，从而理解柱子作为支座类构件的准确位置，为以后计算梁、板等工程量做准备。

② 柱子不同标高部位的配筋及截面信息（常以柱表或平面标注的形式出现）。

③ 特别注意柱子生根部位及高度截止信息，为理解柱子高度信息做准备。

结合案例工程图纸中"结施 03-柱平面定位图"（图 3-20）、"结施 04-柱配筋表"（图 3-21），思考以上问题。

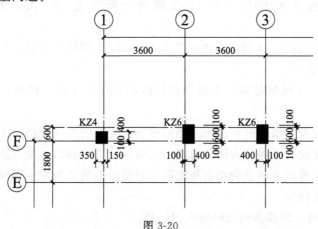

图 3-20

柱号	标高/m	截面尺寸/(mm×mm)	角筋	b边一侧中部筋	h边一侧中部筋	箍筋类型号	箍筋
KZ1	基础顶～−0.050	500×500	4⊕22	2⊕22	2⊕22	1.（4×4）	⊕10@100
	−0.050～3.550	500×500	4⊕22	2⊕22	2⊕22	1.（4×4）	⊕8@100
	3.550～7.200	500×500	4⊕22	2⊕22	2⊕22	1.（4×4）	⊕8@100

图 3-21

案例工程中柱平面定位图、柱配筋表识读要点如下。

① 在柱平面定位图中根据柱与轴线交点的相对位置确定柱的位置。

② 以 KZ1 为例，通过柱配筋表可以了解到其标高分为三段，基础顶～−0.050m，−0.050～3.550m，3.550～7.200m，其截面尺寸均为 500mm×500mm，角筋均为 4 ⊕22，b 边和 h 边一侧中部筋均为 2 ⊕22，箍筋类型号均为 1.（4×4），但基础顶～−0.050m 处箍筋为 ⊕10@100，−0.050～3.550m、3.550～7.200m 处箍筋为 ⊕8@100。

（4）梁平面布置图　梁平面布置图与建施中的各层平面图相同，配筋不同时需分层出图。每层梁配筋图一般都有集中标注和原位标注，集中标注表明梁的截面尺寸，多为贯穿全梁的钢筋信息；原位标注表明梁在支点、跨中等局部位置钢筋的布置信息。

编制预算时需要注意以下问题。

① 结合柱平面图、板平面图综合理解梁的位置信息。

② 结合柱子位置，理解梁跨的信息，进一步理解主梁、次梁的概念及在计算工程量过程中的次序。

结合案例工程图纸中"结施 05-一层梁配筋图""结施 06-二层梁配筋图""结施 07-屋顶层梁配筋图"，思考以上问题。

案例工程以标高为 3.550m 处二层梁中 KL3 为例，见图 3-22，说明二层梁配筋图识读要点，具体如下。

① 案例工程中二层梁按照受力形式、截面尺寸、配筋不同，共分为主梁 KL（框架梁）16 种，次梁 L（非框架梁）11 种。

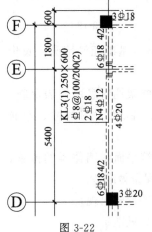

图 3-22

② KL3 集中标注信息：KL3（1）表示 1 跨；250×600 表示梁宽度 250mm，高度 600mm；箍筋信息 ⊕8@100/200（2）；上部通长筋 2 ⊕18，无下部通长筋；抗扭钢筋 N4 ⊕12。

③ KL3 原位标注信息：1 跨左支座筋 6 ⊕18 4/2，1 跨跨中无筋，1 跨右支座筋 6 ⊕18 4/2，1 跨下部筋 4 ⊕20。

④ KL3 在次梁 L9 搭载处需设置附加箍筋根数为每边 3 根，规格、直径、肢数同梁中箍筋。

（5）板平面布置图　板平面布置图同样需要根据配筋的不同分层出图，注意观察板的布置范围。板钢筋根据受力不同分为板受力筋（包括板受力筋和跨板受力筋）和板负筋，根据板受力筋钢筋布置位置的不同分为面筋和底筋，当然板钢筋还包括中间层筋和温度筋。板编制预算时需注意以下问题。

① 结合图纸说明，阅读不同板厚的位置信息。

② 注意板筋的布置范围是否有重叠、是否有遗漏。

结合案例工程图纸中"结施 08-二层板配筋图""结施 09-屋顶层板配筋图"和"结施 10-楼梯顶层梁、板配筋图",思考以上问题。

案例工程以标高为 3.550m 处二层板为例,见图 3-23,二层板配筋图识读要点如下。

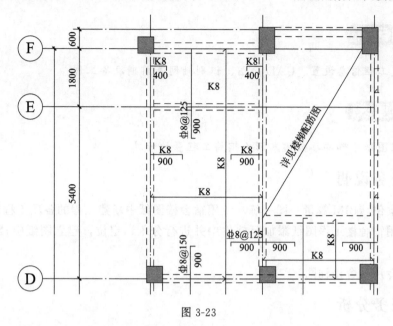

图 3-23

① 观察板的布置范围,图纸说明中表示未注明的板厚为 100mm。

② 图纸中 K8 表示 $\Phi 8@200$。

③ 板筋分为板受力筋和板负筋。其中板受力筋又分为板受力筋和跨板受力筋。板受力筋按照布置位置分为板面筋(图示钢筋为 90°弯钩)和板底筋(图示钢筋为 180°弯钩)。

④ ⓒ轴到ⓓ轴、①轴到③轴之间板的板受力筋设置为 X 和 Y 方向均为 K8,即 $\Phi 8@200$;南北方向有跨板受力筋,同样是 K8,即 $\Phi 8@200$,但①轴到②轴之间跨板受力筋注明为 $\Phi 8@150$,两侧各伸出 900mm;在板边与南北方向梁垂直方向布置板负筋,K8 即 $\Phi 8@200$,板内长度为 600mm。

(6)楼梯结构详图　楼梯是建筑物中作为楼层间垂直交通用的构件。在楼梯结构详图中能读到楼梯的类型、位置、尺寸、配筋情况。编制预算时需注意以下问题。

① 结合建筑平面图,了解不同楼梯的位置。

② 结合建筑立面图、剖面图,理解楼梯的使用性能。

③ 结合建筑楼梯详图及楼层的层高、标高等信息,掌握踏面深度、踏面数量、踢面数量、休息平台、楼层平台的标高及尺寸。

④ 结合详图及位置,读取梯段宽度、梯板厚度、楼板厚度、平台板厚度及宽度、楼梯井宽度等信息,为计算楼梯工程量做好准备。

请结合案例工程图纸中"结施 11-楼梯结构详图"思考以上问题。

3.2 BIM 工程计量前期准备

 学习目标

能够完成工程信息设置、CAD 导图、识别轴网等前期准备工作

 学习要求

了解工程图纸中哪些参数信息影响钢筋工程量的计算

3.2.1 任务说明

① 完成案例《BIM 算量一图一练》专用宿舍楼图纸中新建工程的各项工程信息设置；

② 将专用宿舍楼工程图纸添加至软件中并进行分割、定位，建立图纸中楼层与构件对应关系；

③ 识别专用宿舍楼轴网。

3.2.2 任务分析

新建工程前，要先分析图纸的设计说明，工程图纸设计所依据的图集标准，提取建筑物抗震等级、设防烈度、檐高、结构类型、混凝土强度等级、保护层厚度、钢筋接头的设置要求等信息。

完成案例图纸导入可以使用"图纸管理"中的"添加图纸"功能，然后利用"分割"工具栏中的"自动分割""手动分割""删除""定位"等功能键选取有用的图纸，去除无用的图纸；自动识别楼层表可以运用软件"建模"模块"CAD 操作"中"识别楼层表"功能。

识别轴网时选取平面图，一层平面图中开间方向的主轴线有 14 条，进深方向的主轴线有 6 条。

3.2.3 任务实施

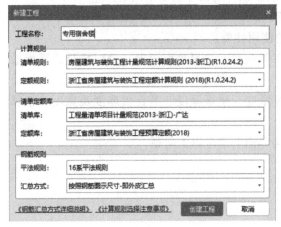

图 3-24

3.2.3.1 工程信息设置

（1）新建工程

① 双击桌面图标，启动软件后，点击"新建工程"，进入新建工程界面，输入工程名称，本工程名称为"专用宿舍楼"，如图 3-24 所示。

计算规则中的清单规则选用"房屋建筑与装饰工程计量规范计算规则（2013-浙江）（R1.0.24.2）"，定额规则选用"浙江省房屋建筑与装饰工程定额计算规则（2018）（R1.0.24.2）"；清单定额库中的清单库选

用"工程量清单项目计量规范（2013 -浙江）-广达"，定额库选用"浙江省房屋建筑与装饰工程预算定额（2018）"；钢筋规则中的平法规则选用"16系平法规则"，汇总方式选用"按照钢筋图示尺寸-即外皮汇总"。与工程造价有关系的钢筋量计算一般采用按"外皮汇总"，按"中心线汇总"计算更准确，一般在工地现场计算钢筋下料长度时采用。

② 单击"创建工程"，进入"工程设置"界面，如图 3-25 所示。"工程设置"分为"基本设置""土建设置""钢筋设置"三个部分。

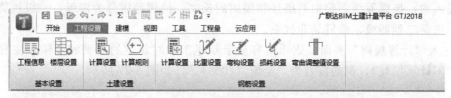

图 3-25

（2）基本设置

1）工程信息设置　点击"基本设置"中的"工程信息"，如图 3-26 所示。在工程信息中，结构类型、设防烈度、檐高决定建筑的抗震等级，抗震等级会影响钢筋的搭接和锚固；室外地坪相对±0.000 标高会影响土建工程量，例如脚手架、土方、垂直运输费计算。因此，在软件中统一用蓝色字体标识，要根据实际工程的情况输入，且该内容会链接到报表中；黑色字体内容，只起到说明作用，不影响工程算量，填写或不填写均可。

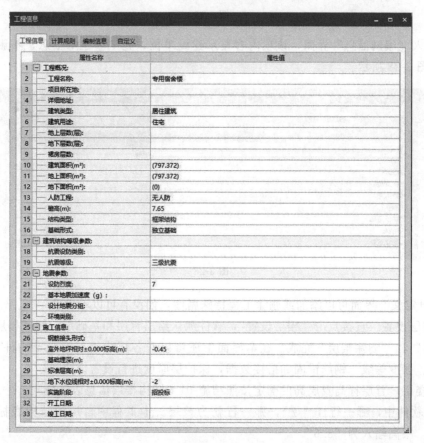

图 3-26

"《BIM算量一图一练》——专用宿舍楼"的相关信息如下。

① 结构类型：钢筋混凝土框架结构，依据结施-01。

② 设防烈度：抗震设防烈度为7度，依据结施-01。设防烈度通俗地讲就是建筑物需要抵抗地震波对建筑物的破坏程度，要区别于地震震级。

③ 檐高：本建筑物檐口高度为7.65m，依据建施-01。

④ 抗震等级：三级，依据结施-01。工程信息中的抗震等级的确定是根据图纸中的抗震等级来输入的；抗震等级影响钢筋搭接和锚固的长度，抗震等级分为四级，一级抗震等级最高，接下来是二到四级，最后是非抗震。

⑤ 进入"计算规则"界面，该项内容显示新建工程时规定的规则和定额，注意看钢筋损耗为"不计算损耗"，钢筋报表为"全统（2000）"，如图3-27所示。

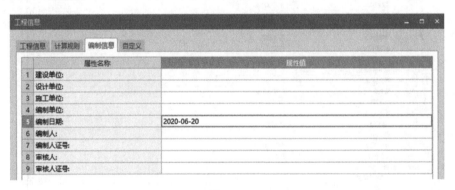

图 3-27

⑥ 进入"编制信息"界面，该项内容显示建设单位、施工单位等信息，不影响工程量计算，如图3-28所示。

图 3-28

⑦ "自定义"界面可以添加或删除工程特殊属性，如没有可以不设置。

2）楼层设置　直接点击"楼层设置"，软件默认给出首层和基础层，增减楼层可以点击"插入楼层"和"删除楼层"完成。在本界面中还可以对各层中钢筋混凝土构件的混凝土、砂浆类型、强度等级、钢筋锚固和搭接数据，保护层厚度进行设置。

建立楼层，首层标高及层高的确定按照结施-01"结构楼层信息表"建立。

① 在软件中，哪一行打"√"，哪一行就为首层。本工程中首层的结构底标高输入为"−0.05"，层高输入为"3.6"。

② 由结施-02"注"中读出，基础层的厚度为2.4m，在基础层的层高位置输入"2.4"。

36

③ 鼠标左键选择首层所在的行，单击“插入楼层”，添加“第 2 层”，第 2 层的层高输入为“3.65”。

④ 单击“插入楼层”，建立屋顶层，层高输入为“3.6”。

⑤ 在“楼层设置”界面可以看到对应设置的层高及底标高、板厚等信息，如图 3-29 所示。

楼层设置

楼层列表（基础层和标准层不能设置为首层。设置首层后，楼层编码自动变化，正数为地上层，负数为地下层，基础层编码固定为 0）

插入楼层　删除楼层　上移　下移

首层	编码	楼层名称	层高(m)	底标高(m)	相同层数	板厚(mm)	建筑面积(m2)
☐	3	屋顶层	3.6	7.2	1	120	(0)
☐	2	第2层	3.65	3.55	1	120	(0)
☑	1	首层	3.6	-0.05	1	120	(797.372)
☐	0	基础层	2.4	-2.45	1	500	(0)

图 3-29

⑥ 根据结施-01 中“混凝土强度等级”“混凝土保护层厚度”等信息设置首层楼层混凝土强度和锚固搭接设置，如图 3-30 所示，显示为混凝土、砂浆内容，故将钢筋锚固和搭接内容隐藏。

	抗震等级	混凝土强度等级	混凝土类型	砂浆标号	砂浆类型	锚固						搭接						保护层厚度(mm)	备注
						HPB...	HR...	HR...	H...	...	...	HP...	...	...	H...	冷轧带肋	...		
垫层	(非抗震)	C15	普通混凝土	M5.0	混合砂浆	(39)	(38/...	(40...	(4...	(...	(...	(55)	(...	(...	(6...	(63)	(...	(25)	垫层
基础	非抗震	C30	普通混凝土	M5.0	混合砂浆	(30)	(29/...	(35...	(4...	(...	(...	(42)	(...	(...	(6...	(49)	(...	50	包含所有的基础构件,不含基础梁 / 承台梁 / 垫层
基础梁 / 承台梁	非抗震	C30	普通混凝土			(30)	(29/...	(35...	(4...	(...	(...	(42)	(...	(...	(6...	(49)	(...	50	包含基础主梁、基础次梁、承台梁
柱	(三级抗震)	C30	普通混凝土			(32)	(30/...	(37...	(4...	(...	(...	(45)	(...	(...	(6...	(52)	(...	30	包含框架柱、转换柱
剪力墙	(三级抗震)	C35	普通混凝土			(29)	(28/...	(34...	(4...	(...	(...	(35)	(...	(...	(4...	(44)	(...	(15)	剪力墙
人防门框墙	(三级抗震)	C35	普通混凝土			(29)	(28/...	(34...	(4...	(...	(...	(41)	(...	(...	(5...	(52)	(...	(15)	人防门框墙
墙柱	(三级抗震)	C35	普通混凝土			(29)	(28/...	(34...	(4...	(...	(...	(41)	(...	(...	(5...	(52)	(...	15	包含暗柱、端柱
墙梁	(三级抗震)	C35	普通混凝土			(29)	(28/...	(34...	(4...	(...	(...	(41)	(...	(...	(5...	(52)	(...	15	包含连梁、暗梁、边框梁
框架梁	(三级抗震)	C30	普通混凝土			(32)	(30/...	(37...	(4...	(...	(...	(45)	(...	(...	(6...	(52)	(...	25	包含楼层框架梁、楼层框架扁梁、屋面框架梁、框支梁、楼层主肋梁、屋面主肋梁
非框架梁	(非抗震)	C30	普通混凝土			(30)	(29/...	(35...	(4...	(...	(...	(42)	(...	(...	(6...	(49)	(...	25	包含非框架梁、井字梁、基础联系梁、次肋梁
现浇板	(非抗震)	C30	普通混凝土			(30)	(29/...	(35...	(4...	(...	(...	(42)	(...	(...	(6...	(49)	(...	(15)	包含现浇板、螺旋板、柱帽、空心楼盖板、空心楼盖板柱帽、空档
楼梯	(非抗震)	C30	普通混凝土			(30)	(29/...	(35...	(4...	(...	(...	(42)	(...	(...	(6...	(49)	(...	(20)	包含楼梯、直形梯段、螺旋梯段
构造柱	(三级抗震)	C25	普通混凝土			(36)	(35/...	(42...	(5...	(...	(...	(50)	(...	(...	(7...	(59)	(...	30	构造柱
圈梁 / 过梁	(三级抗震)	C25	普通混凝土			(36)	(35/...	(42...	(5...	(...	(...	(50)	(...	(...	(7...	(59)	(...	(25)	包含圈梁、过梁
砌体墙柱	(非抗震)	C25	普通混凝土	M5.0	混合砂浆	(34)	(33/...	(40...	(4...	(...	(...	(48)	(...	(...	(6...	(56)	(...	30	包含砌体柱、砌体墙
其它	(非抗震)	C15	普通混凝土	M5.0	混合砂浆	(39)	(38/...	(40...	(4...	(...	(...	(55)	(...	(...	(6...	(63)	(...	(25)	包含除以上构件类型之外的所有构件类型

图 3-30

根据结构设计说明，本工程基础、基础梁根据相关图集中条款规定，属于非抗震结构；混凝土强度等级——基础垫层为 C15，基础、框架柱、结构梁板、楼梯为 C30，构造柱、过梁、圈梁为 C25；保护层厚度——基础 50mm、柱 30mm、梁 25mm、板 15mm。

注意：

① 基础层与首层楼层编码及其名称不能修改。

② 凡与默认值不同，经过修改的软件内容均自动设置为黄色。

③ 建立楼层必须连续。

④ 顶层必须单独定义（涉及屋面工程量的问题）。

⑤ 软件中的标准层指每一层的建筑部分相同、结构部分相同、每一道墙体的混凝土强度等级及砂浆强度等级相同、每一层的层高相同。

楼层默认钢筋设置如图 3-31 所示。

（3）土建设置

① 计算设置。计算设置指土建部分的清单和定额计算设置，在新建工程时已选取过清单规则和定额规则，若工程图纸中有特殊规定请按图纸更改，具体内容如图 3-32 所示。

锚固						搭接					
HPB235(A)...	HRB335(B)H...	HRB400...	HRB5...	冷轧...	冷轧扭	HPB...	HRB3...	HRB40...	HRB5...	冷轧带肋	冷轧扭
(39)	(38/42)	(40/44)	(48/53)	(45)	(45)	(55)	(53/59)	(56/62)	(67/74)	(63)	(63)
(30)	(29/32)	(35/39)	(43/47)	(35)	(35)	(42)	(41/45)	(49/55)	(60/66)	(49)	(49)
(30)	(29/32)	(35/39)	(43/47)	(35)	(35)	(42)	(41/45)	(49/55)	(60/66)	(49)	(49)
(32)	(30/34)	(37/41)	(45/49)	(37)	(35)	(45)	(42/48)	(52/57)	(63/69)	(52)	(49)
(29)	(28/32)	(34/37)	(41/45)	(37)	(35)	(35)	(34/38)	(41/44)	(49/54)	(44)	(42)
(29)	(28/32)	(34/37)	(41/45)	(37)	(35)	(41)	(39/45)	(48/52)	(57/63)	(52)	(49)
(29)	(28/32)	(34/37)	(41/45)	(37)	(35)	(41)	(39/45)	(48/52)	(57/63)	(52)	(49)
(32)	(30/34)	(37/41)	(45/49)	(37)	(35)	(45)	(42/48)	(52/57)	(63/69)	(52)	(49)
(30)	(29/32)	(35/39)	(43/47)	(35)	(35)	(42)	(41/45)	(49/55)	(60/66)	(49)	(49)
(30)	(29/32)	(35/39)	(43/47)	(35)	(35)	(42)	(41/45)	(49/55)	(60/66)	(49)	(49)
(30)	(29/32)	(35/39)	(43/47)	(35)	(35)	(42)	(41/45)	(49/55)	(60/66)	(49)	(49)
(36)	(35/38)	(42/46)	(50/56)	(42)	(40)	(50)	(49/53)	(59/64)	(70/78)	(59)	(56)
(36)	(35/38)	(42/46)	(50/56)	(42)	(40)	(50)	(49/53)	(59/64)	(70/78)	(59)	(56)
(34)	(33/36)	(40/44)	(48/53)	(40)	(40)	(48)	(46/50)	(56/62)	(67/74)	(56)	(56)
(39)	(38/42)	(40/44)	(48/53)	(45)	(45)	(55)	(53/59)	(56/62)	(67/74)	(63)	(63)

图 3-31

图 3-32

② 计算规则。计算规则指土建部分的清单和定额计算规则，软件已根据新建工程时设置的清单规则和定额规则默认设置，若工程图纸中有特殊规定请按图纸更改，具体内容如图 3-33 所示。

图 3-33

（4）钢筋设置　钢筋设置包括计算设置、比重设置、弯钩设置、损耗设置、弯曲调整值设置，软件均已根据平法图集进行默认设置，这里不再详述，仅就计算设置中的"搭接设置"举例说明。钢筋的锚固连接方式需认真阅读结构设计说明中有关规定，例如本工程中规定钢筋连接优先选用机械连接；钢筋直径≤14mm 时，宜采用搭接，钢筋直径＞14mm 且钢筋直径≤25mm 时，可采用焊接，钢筋直径＞25mm 时，应采用机械连接，如图 3-34 所示。

2.关于钢筋锚固连接：
（1）钢筋的接头设置在构件受力较小部位，宜避开梁端、柱端箍筋加密区范围。钢筋连接可采用机械连接、绑扎搭接或焊接。其接头的类型及质量应符合国家现行有关标准的规定。
（2）板内钢筋优先采用搭接接头；梁柱纵筋优先采用机械连接接头，机械连接接头性能等级为Ⅱ级。
（3）钢筋连接优先选用机械连接，然后是搭接和焊接，采用焊接时，应有可靠的质量保证。钢筋直径≤14mm 时，宜采用搭接，钢筋直径＞14mm 且钢筋直径≤25mm 时，可采用焊接，钢筋直径＞25mm 时，应采用机械连接。

图 3-34

因此，钢筋的计算设置中"搭接设置"如图 3-35 所示。

	钢筋直径范围	基础	框架梁	非框架梁	柱	板	墙水平筋	墙垂直筋	其它	墙柱垂直筋定尺	其余钢筋定尺
1	⊟ HPB235,HPB300										
2	3~14	绑扎	绑扎	绑扎	绑扎	绑扎	绑扎	绑扎	绑扎	9000	9000
3	16~25	电渣压力焊	电渣压力焊	电渣压力焊	电渣压力焊	绑扎	电渣压力焊	电渣压力焊	电渣压力焊	9000	9000
4	28~32	直螺纹连接	直螺纹连接	直螺纹连接	直螺纹连接	绑扎	直螺纹连接	直螺纹连接	直螺纹连接	9000	9000
5	⊟ HRB335,HRB335E,HRBF335,HRBF335E										
6	3~14	绑扎	绑扎	绑扎	绑扎	绑扎	绑扎	绑扎	绑扎	9000	9000
7	16~25	电渣压力焊	电渣压力焊	电渣压力焊	电渣压力焊	绑扎	电渣压力焊	电渣压力焊	电渣压力焊	9000	9000
8	28~50	直螺纹连接	直螺纹连接	直螺纹连接	直螺纹连接	绑扎	直螺纹连接	直螺纹连接	直螺纹连接	9000	9000
9	⊟ HRB400,HRB400E,HRBF400,HRBF400E,RR...										
10	3~14	绑扎	绑扎	绑扎	绑扎	绑扎	绑扎	绑扎	绑扎	9000	9000
11	16~25	电渣压力焊	电渣压力焊	电渣压力焊	电渣压力焊	绑扎	电渣压力焊	电渣压力焊	电渣压力焊	9000	9000
12	28~50	直螺纹连接	直螺纹连接	直螺纹连接	直螺纹连接	绑扎	直螺纹连接	直螺纹连接	直螺纹连接	9000	9000
13	⊟ 冷轧带肋钢筋										
14	4~12	绑扎	绑扎	绑扎	绑扎	绑扎	绑扎	绑扎	绑扎		
15	⊟ 冷轧扭钢筋										
16	6.5~14	绑扎	绑扎	绑扎	绑扎	绑扎	绑扎	绑扎	绑扎	9000	9000

图 3-35

（5）比重设置　比重设置对钢筋质量的计算是有影响的，需要准确设置。直径为 6mm 的钢筋，一般用直径为 6.5mm 的钢筋代替，即把直径为 6mm 的钢筋的比重修改为直径为 6.5mm 的钢筋比重，可通过在表格中复制、粘贴完成，如图 3-36 所示。

	直径(mm)	钢筋比重(kg/m)
1	3	0.055
2	4	0.099
3	5	0.154
4	6	0.26
5	6.5	0.26
6	7	0.302
7	8	0.395
8	9	0.499
9	10	0.617
10	12	0.888
11	14	1.21
12	16	1.58
13	18	2

普通钢筋在软件中的表示方法：
A: HPB235 或 HPB300
B: HRB335
BE: HRB335E
BF: HRBF335
BFE: HRBF335E
C: HRB400
CE: HRB400E
CF: HRBF400
CFE: HRBF400E
D: RRB400
E: HRB500
EE: HRB500E
EF: HRBF500
EFE: HRBF500E

图 3-36

3.2.3.2 CAD 导图

（1）基础知识

① CAD 导图步骤。添加图纸→分割图纸→定位图纸→识别楼层表→建立图纸楼层构件对应关系。

② 图纸管理工具栏。利用 CAD 识别功能进行钢筋、土建工程量的计算，必须先将 CAD 图导入 BIM 土建计量平台 GTJ2018 中来。平台共分 7 大模块，分别是"开始""工程设置""建模""视图""工具""工程量""云应用"，如图 3-37 所示。在"视图"模块的用户面板，找到"图纸管理"工具栏，该工具栏包括"添加图纸""分割图纸""定位图纸"和"删除图纸"四个按钮，如图 3-38 所示，如果有按钮没显示，请点击"⁝"图标。

图 3-37   图 3-38

在未导入任何图纸之前，只有"添加图纸"按钮是可用的，其他几个按钮都处于不可用状态，以灰色显示。要对图纸进行管理，首先必须将图纸导入到绘图工作区中来；导入图纸就是通过"添加图纸"功能来完成的。

③ CAD 识别选项。为了提高 CAD 识别的准确性，软件提供了"CAD 识别选项"设置，可以在"建模"模块下的"CAD 操作"中点击"CAD 识别选项"，如图 3-39 所示。

"CAD 识别选项"提供了 9 大类构件的 CAD 识别设置属性，可分别点击查看，如图 3-40 所示。这些属性设置的正确与否直接关系到构件识别的准确率，在识别构件的过程中可以根据图纸的规范程度随时修改各构件的属性设置，一般情况下不需修改。

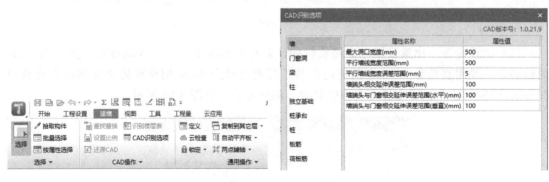

图 3-39   图 3-40

（2）CAD 导图

1）添加图纸　本案例中，找到"专用宿舍楼"工程的建筑施工图与结构施工图，先导入结施图，再导入建施图，要进行两次添加图纸的操作才能完成。

① 添加结构施工图。点击"添加图纸"按钮，选中"专用宿舍楼-结施.dwg"，点击"打开"，如图 3-41 所示。

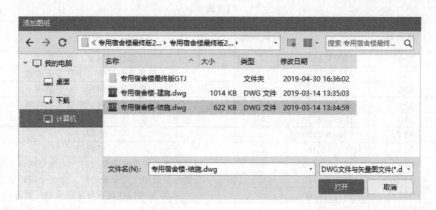

图 3-41

② 添加建筑施工图。再次点击"添加图纸"按钮，导入"专用宿舍楼-建施.dwg"，同时工作区中的图纸被替换成了建筑施工图。如图 3-42 所示。

2）分割图纸

① 自动分割图纸。首先，在"图纸管理"的图纸名称中选中"专用宿舍楼-结施"，点击"图纸管理"工具栏中的"分割"→"自动分割"，软件自动对图纸进行分割，如图 3-43 所示。

图 3-42

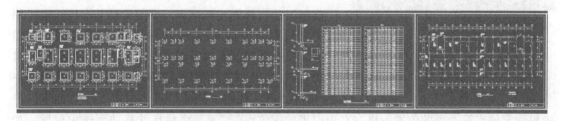

图 3-43

如有图纸未被正确分割，可能是图纸没有名称或名称不规范，也有可能有些图纸在算量中不会被使用，没有必要分割，只把需要的分出来即可。这类未被正确分割的图纸就必须采用手动分割的方式来完成图纸分割。

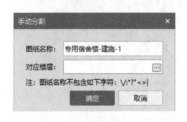

图 3-44

② 手动分割图纸。在"图纸管理"的图纸名称中选中"专用宿舍楼-建施"，点击"图纸管理"工具栏中的"分割"→"手动分割"，框选希望被分割出的图纸，出现黄色边框，点击鼠标右键确认，弹出"手动分割"对话框，点击"确定"即可，如图 3-44 所示。

③ 修改图纸名称。手动分割时，如果图名不符合需要，例如想识别"门窗表"，但该表识别出来的名称叫"专用宿舍楼-建施-1"，不符合需要，此时将鼠标放置在想识别的图名"门窗表"上，鼠标变为"回"形，点击左键确定，图名变为"门窗表"，点击"确定"。如图 3-45 所示。

门窗表

类别	门窗名称	洞口尺寸 /(mm×mm)	门窗数量	备注
窗	C-1	1200×1350	4	墨绿色塑钢窗 中空玻璃
	C-2	1750×2850	48	墨绿色塑钢窗 中空安全玻璃
	C-3	600×1750	46	墨绿色塑钢窗 中空玻璃
	C-4	2200×2550	4	墨绿色塑钢窗 中空安全玻璃
门	M-1	1000×2700	40	塑钢门
	M-2	1500×2700	6	塑钢门
	M-3	800×2100	40	塑钢门
	M-4	1750×2700	44	墨绿色塑钢中空安全玻璃门 立面分格详见建施9
	M-5	3300×2700	2	墨绿色塑钢中空安全玻璃门 立面分格详见建施9
防火门	FHM乙	1000×2100	2	乙级防火门，向有专业资质的厂家定制
	FHM乙-1	1500×2100	2	乙级防火门，向有专业资质的厂家定制
防火窗	FHC	1200×1800	2	乙级防火窗，向有专业资质的厂家定制（距地600mm）
	JD1	1800×2700	2	洞口高2700mm
	JD2	1500×2700	2	洞口高2700mm

注：门窗数量以实际工程为主，此表仅供参考。

图 3-45

④ 删除图纸。删除图纸的操作过程如下。

点击要删除的图纸（如正背立面图），点击"删除图纸"；点击"是"按钮，删除选中图纸，如图3-46所示；点击"否"，取消删除操作。

图 3-46

3）定位图纸 定位图纸的目的是为了使不同楼层上下的构件能相互对应，都能找到基准点，这是用BIM进行三维算量的前提。软件一般对分割好的图纸，凡有轴网的都在图纸左下角①轴和Ⓐ轴交叉点自动有定位。但有时不同楼层间定位不一致，此时点击"定位图纸"按钮，鼠标以黄色"口"字形显示。点中想让定位点移动到的位置，再去点中原来的定位点，"×"将会自动移动到选中位置，如图3-47、图3-48所示。

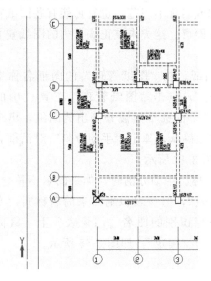

图 3-47

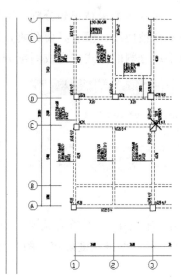

图 3-48

4）识别楼层表建立新楼层 通过识别楼层表新建楼层需要提取"楼层名称""层底标高"和"层高"三项内容，本工程具体操作步骤如下。

① 双击含有楼层信息表的 CAD 图（本例为结构设计总说明），将其调入绘图工作区并将结构楼层信息表的部分调整到适当大小，如图 3-49 所示。

楼层＼类型	标高	结构层高	单位	备注
首层	−0.050	3.6	m	−0.050为梁顶标高
二层	3.550	3.650	m	
屋顶层	7.200	3.6	m	
楼梯屋顶层	10.800			

图 3-49

② 点击工具栏上的"识别楼层表"，鼠标拉框选择楼层信息表，右键确认，弹出如图 3-50 所示的"识别楼层表"对话框。

③ 正确选择列对应关系。图 3-51 第一行的前三列分别显示"名称""底标高"和"层高"，其需与楼层信息表前三列的内容一致，若不一致，则需要重新选择对应关系。"单位"列和"备注"列不需要，识别的第一行在软件中配置的表头已经存在，因此把这后两列及第一行删除，如图 3-51 所示。之后点击"识别"按钮，软件给出楼层信息表识别完毕提示框。

图 3-50

图 3-51

也可到"工程设置"模块的"基本设置"中，点击"楼层设置"，内容与手动建立楼层一致，如图 3-52 所示，这两种方法均可采用。

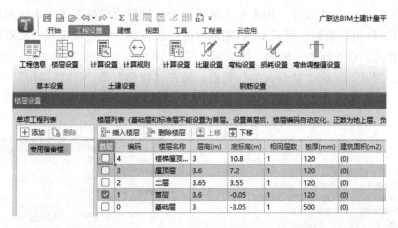

图 3-52

5）图纸楼层关系对应 以"二层板配筋图"为例，图纸楼层手动对应的步骤如下。

① 鼠标左键点击该图"对应楼层"列直到右端出现"[---]"图标。

② 点击此图标，出现"对应楼层"对话框。

③ 勾选"首层"前的复选框，点击"确定"按钮，图纸楼层对照表如图3-53所示，这样二层板配筋图被正确对应到首层的板构件。

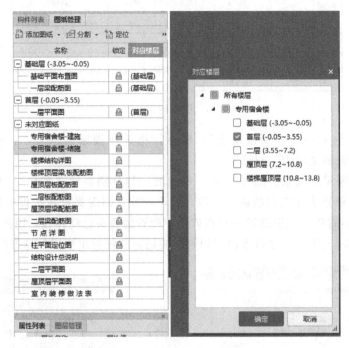

图 3-53

3.2.3.3 识别轴网

（1）基础知识

① 轴网介绍。轴网是建筑制图的主体框架，建筑物的主要支承构件按照轴网定位排列，达到井然有序的目的。轴网分直轴网、斜交轴网和弧线轴网。轴网由定位轴线（建筑结构中的墙或柱的中心线）、标志尺寸（用来标注建筑物定位轴线之间的距离大小）和轴号组成。

② 轴网CAD识别绘制。用CAD识别轴网的一般流程为：提取轴线→提取标注→识别。

③ 查找替换、设置比例、轴网二次编辑。CAD图纸中有些标注不规范，如在本工程图纸说明中规定"K8"表示"Φ8@200"钢筋，则在"建模"下"CAD操作"中使用"查找替换"功能，如图3-54所示，将"K8"替换为"C8@200"，软件即可自动识别该钢筋，如图3-55所示。

图 3-54

图 3-55

有些 CAD 图纸的实际尺寸与图示尺寸不符，例如，图示尺寸是"1800"，实际尺寸经过"工具"模块下"测量"中的"测量距离"得出是"3600"，如图 3-56、图 3-57 所示。

图 3-56

此时，可采用"建模"模块下"CAD 操作"中的"设置比例"，将实际尺寸也调整成"1800"，使之与图示尺寸一致。调整之后，图中其他所有尺寸都跟随修改，如图 3-58～图 3-60 所示。

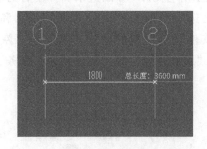

图 3-57

图 3-58

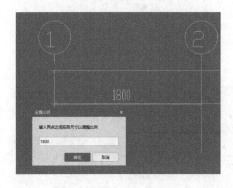

图 3-59

图 3-60

另外，如果图形比较复杂，识别轴网有个别问题，可以通过"建模"→"轴网二次编辑"中的有关命令修改，如图 3-61 所示。

④ 图层管理。当 CAD 图纸被调入到工作区时，软件默认打开 CAD "图层管理"工具栏，如图 3-62 所示。该工具栏中显示两个分类图层，一个是"CAD 原始图层"，"√"表示显示 CAD 底图；另一个是"已提取的 CAD 图层"，"√"表示显示已经被提取的 CAD 内容；不打"√"表示不显示相应内容。

图 3-61

图 3-62

⑤ 界面管理。界面管理指"视图"模块下"用户面板"，如图 3-63 所示，其包含众多用户希望在电脑界面上显示或隐藏的内容，为方便后续学习现做简要介绍。

图 3-63

"导航树"显示构件类型，可以展开收起，如图 3-64 所示；"构件列表"显示已经识别出的 CAD 构件或用软件绘制出的构件，如图 3-65 所示；"属性列表"显示"构件列表"中已选中构件的性质，如图 3-66 所示；"图纸管理"显示所有 CAD 导图进来和分割后的图纸，如图 3-67 所示；"图层管理"显示"图纸管理"中已选中图纸的"CAD 原始图层"和"已提取的 CAD 图层"，如图 3-68 所示；若想恢复到软件默认设置的状态，需点击"恢复默认"。简而言之，"图层管理"为"图纸管理"服务，"属性列表"为"构件列表"服务。

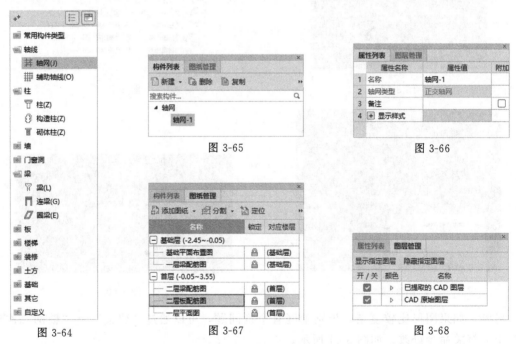

图 3-64　　图 3-65　　图 3-66　　图 3-67　　图 3-68

（2）识别轴网

1）提取轴线边线　专用宿舍楼工程提取轴线边线的操作步骤如下。

① 在"图纸管理"下的图纸文件列表中，双击"一层平面图"，将其调入绘图工作区。

② 在"建模"模块下，点击模块导航栏中的"轴网"，菜单栏中显示"识别轴网"选项，如图 3-69 所示，点击"识别轴网"，绘图区左上角出现选择方式对话框，如图 3-70 所示。

图 3-69　　图 3-70

③ 点击"提取轴线"，按照软件状态栏中的提示选择任意一条轴线，所有轴线变成虚线，处于被选中状态并高亮显示，如图 3-71 所示。

④ 右键确认，所有轴线从 CAD 图中消失，并被存放到"已提取的 CAD 图层"中。

⑤"提取轴线""提取标注"均可按"单图元选择""按图层选择""按颜色选择"，一般选"按图层选择"。在提取轴线和提取轴线标识的过程中，如果轴线的各个组成部分在同一个图层中或用同一种颜色进行绘制，则只需一次提取即可；如果轴线包括的部分不在一个图层中或未用同一种颜色绘制，则需要依次点击标识所在的各个图层或各种颜色，直到将所有的轴线标识全部选中。

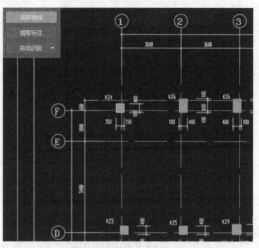

图 3-71

2）提取轴线标识　本案例工程提取轴线标识的步骤如下。

① 点击识别轴网对话框中的"提取轴线标识"，出现"图线选择方式"对话框，选择"按图层选择"，鼠标左键依次点击轴线的组成部分，如图 3-72 所示。

② 鼠标右键确认，轴线标识从图中消失，出现如图 3-73 所示的界面，此时轴线标识被存放到"已经提取的 CAD 图层"中。

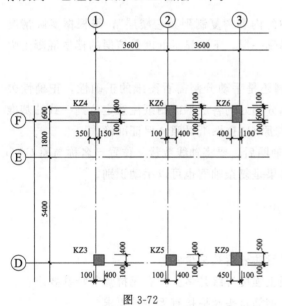

图 3-72

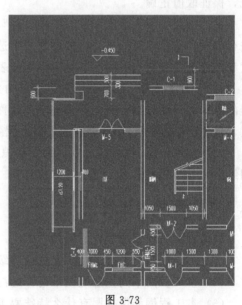

图 3-73

3）识别轴网　点击"自动识别"按钮，弹出"自动识别""选择识别""识别辅轴"三个选择。

"自动识别"用于自动识别 CAD 图中的轴线，自动完成轴网的识别，一般工程选择这个选项即可。"选择识别"用于手动识别 CAD 图中的轴线，该功能可以将用户选定的轴线识别成主轴线。"识别辅轴"可以手动识别 CAD 图中的辅助轴线。轴网复杂的图纸可以应用"选择识别"和"识别辅轴"。本工程选用"自动识别"，识别结果点击"导航栏"→"轴线" → "轴网"，在绘图区显示，如图 3-74 所示。

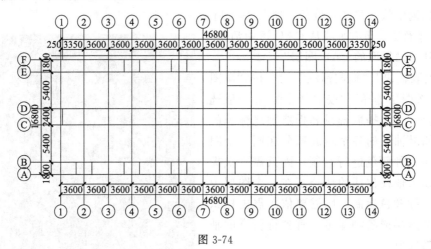

图 3-74

至此已经完成了轴网的识别工作，下面可以识别结构实体构件，进行钢筋算量。

3.2.4　任务总结

（1）工程信息设置　其中所选择的计算规则、清单定额库和钢筋规则、结构类型、抗震等级、层高设置等对工程量计算具有决定性影响，因此一定要学懂 16G 平法规则，熟读图纸，保证取值正确。

把"楼层混凝土强度和锚固搭接设置"中的内容"复制到其它楼层"，需根据实际情况进行修改。需要注意的是，在楼层列表中选择哪一层，下面显示的就是该层的楼层混凝土强度和锚固搭接设置，不同的层对应不同的表。

（2）CAD 导图　分割图纸是采用自动分割还是手动分割需看图纸的正确性，正确性欠佳的需采用手动分割，并注意修改图纸名称。分割好的各层平面图纸注意定位到一致的基准点，以免产生错位。CAD 识别的楼层数据要与原 CAD 图纸对照，保证准确。

（3）识别轴网　采用 CAD 识别方法识别轴网后，要将轴线数量、位置、名称与原 CAD 图纸对照，如果有遗漏，用手动方式补齐。如果是复杂轴网也可以手动识别。

3.2.5　思考与练习

请结合案例图纸思考以下问题。

（1）本工程结构类型是什么？抗震等级及设防烈度是多少？

（2）本工程的不同位置混凝土构件的混凝土强度等级是多少？有无抗渗等特殊要求？

（3）本工程钢筋保护层有什么特殊要求？钢筋接头及搭接有无特殊要求？

（4）本工程砌体的类型是什么？其砂浆强度等级是多少？

（5）哪些参数会影响到后期的计算结果？

（6）分割后的图纸上在同一图框内还有多张图纸如何再分割？

（7）识别楼层表时需要注意哪些事项？

（8）讨论弧形轴网的定义及绘制方法。

（9）思考拼接轴网的绘制方法。

3.2.6　图纸做法说明

（1）室内装修一览表（表 3-1）

表 3-1　室内装修一览表

部位 房间名称	地面	楼面	踢脚板	内墙面	顶棚
门厅	大理石地面（楼面） 1.20mm 厚大理石石材 2.20mm 厚干混砂浆结合层，纯水泥浆擦缝 3.20mm 厚干混砂浆找平层 4.60mm 厚 C15 混凝土垫层 5.150mm 厚碎石夯入土中	4. 现浇钢筋混凝土楼板	大理石踢脚（100mm 高） 1.10～15mm 厚大理石石材板（涂防污剂），纯水泥浆擦缝 2.15mm 厚干混砂浆结合层 3. 基层墙面	白色乳胶漆墙面 1. 白色乳胶漆两遍 2. 批刮腻子两遍 3.15mm 厚干混砂浆抹灰找平 4. 基层墙面	白色乳胶漆顶棚 1. 白色乳胶漆两遍 2.4mm 厚干混砂浆粉面 3.6mm 厚干混砂浆打底扫毛 4. 素水泥浆一道（内掺建筑胶） 5. 现浇钢筋混凝土底板
走廊、阳台、宿舍、楼梯间、管理室	地砖地面（楼面） 1.600mm×600mm 地砖，纯水泥浆擦缝 2.20mm 厚干混砂浆结合层 3.20mm 厚干混砂浆找平层 4.60mm 厚 C15 混凝土垫层 5.150mm 厚碎石夯入土中	4. 现浇钢筋混凝土楼板	地砖踢脚（100mm 高） 1.10～15mm 厚地砖，纯水泥浆擦缝 2.15mm 厚干混砂浆结合层 3. 基层墙面	白色乳胶漆墙面 1. 白色乳胶漆两遍 2. 批刮腻子两遍 3.15mm 厚干混砂浆抹灰找平 4. 基层墙面	白色乳胶漆顶棚 1. 白色乳胶漆两遍 2.4mm 厚干混砂浆粉面 3.6mm 厚干混砂浆打底扫毛 4. 素水泥浆一道（内掺建筑胶） 5. 现浇钢筋混凝土底板
开水房、洗浴室、公用卫生间、宿舍卫生间	防水地面（楼面） 1.300mm×300mm 厚防滑地砖，纯水泥浆擦缝 2.20mm 厚干混砂浆结合层 3.1.0mm 厚的水泥基渗透结晶型防水涂料，周边上翻 300mm 4. 最薄处 30mm 厚 C20 细石混凝土找坡层抹平 5.60mm 厚 C15 混凝土垫层 6.150mm 厚碎石夯入土中	5. 现浇钢筋混凝土楼板		面砖防水墙面 1. 白水泥擦缝 2.152mm×152mm 墙面瓷砖（粘贴前墙砖充分水湿） 3.4mm 厚强力胶粉泥黏结层，揉挤压实 4. 水泥基渗透结晶型防水涂料 5.15mm 厚 1∶3 干混砂浆打底压实抹平	吊顶天棚 1. 铝合金方板面层 2. 铝合金中龙骨⊥32mm×24mm×1.2mm，中距等于板材宽度 3. 轻钢大龙骨 60mm×30mm×1.5mm（吊点附吊挂），中距 900mm 4. 铝合金横撑⊥32mm×24mm×1.2mm，中距等于板材宽度 5. φ8 钢筋吊杆，双向吊点、中距 900mm

（2）室外装修设计

屋面 1

① 40mm 厚 C20 细石混凝土随捣随抹（内配 φ4@150 双向）；

② 3mm+3mm 厚 SBS 防水卷材，翻起 500mm 高；

③ 50mm 聚苯乙烯泡沫保温板；

④ 20mm 厚 1∶3 水泥砂浆找平层；

⑤ 最薄 30mm 厚泡沫混凝土找坡；

⑥ 现浇钢筋混凝土板，表面清扫干净。

屋面 2

① 3mm＋3mm 厚 SBS 防水卷材，翻起 500mm 高；

② 50mm 聚苯乙烯泡沫保温板；

③ 20mm 厚 1∶3 水泥砂浆找平层；

④ 最薄 30mm 厚泡沫混凝土找坡；

⑤ 现浇钢筋混凝土板，表面清扫干净。

屋面 3

① 20mm 厚 1∶2 水泥砂浆保护层；

② 1.5mm 厚聚氨酯防水涂膜一道；

③ 20mm 厚 1∶3 水泥砂浆找平层；

④ 最薄 30mm 厚泡沫混凝土找坡；

⑤ 现浇钢筋混凝土板，表面清扫干净。

外墙 1

① 瓷质外墙砖 45mm×95mm；

② 6mm 厚干混砂浆黏结层；

③ 15mm 厚干混砂浆打底抹灰；

④ 8mm 厚抗裂砂浆；

⑤ 热镀锌钢丝网；

⑥ 30mm 厚聚苯乙烯泡沫保温板；

⑦ 专用黏结层；

⑧ 专用界面剂一道。

外墙 2

部位：女儿墙内侧、压顶、翻口等

① 外墙防水弹性涂料；

② 8mm 厚抗裂砂浆；

③ 热镀锌钢丝网；

④ 外墙 20mm 厚干混砂浆找平；

⑤ 素水泥浆一道（有 107 胶）。

（3）砌体墙　加气混凝土砌块的墙体材质替换为：蒸压加气混凝土砌块，采用干混砂浆砌筑。

3.3　BIM 基础工程工程计量

 学习目标

1. 能够正确定义并绘制基础，计算钢筋工程量、混凝土及模板工程量；

2.能够正确套用基础的清单项目和定额子目。

1.具备相应基础的钢筋平法知识，能读懂基础图纸；

2.了解钢筋混凝土基础的施工工艺；

3.熟悉基础的工程量清单和定额计算规则。

3.3.1　任务说明

① 完成案例《BIM算量一图一练》专用宿舍楼图纸中独立基础的工程量计算。

② 完成专用宿舍楼独立基础的清单项目和定额子目套用。

3.3.2　任务分析

（1）图纸分析　完成本任务需要分析基础的形式和特点。根据专用宿舍楼图纸结施-02"基础平面布置图"可知，本工程的基础为钢筋混凝土的二阶独立基础，独立基础的底标高是-2.45m，并且有8种形状相似尺寸不同的独基及垫层。具体信息见表3-2。

表3-2　独立基础信息表

序号	类型	名称	混凝土强度等级	阶高（下/上）/mm	截面信息（下/上）/（mm×mm）	底标高/m
1	独立基础	DJJ01	C30	250/200	2700×2700/2300×2300	-2.45
2		DJJ02	C30	300/250	3200×3200/2800×2800	-2.45
3		DJJ03	C30	350/250	3900×2800/3500×2400	-2.45
4		DJJ04	C30	350/250	3600×3600/3000×3000	-2.45
5		DJJ05	C30	350/250	3100×3800/2700×3400	-2.45
6		DJJ06	C30	300/250	2900×4800/2500×4400	-2.45
7		DJJ07	C30	350/250	3600×5600/3200×5200	-2.45
8		DJJ08	C30	400/300	4400×6400/4000×6000	-2.45

（2）绘制分析　通过对结施-02的分析可知，本工程中有8个二阶型独立基础，编号分别为$DJ_J01 \sim DJ_J08$，同时也有详细的属性标注，其中DJ_J01、DJ_J03、DJ_J04、DJ_J05和DJ_J08只标注了名称。在识别时下脚标中的"J"不能识别，所以应该先进行批量替换，将"DJ"替换为"DJJ"后再进行识别。

各独立基础单元的高度和配筋信息各不相同，通过识别独立基础只能识别出这些独立基础的平面位置，而不能确定各独立基础单元层的具体属性。因此，可先新建独立基础及顶、底单元并修改其属性，再进行独立基础的识别。

3.3.3　任务实施

3.3.3.1　相关平法知识

（1）基础的分类　基础有多种形式，包括独立基础、桩基础、条形基础、筏板基础等。基础平法施工图，有平面注写与截面注写两种表达方式。图纸中常见的是平面注写方式，如图 3-75 所示，截面注写方式如图 3-76 所示。不同基础的平面注写方式，具体内容详见相关图集。

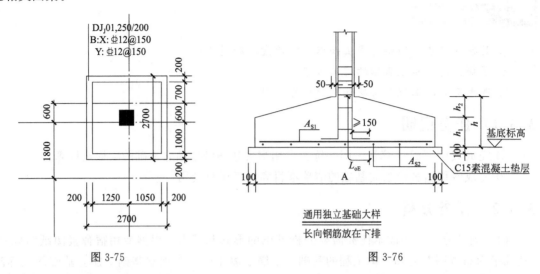

图 3-75　　　　　　　　　　　　图 3-76

① 独立基础。建筑物上部结构采用框架结构或单层排架结构承重时，基础常采用圆柱形和多边形等形式的独立基础；独立基础又分为阶形基础、坡形基础、杯形基础三种形式。独立基础的表示形式见表 3-3。

表 3-3　独立基础类型

类型	基础底板截面形状	代号	序号
普通独立基础	阶形	DJJ	××
	坡形	DJP	××
杯口独立基础	阶形	BJJ	××
	坡形	BJP	××

② 桩基础。一般在高层建筑中，桩基础应用广泛，桩基础由基桩和连接桩顶的承台共同组成。若桩身全部埋于土中，承台底面与土体接触，称为低承台桩基；若桩身上部露出地面而承台底位于地面以上，则称为高承台桩基。建筑桩基通常为低承台桩基础。

③ 条形基础。条形基础指基础长度远远大于宽度的一种基础形式。按上部结构的不同，分为墙下条形基础和柱下条形基础。条形基础的长度大于或等于 10 倍基础的宽度。条形基础的特点是，布置在一条轴线上且与两条以上的轴线相交，有时也和独立基础相连，但截面尺寸与配筋不尽相同。

④ 筏板基础。筏板基础由底板、梁等整体组成。建筑物荷载较大，地基承载力较弱，常采用混凝土底板承受建筑物荷载，形成筏基，其整体性好，能很好地抵抗地基不均匀沉降。

（2）基础绘制流程　本案例工程基础为二阶独立基础，可以先定义构件，再识别构件的位置生成图元。识别独立基础的流程为：提取独基边线→提取独基标识→识别→校核独基图元。

操作基本步骤如下。

① 选择要识别的楼层，如"基础层"，点击模块导航栏中"基础"→"独立基础"。

② 导入"基础平面布置图"。

③ 点击"建模"模块→"定义"，新建独立基础、独立基础单元。

④ 点击"建模"模块→"识别独立基础"。

⑤ 提取独基边线。

⑥ 提取独基标识。

⑦ 自动识别独立基础、校核独基图元。

3.3.3.2　基础绘制

(1) 批量替换独立基础名称　切换到基础层，双击"基础平面布置图"，将其调入绘图工作区；点击工具栏"查找替换"，弹出"查找替换"对话框，在"查找内容"框内填写"DJ"，在"替换为"框内填写"DJJ"，如图3-77所示，点击"全部替换"按钮，完成名称的替换。图纸上基础编号也变为如图3-78所示，DJ全部被替换为DJJ。

图 3-77

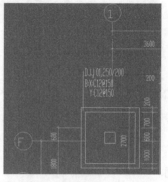

图 3-78

值得注意的是，对独立基础名称进行批量替换后，需要调整"CAD识别选项"中独立基础的属性值，增加独立基础代号为"DJJ"的识别标识，如图3-79、图3-80所示。

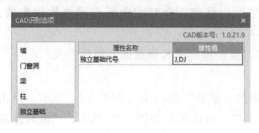

图 3-79

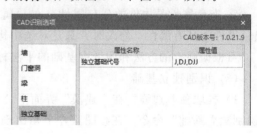

图 3-80

(2) 新建独立基础构件

1) 定义独立基础　本案例图纸中的基础是独立基础，以"DJJ01"为例，在定义界面下，点击模块导航栏里面的"基础"，在"基础"下选择"独立基础"，单击"新建"按钮下的"新建独立基础"。再点击"新建"按钮下的"新建矩形独立基础单元"，生成顶、底两个单元，如图3-81所示。

2) 属性编辑

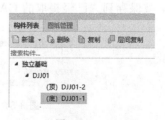

图 3-81

① 基础名称：软件默认"DJ-1""DJ-2"顺序生成，可根据图纸实际情况，手动修改名称。此处按名称"DJJ01"输入即可。

② 底层的截面长度和截面宽度：按图纸输入"2700""2700"。底层高度：250mm。

③ 横向受力筋：此处输入"Φ12@150"。

④ 纵向受力筋：此处输入"Φ12@150"，如图 3-82 所示。

⑤ 由于独立基础顶部单元无钢筋配置，只需要输入尺寸即可。顶层截面长度和截面宽度：按图纸输入"2300""2300"。顶层高度：200mm，如图 3-83 所示。

	属性名称	属性值	附加
1	名称	DJJ01-1	
2	截面长度(mm)	2700	☐
3	截面宽度(mm)	2700	☐
4	高度(mm)	250	☐
5	横向受力筋	Φ12@150	☐
6	纵向受力筋	Φ12@150	☐
7	短向加强筋		☐
8	顶部柱间配筋		☐
9	材质	现浇混凝土	
10	混凝土类型	(普通混凝土)	
11	混凝土强度等级	(C30)	☐
12	混凝土外加剂	(无)	
13	泵送类型	(混凝土泵)	
14	相对底标高(m)	(0)	☐
15	截面面积(m²)	7.29	
16	备注		☐
17	⊞ 钢筋业务属性		
21	⊞ 土建业务属性		
26	⊞ 显示样式		

图 3-82

	属性名称	属性值	附加
1	名称	DJJ01-2	
2	截面长度(mm)	2300	☐
3	截面宽度(mm)	2300	☐
4	高度(mm)	200	☐
5	横向受力筋		☐
6	纵向受力筋		☐
7	短向加强筋		☐
8	顶部柱间配筋		☐
9	材质	现浇混凝土	
10	混凝土类型	(普通混凝土)	
11	混凝土强度等级	(C30)	☐
12	混凝土外加剂	(无)	
13	泵送类型	(混凝土泵)	
14	相对底标高(m)	(0.25)	☐
15	截面面积(m²)	5.29	
16	备注		☐
17	⊞ 钢筋业务属性		
21	⊞ 土建业务属性		
26	⊞ 显示样式		

图 3-83

说明：

① 在软件中，用 A、B、C、D 分别代表一、二、三、四级钢筋，输入"4B22"表示 4 根直径 22mm 的二级钢筋。软件中箍筋输入时，可以用"—"来代替"@"输入，输入更方便。

② 蓝色属性是构件的公有属性，在"属性值"中修改，会对图中所有同名构件生效；黑色属性为私有属性，修改时，只是对选中构件生效。

可根据同样的方法和图纸中基础的平法标注，完成基础层其他基础的属性定义。

（3）识别独立基础

1）提取独基边线　在"建模"界面下"识别独立基础"菜单中，如图 3-84 所示。点击"识别独立基础"命令，在绘图区左上角出现选择方式对话框，如图 3-85 所示。"提取独基边线"，按照软件默认的图线选择方式和软件状态栏的提示，选择任意一个独立基础的外边线，则所有独立基础边线被选中并高亮显示，右键确认选择，所有独立基础边线全部消失并被保存到"已经提取的 CAD 图层"中。

图 3-84

图 3-85

2）提取独基标识　点击"提取独基标识"，按照软件默认的图线选择方式和软件状态栏的提示，选择任意一个独立基础的标识，则所有独立基础标识被选中并高亮显示，右键确认选择，所有独立基础标识全部消失并被保存到"已经提取的 CAD 图层"中。

3）识别独立基础

① 点击"点选识别"→"自动识别"，软件弹出识别完成提示，共识别到 29 个独立基础图元。

② 点击"确定"，弹出"校核通过"提示，并自动布置在图示位置。

4）校核独基图元　点击"校核独基图元"，如显示"校核通过"即可。

独立基础识别完成后，基础层构件如图 3-86 所示。

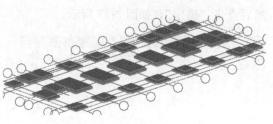

图 3-86

3.3.3.3　独立基础构件做法套用

独立基础构件定义好后，需要进行做法套用，才能计算对应清单、定额工程量。

（1）工程量清单和定额计算规则

① 清单计算规则见表 3-4。

表 3-4　独立基础清单计算规则

项目编码	项目名称	计量单位	计算规则
010501003	独立基础	m^3	按设计图示尺寸以体积计算，不扣除伸入承台基础的桩头所占体积
011702001	基础	m^2	按模板与现浇混凝土构件的接触面积计算

② 定额计算规则见表 3-5。

表 3-5　独立基础定额计算规则

编号	项目名称	计量单位	计算规则
5-3	基础混凝土	m^3	同清单计算规则
5-103	独立基础复合木模	m^2	

下面以"（底）DJJ01-1"为例简述独立基础、模板的清单及定额套用。

（2）独立基础清单套用

第一步，在"建模"模块下"通用操作"页签中点击" 定义 "功能，选中对应构件列表中新建好的独立基础构件。

图 3-87

第二步，选中独立基础 DJJ01 构件，左键双击弹出"定义"界面，切换到"构件做法"下方，套取相应的混凝土清单，点击"查询匹配清单"页签，弹出匹配清单列表，软件默认的是"按构件类型过滤"，如图 3-87 所示。在匹配清单列表中双击"010501003"独立基础，软件自动完善后三位编码，单位为"m^3"，此为清单项目混凝土体积，将其添加到做法表。也可在点击"添加清单"后直接在"编码"栏中输入"010501003001"。

第三步，描述项目特征，根据《房屋建筑与装饰工程工程量计算规范》（GB 50854—2013）规定，独立基础混凝土项目特征，需描述混凝土的种类和强度等级两项内容。

在项目特征列表中添加"混凝土种类"的特征值为"商品泵送混凝土"，"混凝土强度等级"的特征值为"C30"，填写完成后的基础混凝土的项目特征如图 3-88 所示。也可通过点击清单对应的项目特征列，再点击三点按钮，弹出"编辑项目特征"对话框，填写特征值，然后点击"确定"，如图 3-89 所示。

图 3-88   图 3-89

独立基础清单如图 3-90 所示。

	编码	类别	名称	项目特征	单位	工程量表达式	表达式说明
1	⊟ 011702001001	项	基础	独立基础 复合木模	m2	MBMJ	MBMJ〈模板面积〉
3	⊟ 010501003001	项	独立基础	1.混凝土种类:商品泵送混凝土 2.混凝土强度等级:C30	m3	TJ	TJ〈体积〉

图 3-90

（3）独立基础定额套用　在《浙江省房屋建筑与装饰工程预算定额》（2018 版）中对于独立基础混凝土明确要求：按设计图示尺寸以体积计算，不扣除构件内钢筋、预埋铁件和伸入承台基础的桩头所占体积。

点击"查询匹配定额"页签，软件默认的是"按构件类型过滤"过滤出对应的定额，如图 3-91 所示；在匹配定额列表中双击"5-3"定额子目，将其添加到清单"010501003001"项下。

	编码	类别	名称	项目特征	单位	工程量表达式	表达式说明
1	⊟ 011702001001	项	基础	独立基础 复合木模	m2	MBMJ	MBMJ〈模板面积〉
2	└ 5-103	定	独立基础复合木模		m2	MBMJ	MBMJ〈模板面积〉
3	⊟ 010501003001	项	独立基础	1.混凝土种类:商品泵送混凝土 2.混凝土强度等级:C30	m3	TJ	TJ〈体积〉
4	└ 5-3	定	基础混凝土		m3	TJ	TJ〈体积〉

图 3-91

（4）独立基础模板清单及定额套用　对于基础的混凝土模板描述，根据《房屋建筑与装饰工程工程量计算规范》（GB 50854—2013）推荐的特征值，其只有基础类型，具体操作如下。

第一步，套用基础模板清单。点击"查询匹配清单"页签，匹配清单列表中的"011702001"，名称为基础模板。或选中清单项目"011702001"。

第二步，填写项目特征值。点击工具栏上"项目特征"，在"项目特征列表"中，填写"基础类型"的特征值为"独立基础"，如图 3-92 所示；或者通过点击清单对应的项目特征列，再点击三点按钮，弹出"编辑项目特征"对话框，填写特征值，然后点击"确定"，如图 3-93 所示。

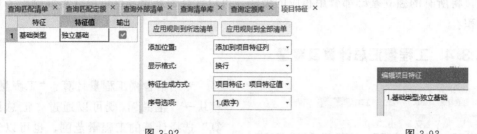

图 3-92　　　　　　　　　　　　　　　　图 3-93

第三步，套用基础模板定额。点击"查询匹配定额"页签，软件默认的是"按构件类型过滤"过滤出对应的定额，或直接输入对应定额，名称是"独立基础　复合木模"，其单位为"m²"，将其添加到做法表中，观察其表达式说明为"MBMJ〈模板面积〉"，如图 3-94 所示。

图 3-94

（5）"做法刷"复用到其他基础构件　将独立基础的清单项目及定额子目套用好之后，可使用"做法刷"功能，将其做法复用给其他构件。

将独立基础的清单和定额项目全部选中，如图 3-95 所示。点击"构件做法"菜单栏中的"做法刷"，此时软件弹出"做法刷"对话框，界面左端出现可供选择的构件名称，还可以选择按"覆盖"或"追加"的添加方式，如图 3-96 所示。

图 3-95

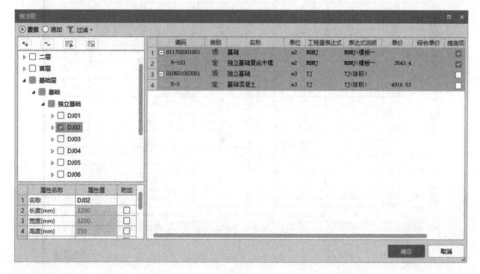

图 3-96

如此，将所有的独立基础都套用相应的做法，可以计算钢筋量，也可以计算混凝土体积和模板面积。

3.3.3.4　工程量汇总计算及查量

图 3-97

专用宿舍楼工程量计算："工程量"模块→"汇总"，既可以通过"汇总计算"选择计算的工程量范围，也可以先选择要汇总的图元，再点击"汇总选中图元"，完成计算汇总，如图 3-97 所示。

土建计算结果可以有两种查量方式，选中想查看的构件图元，以如图 3-98 所示的全部独立基础为例，点击"工程量"模块→"土建计算结果"中的"查看工程量"→"构件工程量"，如图 3-99 所示。"做法工程量"如图 3-100 所示。

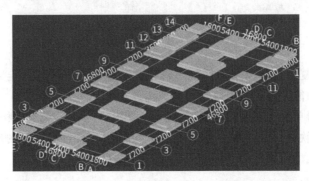

图 3-98

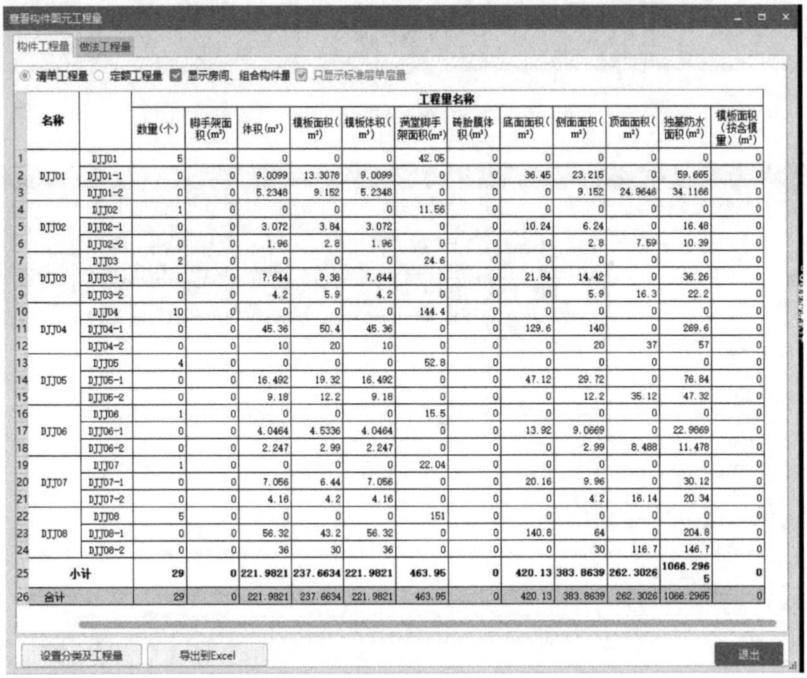

	名称	数量(个)	脚手架面积(m²)	体积(m³)	模板面积(m²)	模板体积(m³)	满堂脚手架面积(m²)	砖胎膜体积(m³)	底面面积(m²)	侧面面积(m²)	顶面面积(m²)	独基防水面积(m²)	模板面积(扶合模量)(m²)
1	DJJ01　DJJ01	5	0	0	0	0	42.05	0	0	0	0	0	0
2	DJJ01-1	0	0	9.0099	13.3078	9.0099	0	0	36.45	23.215	0	59.665	0
3	DJJ01-2	0	0	5.2348	9.152	5.2348	0	0	0	9.152	24.9646	34.1166	0
4	DJJ02　DJJ02	1	0	0	0	0	11.56	0	0	0	0	0	0
5	DJJ02-1	0	0	3.072	3.84	3.072	0	0	10.24	6.24	0	16.48	0
6	DJJ02-2	0	0	1.96	2.8	1.96	0	0	0	2.8	7.59	10.39	0
7	DJJ03　DJJ03	2	0	0	0	0	24.6	0	0	0	0	0	0
8	DJJ03-1	0	0	7.644	9.38	7.644	0	0	21.84	14.42	0	36.26	0
9	DJJ03-2	0	0	4.2	5.9	4.2	0	0	0	5.9	16.3	22.2	0
10	DJJ04　DJJ04	10	0	0	0	0	144.4	0	0	0	0	0	0
11	DJJ04-1	0	0	45.36	50.4	45.36	0	0	129.6	140	0	269.6	0
12	DJJ04-2	0	0	10	20	10	0	0	0	20	37	57	0
13	DJJ05　DJJ05	4	0	0	0	0	52.8	0	0	0	0	0	0
14	DJJ05-1	0	0	16.492	19.32	16.492	0	0	47.12	29.72	0	76.84	0
15	DJJ05-2	0	0	9.18	12.2	9.18	0	0	0	12.2	35.12	47.32	0
16	DJJ06　DJJ06	1	0	0	0	0	15.5	0	0	0	0	0	0
17	DJJ06-1	0	0	4.0464	4.5336	4.0464	0	0	13.92	9.0669	0	22.9869	0
18	DJJ06-2	0	0	2.247	2.99	2.247	0	0	0	2.99	8.488	11.478	0
19	DJJ07　DJJ07	1	0	0	0	0	22.04	0	0	0	0	0	0
20	DJJ07-1	0	0	7.056	6.44	7.056	0	0	20.16	9.96	0	30.12	0
21	DJJ07-2	0	0	4.16	4.2	4.16	0	0	0	4.2	16.14	20.34	0
22	DJJ08　DJJ08	5	0	0	0	0	151	0	0	0	0	0	0
23	DJJ08-1	0	0	56.32	43.2	56.32	0	0	140.8	64	0	204.8	0
24	DJJ08-2	0	0	36	30	36	0	0	0	30	116.7	146.7	0
25	小计	29	0	221.9821	237.6634	221.9821	463.95	0	420.13	383.8639	262.3026	1066.2965	0
26	合计	29	0	221.9821	237.6634	221.9821	463.95	0	420.13	383.8639	262.3026	1066.2965	0

设置分类及工程量　　导出到Excel　　　　　　　　　　　退出

图 3-99

查看构件图元工程量

构件工程量	做法工程量

	编码	项目名称	单位	工程量	单价	合价
1	011702001	基础模板	m2	237.6634		
2	17-47	独立基础 复合模板	m2	238.05	41.57	9695.7385
3	010501003	独立基础	m3	9.0099		
4	5-2	现浇混凝土 独立基础	m3	9.0099	461.53	4158.3391
5	010501003	独立基础	m3	5.2348		
6	5-2	现浇混凝土 独立基础	m3	5.2348	461.53	2416.0172
7	010501003	独立基础	m3	3.072		
8	5-2	现浇混凝土 独立基础	m3	3.072	461.53	1417.8202
9	010501003	独立基础	m3	1.96		
10	5-2	现浇混凝土 独立基础	m3	1.96	461.53	904.5988
11	010501003	独立基础	m3	7.644		
12	5-2	现浇混凝土 独立基础	m3	7.644	461.53	3527.9353
13	010501003	独立基础	m3	4.2		
14	5-2	现浇混凝土 独立基础	m3	4.2	461.53	1938.426
15	010501003	独立基础	m3	45.36		
16	5-2	现浇混凝土 独立基础	m3	45.36	461.53	20935.0008
17	010501003	独立基础	m3	10		
18	5-2	现浇混凝土 独立基础	m3	10	461.53	4615.3
19	010501003	独立基础	m3	16.492		
20	5-2	现浇混凝土 独立基础	m3	16.492	461.53	7611.5528
21	010501003	独立基础	m3	11.427		
22	5-2	现浇混凝土 独立基础	m3	11.427	461.53	5273.9033
23	010501003	独立基础	m3	4.0464		
24	5-2	现浇混凝土 独立基础	m3	4.0464	461.53	1867.535
25	010501003	独立基础	m3	7.056		
26	5-2	现浇混凝土 独立基础	m3	7.056	461.53	3256.5557
27	010501003	独立基础	m3	4.16		
28	5-2	现浇混凝土 独立基础	m3	4.16	461.53	1919.9648
29	010501003	独立基础	m3	56.32		
30	5-2	现浇混凝土 独立基础	m3	56.32	461.53	25993.3696
31	010501003	独立基础	m3	36		
32	5-2	现浇混凝土 独立基础	m3	36	461.53	16615.08

显示构件明细(D)	导出到Excel		退出

图 3-100

钢筋计算结果可以通过"查看钢筋量""钢筋三维""编辑钢筋"三种方式来查看。选中一个 DJJ01 图元,点击"工程量"模块→"钢筋计算结果"中的"查看钢筋量",可以看到这一个独立基础在基础层的钢筋总重量和不同级别、不同直径的钢筋重量,如图 3-101 所示。

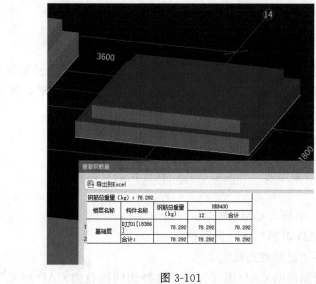

图 3-101

点击"钢筋三维"，可以查看钢筋在结构中的形状、排列和直径的差别，直观形象地观察钢筋，如图 3-102 所示。"编辑钢筋"如图 3-103 所示，可以查看某一构件中钢筋的筋号、直径、级别、图形、计算公式、长度、根数、质量等重要信息。

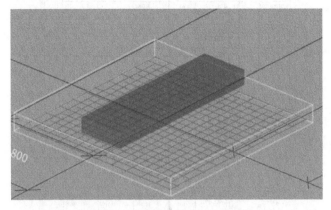

图 3-102

筋号	直径(mm)	级别	图号	图形	计算公式	公式描述	长度	根数	接头	损耗(%)	单重(kg)	总重(kg)	钢筋归类	搭接形式
1	DJJ01-1.横向底筋.1	12	⊕	1	2600	2700-50-50	净长-保护层-保护层	2600	2	0	0	2.309	4.618	直筋	绑扎	普通钢筋
2	DJJ01-1.横向底筋.2	12	⊕	1	2430	0.9*2700	0.9*基础底长	2430	16	0	0	2.158	34.528	直筋	绑扎	普通钢筋
3	DJJ01-1.纵向底筋.1	12	⊕	1	2600	2700-50-50	净长-保护层-保护层	2600	2	0	0	2.309	4.618	直筋	绑扎	普通钢筋
4	DJJ01-1.纵向底筋.2	12	⊕	1	2430	0.9*2700	0.9*基础底宽	2430	16	0	0	2.158	34.528	直筋	绑扎	普通钢筋
5															

图 3-103

如此，三种查量方式都可以查看专用宿舍楼的钢筋量，各方法各有特色，可以根据需要选用。

3.3.4 总结拓展

3.3.4.1 任务总结

本节主要介绍了识别独立基础的流程以及具体操作方法和步骤。从案例工程的操作可以看到，CAD 识别只能确定图元位置。当图中的名称与构件定义不同时，则会识别成另一种新构件，需要进行改名等操作才能达到目的。

3.3.4.2 拓展延伸

实际工程中桩基也是常用的一种基础形式，软件识别步骤如下。

（1）提取桩边线

① 在"CAD 草图"中导入 CAD 图。

② 点击导航条"CAD 识别"→"识别桩"。

③ 点击绘图工具栏"提取桩边线"。

④ 利用"选择相同图层的 CAD 图元"或"选择相同颜色的 CAD 图元"的功能选中需

要提取的桩边线 CAD 图元。

⑤ 点击鼠标右键确认选择，则选择的 CAD 图元自动消失，并存放在"已提取的 CAD 图层"中。

（2）提取桩标识

① 在完成提取桩边线的基础上，点击绘图工具栏"提取桩标识"。

② 利用"选择相同图层的 CAD 图元"或"选择相同颜色的 CAD 图元"的功能选中需要提取的桩标识 CAD 图元（此过程中也可以点选或框选需要提取的 CAD 图元）。

③ 点击鼠标右键确认选择，则选择的 CAD 图元自动消失，并存放在"已提取的 CAD 图层"中。

（3）识别桩　识别桩的方式有三种，自动识别、点选识别及框选识别。

① 自动识别。此功能可以将提取的桩边线和桩标识一次全部识别。其操作非常简单，只需要一步即可完成。在完成提取桩边线和提取桩标识操作后，点击绘图工具栏"识别桩"→"自动识别桩"，则提取的桩边线和桩标识被识别为软件的桩构件，并弹出识别成功的提示。

② 点选识别。此功能可以通过选择桩边线和桩标识的方法进行桩识别。点选识别的步骤如下。

完成提取桩边线和提取桩标识操作后，点击绘图工具栏"识别桩"→"点选识别桩"，弹出如图 3-104 所示的对话框；按照提示选择桩的标识，然后修改桩的类别、桩深度和顶标高，点击"确定"，对话框关闭。

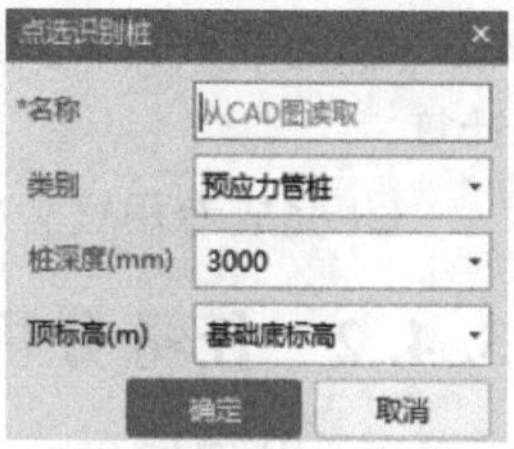

如果 CAD 图上桩没有标识，可以手动输入桩标识。按照提示选择桩的边线，点击右键确定，完成桩的点选识别。然后可以点击"确定"退出点选识别命令，也可以重复上述步骤继续识别桩。

图 3-104

③ 框选识别。此功能可以通过选择桩边线和桩标识的方法进行桩识别操作，与"点选识别"方法一致，直接框选识别即可，这里不再做赘述。

3.3.5　思考与练习

（1）识别独立基础的流程有哪几步？

（2）如何提取独立基础的边线和标识？

（3）如何点选识别独立基础？

（4）如何进行独立基础图元的校核？

（5）以阶形独立基础为例，说明独立基础的 CAD 识别选项包括哪几项属性？

（6）以阶形独立基础为例，说明如何替换独立基础的名称？

（7）独立基础混凝土清单需要描述哪几个项目特征？

（8）独立基础模板清单需要描述哪几个项目特征？

（9）完成案例工程的独立基础的识别、绘制、套用做法以及工程量汇总。

3.4 BIM 主体工程工程计量

▶ 学习目标

1. 能够正确定义并绘制主体结构柱、梁、板，计算钢筋工程量、混凝土及模板工程量；
2. 能够正确套用主体结构的清单项目和定额子目。

▶ 学习要求

1. 具备相应主体结构柱、梁、板的钢筋平法知识，能读懂图纸；
2. 了解主体结构柱、梁、板的施工工艺；
3. 熟悉主体结构柱、梁、板的工程量清单和定额计算规则。

3.4.1 任务说明

① 完成案例《BIM 算量一图一练》专用宿舍楼图纸中主体结构柱、梁、板的工程量计算。

② 完成专用宿舍楼主体结构柱、梁、板的清单项目和定额子目套用。

3.4.2 任务分析

(1) 柱图纸分析 专用宿舍楼工程中的柱子需要计算混凝土和模板的工程量。分析结施-03、结施-04，首层层高为 3.6m，本层框架柱、构造柱、梯柱均为矩形，框架柱为 KZ1～KZ24，梯柱从施工的角度来分析，它的施工方法与框架柱相同，所以在本例中，梯柱按框架柱来处理。

(2) 梁图纸分析 本工程中涉及的梁需计算混凝土和模板工程量，分析结施-06、结施-11，首层层高为 3.6m，本层楼层框架梁、非框架梁、梯梁均为矩形梁；楼层框架梁为 KL1～KL16，非框架梁为 L1～L11，梯梁从施工角度来说和框架梁的施工工艺相同，梯梁按照框架梁进行处理。

(3) 板图纸分析 本工程中涉及的板需计算混凝土和模板工程量，分析结施-08、结施-11，首层层高为 3.6m，本层现浇板、休息平台板均为有梁板，H 代表楼层结构标高 3.55m，图纸中未注明的现浇板板厚为 100mm；K8 代表 $\Phi 8@200$mm，如图 3-105 所示。对于首层卫生间区域的标高需单独调整标高，设置卫生间升降板处理，如图 3-106 所示。图纸中涉及现浇板主要信息见表 3-6。

注：1. 未注明的板厚为100mm。
    2. 图中H为楼层结构标高。
    3. K8表示 $\Phi 8@200$。
    4. 填充墙下无梁时，应在墙下板中相应位置另设 $3\Phi 12$。

图 3-105

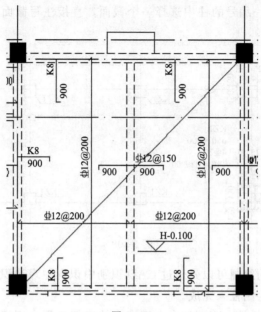

图 3-106

表 3-6　现浇板信息表

序号	类型	名称	混凝土标号	板厚 h/mm	板顶标高
1	普通楼板	未标注板	C30	100	层顶标高
2	空调板	飘窗板70	C30	100	层底标高
3	平台板	平台板100	C30	100	1.75m

3.4.3　任务实施

3.4.3.1　柱工程量计算

（1）相关平法知识　柱类型有框架柱、框支柱、芯柱、梁上柱、剪力墙上柱等，从形状上可分为圆形柱、矩形柱、异形柱等。柱钢筋的平法表示有两种，一种是列表注写方式，另一种是截面注写方式。

① 列表注写。在柱表中注写柱编号、柱段起止标高、几何尺寸（含柱截面对轴线的偏心情况）与配筋信息、箍筋信息，如图 3-107 所示。

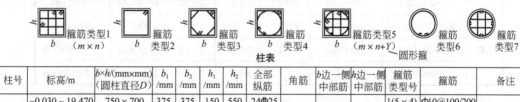

柱表

柱号	标高/m	$b×h$/(mm×mm) （圆柱直径D）/mm	b_1/mm	b_2/mm	h_1/mm	h_2/mm	全部纵筋	角筋	b边一侧中部筋	h边一侧中部筋	箍筋类型号	箍筋	备注
	−0.030~19.470	750×700	375	375	150	550	24Φ25				1(5×4)	Φ10@100/200	
KZ1	19.470~37.470	650×600	325	325	150	450		4Φ22	5Φ22	4Φ20	1(4×4)	Φ10@100/200	
	37.470~59.070	550×500	275	275	150	350		4Φ22	5Φ22	4Φ20	1(4×4)	Φ8@100/200	
XZ1	−0.030~8.670						8Φ25				按标准构造详图	Φ10@100	③×Ⓑ轴KZ1中设置

图 3-107

② 截面注写。在同一编号的柱中选择一个截面，直接注写截面尺寸、柱纵筋和箍筋信息，如图 3-108 所示。

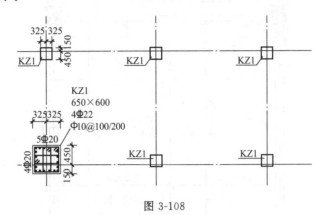

图 3-108

（2）柱的绘制　柱的绘制可以先通过 CAD 识别中识别柱表和识别柱大样两种方式生成构件，再识别柱或直接绘制柱来完成。

1）识别柱表生成柱构件　下面结合专用宿舍楼案例工程介绍识别柱表的流程：识别柱表→提取边线及标注→识别柱→复制柱到其他楼层。

① 识别柱表。

a. 导入柱配筋表。切换到有柱配筋表的 CAD 图（本处中选择结施-04，将在首层中进行操作），双击柱配筋表。

b. 选择柱配筋表。具体操作流程如下：点击模块导航栏"柱"→"柱"，点击"建模"

图 3-109

模块下"识别柱"中的"识别柱表"，如图 3-109 所示，出现两个子菜单"识别柱表"和"识别广东柱表"，点击"识别柱表"，工作区中出现该图中包含的所有柱配筋表，本工程图纸中有两张柱表，每张柱表中各有 12 根柱的配筋信息，为了表达清晰，只截取 KZ1、KZ2，如图 3-110 所示。

柱号	标高/m	截面尺寸 /(mm×mm)	角筋	b边一侧中部筋	h边一侧中部筋	箍筋类型号	箍筋
KZ1	基础顶~-0.050	500×500	4Φ22	2Φ22	2Φ22	1. (4×4)	Φ10@100
	-0.050~3.550	500×500	4Φ22	2Φ22	2Φ22	1. (4×4)	Φ8@100
	3.550~7.200	500×500	4Φ22	2Φ22	2Φ22	1. (4×4)	Φ8@100
KZ2	基础顶~-0.050	500×500	4Φ22	2Φ22	2Φ22	1. (4×4)	Φ10@100
	-0.050~3.550	500×500	4Φ22	2Φ22	2Φ22	1. (4×4)	Φ8@100/150
	3.550~7.200	500×500	4Φ22	2Φ20	2Φ20	1. (4×4)	Φ8@100/150

图 3-110

拉框选择第一个柱表中的数据，框选的柱表范围用黄色虚线框框住，按右键确认选择；弹出"识别柱表"对话框，如图 3-111 所示。在选择柱表对应列对话框中还有"查找替换""删除列""删除行""插入列""插入行"等相关操作，可利用其进行相关操作，将所有信息修正，如图 3-112 所示。

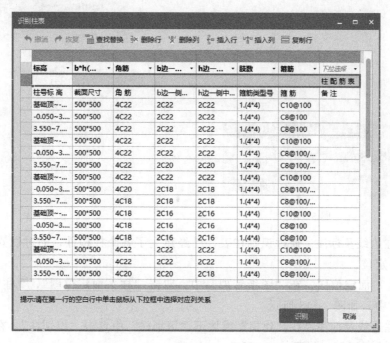

标高	b*h(...	角筋	b边一...	h边一...	肢数	箍筋	下拉选择
							柱配筋表
柱号标高	截面尺寸	角筋	b边一侧...	h边一侧中...	箍筋类型号	箍筋	备注
基础顶~-...	500*500	4C22	2C22	2C22	1.(4*4)	C10@100	
-0.050~3....	500*500	4C22	2C22	2C22	1.(4*4)	C8@100	
3.550~7....	500*500	4C22	2C22	2C22	1.(4*4)	C8@100	
基础顶~-...	500*500	4C22	2C22	2C22	1.(4*4)	C10@100	
-0.050~3....	500*500	4C22	2C22	2C22	1.(4*4)	C8@100/...	
3.550~7....	500*500	4C22	2C20	2C20	1.(4*4)	C8@100/...	
基础顶~-...	500*500	4C22	2C22	2C22	1.(4*4)	C10@100	
-0.050~3....	500*500	4C20	2C18	2C18	1.(4*4)	C8@100/...	
3.550~7....	500*500	4C18	2C18	2C18	1.(4*4)	C8@100/...	
基础顶~-...	500*500	4C18	2C16	2C16	1.(4*4)	C10@100	
-0.050~3....	500*500	4C18	2C16	2C16	1.(4*4)	C8@100	
3.550~7....	500*500	4C18	2C16	2C16	1.(4*4)	C8@100	
基础顶~-...	500*500	4C22	2C22	2C22	1.(4*4)	C10@100	
-0.050~3....	500*500	4C22	2C22	2C22	1.(4*4)	C8@100/...	
3.550~10...	500*500	4C20	2C20	2C18	1.(4*4)	C8@100/...	

图 3-111

柱号	标高	b*h(...	角筋	b边一...	h边一...	肢数	箍筋
KZ1	基础顶~-...	500*500	4C22	2C22	2C22	1.(4*4)	C10@100
	-0.050~3....	500*500	4C22	2C22	2C22	1.(4*4)	C8@100
	3.550~7....	500*500	4C22	2C22	2C22	1.(4*4)	C8@100
KZ2	基础顶~-...	500*500	4C22	2C22	2C22	1.(4*4)	C10@100
	-0.050~3....	500*500	4C22	2C22	2C22	1.(4*4)	C8@100/...
	3.550~7....	500*500	4C22	2C20	2C20	1.(4*4)	C8@100/...
KZ3	基础顶~-...	500*500	4C22	2C22	2C22	1.(4*4)	C10@100
	-0.050~3....	500*500	4C20	2C18	2C18	1.(4*4)	C8@100/...
	3.550~7....	500*500	4C18	2C18	2C18	1.(4*4)	C8@100/...
KZ4	基础顶~-...	500*500	4C18	2C16	2C16	1.(4*4)	C10@100
	-0.050~3....	500*500	4C18	2C16	2C16	1.(4*4)	C8@100
	3.550~7....	500*500	4C18	2C16	2C16	1.(4*4)	C8@100
KZ5	基础顶~-...	500*500	4C22	2C22	2C22	1.(4*4)	C10@100
	-0.050~3....	500*500	4C22	2C22	2C22	1.(4*4)	C8@100/...
	3.550~10...	500*500	4C20	2C20	2C18	1.(4*4)	C8@100/...
KZ6	基础顶~-...	500*800	4C20	2C20	3C20	1.(4*5)	C12@100
	-0.050~3....	500*800	4C20	2C20	3C20	1.(4*5)	C8@100
	3.550~10...	500*800	4C20	2C20	3C20	1.(4*5)	C8@100

图 3-112

c. 识别柱表。点击“识别”，识别柱构件数量如图 3-113 所示，点击“确定”，点击“导航栏”中“柱”→“柱”，识别结果出现在“构件列表”中，共识别 24 个柱构件，如图 3-114 所示。

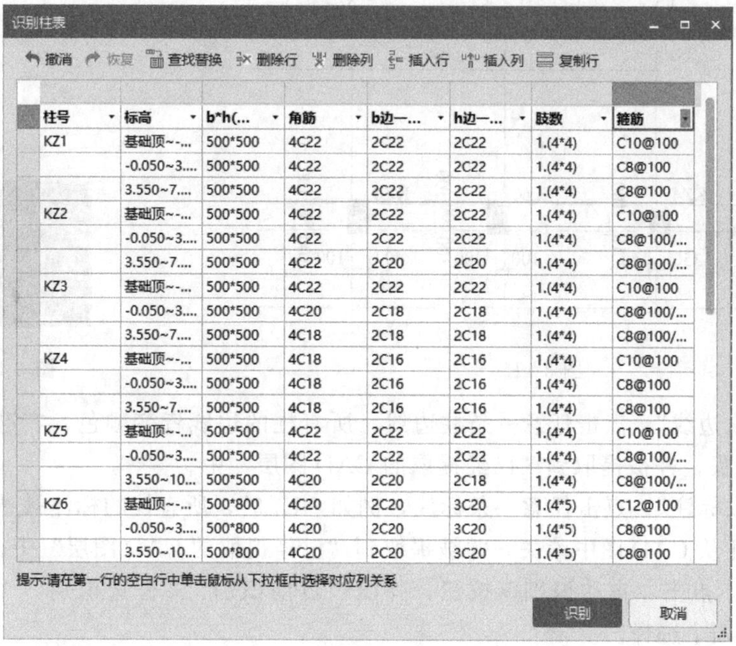

图 3-113

图 3-114

② 提取柱边线及标注。通过识别柱表，已经建立了各个柱构件，通过识别柱可将这些柱在平面图中定位。

a. 导入柱平面定位图。在"图纸管理"中，双击"柱平面定位图"，"柱平面定位图"被调入工作区中，如图 3-115 所示。

b. 提取柱边线及标注。在"建模"模块下"识别柱"中点击"识别柱"，在绘图区左上角出现选择方式对话框，如图 3-116 所示。

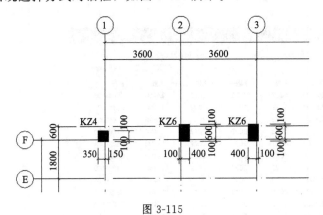

图 3-115

图 3-116

点击"提取边线"，点击任意一条柱边线，所有柱的边线皆变颜色，右键确认，柱边线从 CAD 图中消失，并被提取到"已经提取的 CAD 图层"中。

点击"提取标注"。点击任意一条标注，例如"KZ9"，所有柱的标注被选中变颜色，右键确认，柱标注从 CAD 图中消失，并被提取到"已经提取的 CAD 图层"中。

③ 识别柱。点击"自动识别"按钮，弹出"自动识别""框选识别""点选识别"和"按名称识别"四个选择。

一般工程选用"自动识别"即可，将自动完成框架柱的识别。"框选识别""点选识别"和"按名称识别"一般是在当图纸复杂或识别部分柱构件时应用。本例选用"自动识别"，识别数量如图 3-117 所示，识别结果在绘图区显示，如图 3-118 所示。

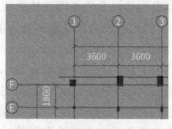

<table><tr><td>图 3-117</td><td>图 3-118</td></tr></table>

若识别中有问题，绘图区自动出现"校核柱图元"提示框，如图 3-119 所示，可根据问题类型进行修正。

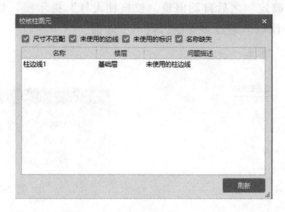

图 3-119

④ 复制柱到其他楼层。选择首层的所有柱图元，在"建模"模块下"通用操作"菜单中"复制到其它层"的下拉菜单中选择"复制到其它层"，弹出如图 3-120 所示的对话框。勾选"基础层""第 2 层"前的复选框，点击"确定"按钮，弹出如图 3-121 所示的对话框。用同样的方法，将一层的②轴、③轴、⑫轴、⑬轴和①轴、⑥轴相交处的柱，复制到屋顶层。

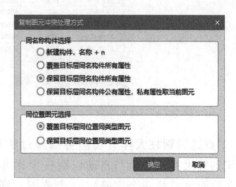

<table><tr><td>图 3-120</td><td>图 3-121</td></tr></table>

2）识别柱大样绘制构件　本工程中只有梯柱 TZ 大样图，下面介绍识别梯柱大样的步骤。

① 将楼梯结构详图调入绘图区，如图 3-122 所示。

② 点击"建模"模块下"识别柱"中的"识别柱大样"。

③ 点击工具栏上的"提取柱边线"，按照软件默认的选择方式，点击柱大样的任意一条边线，柱大样边线变为虚线并高亮，右键确认选择，选中的边线从CAD图中消失，并被保存到"已提取的CAD图层"中。

④ 点击工具栏上的"提取标注"，选择柱大样中的一项标注，如果柱标注未被全部选中，则再选择未选中的标注。全部选择完成后，右键确认选择，选中的标注从CAD图中消失，并被保存到"已提取的CAD图层"中。

⑤ 点击工具栏上的"提取钢筋线"，选择柱大样中的钢筋线（包括圆点），右键确认选择，钢筋线从CAD图中消失，并被保存到"已提取的CAD图层"中。

⑥ 点击工具栏上的"点选识别"→"自动识别"，弹出"识别柱大样"对话框，如图3-123所示，点击"确定"之后自动出现"校核柱大样"提示框，如图3-124所示，如果有问题请修改，如果是读取信息过多等原因则不予理会。

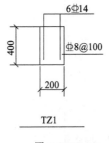

图 3-122

图 3-123

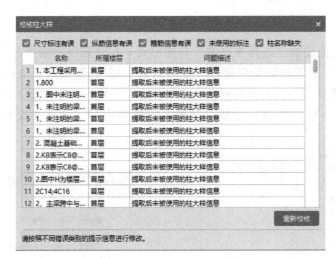

图 3-124

"点选识别柱大样"功能可以通过选择柱边线和柱标识的方法进行柱识别操作。"框选识别柱大样"功能与自动识别柱大样非常相似，只是在执行"框选识别柱大样"命令后在绘图区域拉一个框确定一个范围，则此范围内提取的所有柱大样边线和柱大样标识将被识别。

⑦ 绘制TZ1。按照楼梯大样图上标注的TZ1的位置信息，将其绘制在②轴和Ⓔ轴的交点上，利用"复制"功能复制到③轴和Ⓔ轴交点上，再利用"镜像"功能镜像到⑫轴与Ⓔ轴、⑬轴与Ⓔ轴交点上。

梯柱在软件中的属性定义、清单和定额的套用以及在绘图界面的绘制除标高不一样外，其他同框架柱都是一致的，这里不再赘述，按照框架柱的属性定义和绘制的方法绘制构件即可。只是梯柱的标高与楼层中的框架柱相比较低，所以要在定义中设置，如图 3-125 所示，在其他的属性都设置完成之后，只需要对"顶标高"按照实际标高进行修改即可。

选中 TZ1，在"建模"模块"通用操作"菜单中"复制到其它层"的下拉菜单中选择"复制到其它层"功能，将其复制到第二层、屋顶层。

首层柱绘制好之后，点击"视图"模块→"通用操作"→"动态观察"可以查看柱三维展示，也可以点击"通用操作"工具条中"动态观察"图标进行查看，动态观察如图 3-126 所示。

	属性名称	属性值
1	名称	TZ1
2	结构类别	框架柱
3	定额类别	普通柱
4	截面宽度(B边)(...	200
5	截面高度(H边)(...	400
6	全部纵筋	6⌀14
7	角筋	
8	B边一侧中部筋	
9	H边一侧中部筋	
10	箍筋	⌀8@100
11	节点区箍筋	
12	箍筋胶数	按截面
13	柱类型	(中柱)
14	材质	现浇混凝土
15	混凝土类型	(普通混凝土)
16	混凝土强度等级	(C30)
17	混凝土外加剂	(无)
18	泵送类型	(混凝土泵)
19	泵送高度(m)	
20	截面面积(m²)	0.08
21	截面周长(m)	1.2
22	顶标高(m)	层底标高+1.8
23	底标高(m)	层底标高

图 3-125

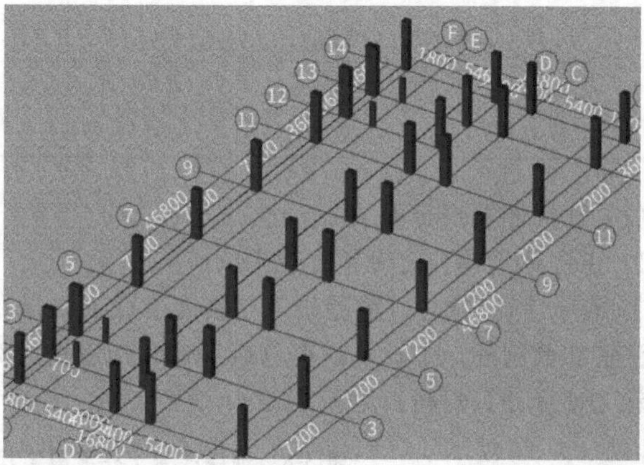

图 3-126

首层柱构件主要信息见表 3-7。

表 3-7　首层柱构件信息表

序号	类型	名称	混凝土强度等级	截面尺寸/(mm×mm)	标高/m
1	框架柱	KZ1	C30	500×500	层顶标高（3.55）
		KZ2	C30	500×500	层顶标高（3.55）
		KZ3	C30	500×500	层顶标高（3.55）
		KZ4	C30	500×500	层顶标高（3.55）
		KZ5	C30	500×500	层顶标高（3.55）
		KZ6	C30	500×800	层顶标高（3.55）
		KZ7	C30	500×600	层顶标高（3.55）
		KZ8	C30	500×600	层顶标高（3.55）
		KZ9	C30	500×600	层顶标高（3.55）

序号	类型	名称	混凝土强度等级	截面尺寸/(mm×mm)	标高/m
1	框架柱	KZ10	C30	500×600	层顶标高（3.55）
		KZ11	C30	500×600	层顶标高（3.55）
		KZ12	C30	500×600	层顶标高（3.55）
		KZ13	C30	500×600	层顶标高（3.55）
		KZ14	C30	500×600	层顶标高（3.55）
		KZ15	C30	500×600	层顶标高（3.55）
		KZ16	C30	500×600	层顶标高（3.55）
		KZ17	C30	500×600	层顶标高（3.55）
		KZ18	C30	500×600	层顶标高（3.55）
		KZ19	C30	500×500	层顶标高（3.55）
		KZ20	C30	500×500	层顶标高（3.55）
		KZ21	C30	500×500	层顶标高（3.55）
		KZ22	C30	500×500	层顶标高（3.55）
		KZ23	C30	500×500	层顶标高（3.55）
		KZ24	C30	500×500	层顶标高（3.55）
2	梯柱	TZ1	C30	200×400	顶标高（1.75）

（3）柱构件做法套用

1）工程量清单和定额计算规则

① 清单计算规则。《房屋建筑与装饰工程工程量计算规范》（GB 50854—2013）将柱分为现浇柱和预制柱，本教材以现浇矩形柱和构造柱为例，介绍混凝土柱的编号、名称、计量单位和工程量计算规则，见表3-8。

表3-8　现浇混凝土柱清单工程量计算规则

编号	名称	计量单位	工程量计算规则
010502001	矩形柱	m³	按图示尺寸以体积计算柱高： 有梁板的柱高，应自柱基上表面（或楼板上表面）至上一层楼板上表面之间的高度计算； 无梁板的柱高，应自柱基上表面（或楼板上表面）至柱帽下表面之间的高度计算；
010502002	构造柱	m³	框架柱的柱高，应自柱基上表面至柱顶高度计算； 构造柱按全高计算，嵌入墙体部分（马牙槎）并入柱身体积； 依附于柱上的牛腿和升板的柱帽，并入柱身体积计算
011702002	矩形柱	m²	按模板与现浇混凝土构件的接触面积计算
011702003	构造柱	m²	

② 定额计算规则。《浙江省房屋建筑与装饰工程预算定额》（2018 版）将混凝土构件分为现浇混凝土构件和装配式混凝土构件两部分。本教材以现浇混凝土矩形柱和构造柱为例，介绍柱及模板的编号、名称、计量单位和工程量计算规则，见表3-9。

表 3-9　现浇混凝土矩形柱及模板工程量计算规则

编号	名称	计量单位	工程量计算规则
5-6	矩形柱	m³	按设计图示尺寸以体积计算，不扣除构件内钢筋、预埋铁件所占体积，型钢混凝土中型骨架所占体积按（密度）7850kg/m³ 扣除； 柱高按基础顶面或楼板上表面算至柱顶面或上一层楼板上表面； 无梁板柱高按基础顶面（或楼板上表面）算至柱帽下表面； 构造柱高度按基础顶面（或楼板上表面）至框架梁、连续梁等单梁（不含圈梁、过梁）底标高计算，与墙咬接的马牙槎混凝土浇筑按柱高每侧 30mm 合并计算； 依附柱上的牛腿，并入柱身体积内计算； 钢管混凝土柱以管内设计灌注混凝土高度乘钢管内径以体积计算
5-7	构造柱	m³	
5-119	矩形柱复合木模	m²	除另有规定者外，均按模板与混凝土的接触面积计算
5-124	柱支模超高每增加 1m	m²	
5-123	构造柱模板子目	m²	构造柱高度的计算规则同混凝土，宽度按与墙咬接的马牙槎每侧加 60mm 合并计算

说明：支模高度是按层高 3.6m 编制的。超过 3.6m 的部分，执行相应的模板支撑高度 3.6m 以上每增加 1m 的定额子目，不足 1m 时按 1m 计算。

2）柱清单套用

柱构件定义好后，需要进行做法套用，才能计算对应清单、定额工程量，下面以 KZ1 为例。

① 在"建模"模块下"通用操作"→"定义"页面，选中 KZ1。

② 点击进入"构件做法"界面，套取混凝土清单。点击"查询清单库"页签，在"混凝土及钢筋混凝土工程"下点击"现浇混凝土柱"，如图 3-127 所示。在清单列表中双击"010502001"，将其添加到做法表中。也可在点击"添加清单"后直接在"编码"栏中输入"010502001"。工程量表达式选择体积。

图 3-127

③ 描述项目特征。根据《房屋建筑与装饰工程工程量计算规范》（GB 50854—2013）中规定的柱混凝土项目特征，需描述混凝土的种类和强度等级两项内容。在项目特征列表中添加"混凝土种类"的特征值为"泵送商品混凝土"，"混凝土强度等级"的特征值为"C30"。填写完成后的矩形柱的项目特征如图 3-128 所示，也可点击清单对应的项目特征列，再点击

三点按钮，弹出"编辑项目特征"对话框，填写特征值，然后点击"确定"，如图 3-129 所示。

图 3-128   图 3-129

3）柱定额套用　在《浙江省房屋建筑与装饰工程预算定额》（2018 版）中对于混凝土柱明确要求：按设计图示尺寸以体积计算，不扣除构件内钢筋、预埋铁件所占体积，型钢混凝土柱扣除构件内型钢所占体积，依附柱上的牛腿并入柱身体积计算。

选择匹配定额。点击"查询定额库"页签，在定额列表中双击对应的定额"5-6"，将其添加到清单"010502001"项下；也可在点击"添加定额"后直接在"编码"栏中输入"5-6"，如图 3-130 所示。

	编码	类别	名称	项目特征	单位	工程量表达式	表达式说明	单价
1	010502001	项	矩形柱	1.混凝土种类:泵送商品混凝土 2.混凝土强度等级:C30	m3	TJ	TJ〈体积〉	
2	5-6	定	矩形柱、异形柱、圆形柱		m3	TJ	TJ〈体积〉	5584.19

图 3-130

4）柱模板清单及定额套用　对于柱的混凝土模板描述根据《房屋建筑与装饰工程工程量计算规范》（GB 50854—2013），没有推荐的特征值，具体的操作如下。

① 套用柱模板清单。点击"查询清单库"页签，在措施项目下点击"混凝土模板及支架（撑）"，在清单列表中双击"011702001"，将其添加到做法表中。也可在点击"添加清单"后，直接在"编码"栏中输入"011702001"。工程量表达式选择模板面积。

② 项目特征值为矩形柱复合木模，层高 3.6m。

③ 套用柱模板定额。点击"查询定额库"页签，在定额列表中双击对应的定额"5-119"，将其添加到清单"011702002"项下，也可在点击"添加定额"后，直接在"编码"栏中输入"5-119"，如图 3-131 所示。

	编码	类别	名称	项目特征	单位	工程量表达式	表达式说明	单价
1	010502001	项	矩形柱	1.混凝土种类:泵送商品混凝土 2.混凝土强度等级:C30	m3	TJ	TJ〈体积〉	
2	5-6	定	矩形柱、异形柱、圆形柱		m3	TJ	TJ〈体积〉	5584.19
3	011702002	项	矩形柱	矩形柱复合木模，层高3.6m	m2	MBMJ	MBMJ〈模板面积〉	
4	5-119	定	矩形柱复合木模		m2	MBMJ	MBMJ〈模板面积〉	4333.21

图 3-131

在《浙江省房屋建筑与装饰工程预算定额》（2018 版）中明确规定：对于混凝土柱模板的支模高度是按层高 3.6m 以内编制，超过 3.6m 时，工程量包括 3.6m 以下部分，另按相应超高定额计算。

5）"做法刷"复用到其他柱构件　将 KZ1 的清单项目及定额子目套用好之后，可使用"做法刷"功能，将其做法复用给其他构件。

将 KZ1 的清单和定额项目全部选中，点击"构件做法"菜单栏中的"做法刷"，此时软件弹出"做法刷"对话框，界面左端出现可供选择的构件名称，还可以选择按"覆盖"或"追加"的添加方式，如图 3-132 所示。

图 3-132

　　同理,将其他框架柱都套用该做法,可以计算出钢筋量,也可以计算出混凝土体积和模板面积。

　　(4) 工程量汇总计算及查量　工程量计算可在"工程量"模块下的"汇总"中调出,如图 3-133 所示。既可以通过"汇总计算"选择计算的工程量范围,如图 3-134 所示,也可以先选择要汇总的图元,再点击"汇总选中图元",计算汇总结束之后出现如图 3-135 所示页面。

图 3-133

图 3-134

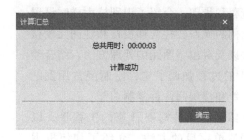

图 3-135

　　土建计算结果可以有两种查量方式,以图纸左侧①轴与©轴相交处 KZ2 首层工程量为例,点击"工程量"模块下"土建计算结果"中的"查看工程量","构件工程量"如图 3-136 所示,"做法工程量"如图 3-137 所示。

　　钢筋计算结果可以通过"查看钢筋量""钢筋三维""编辑钢筋"三种方式来查看。选中 KZ2 图元,点击"工程量"模块下"钢筋计算结果"中的"查看钢筋量",可以看到这一根柱在首层的钢筋总重量和不同级别、不同直径钢筋重量,如图 3-138 所示。

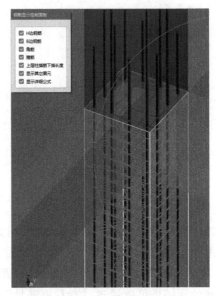

图 3-136

查看构件图元工程量

构件工程量 | 做法工程量

编码	项目名称	单位	工程量	单价	合价
1 010502001	矩形柱	m³	0.9		
2 5-6	矩形柱、异形柱、圆形柱	10m³	0.09	5584.19	502.5771
3 011702002	矩形柱	m²	6.7175		
4 5-119	矩形柱复合木模	100m²	0.0681	4333.21	295.0916

图 3-137

查看钢筋量

导出到Excel

钢筋总重量（kg）：171.272

楼层名称	构件名称	钢筋总重量（kg）	HRB400		
			8	22	合计
1 首层	KZ2[700]	171.272	60.416	110.856	171.272
2	合计：	171.272	60.416	110.856	171.272

图 3-138

（5）总结拓展

1）归纳总结　本节主要介绍了专用宿舍楼识别柱表、识别柱大样、识别柱图元的操作流程和步骤，介绍了识别柱大样时设置图纸比例的操作，柱大样校核和柱图元校核的方法以及对出错图元的处理方法。结合绘制 TZ1 的过程强调了构件绘制经常用到的镜像功能和楼层间构件复制功能。

介绍了框架柱需要计算的工程量，以及套用清单项目的方法。介绍了如何根据当地定额的规定补充完善工程量清单项目特征的方法，如何根据项目特征的描述套用定额子目的方法。快速套用做法的方法除"做法刷"功能外，还有"选配"功能。在定义构件做法时，灵活运用"构件过滤"功能提供的选项会使工作效率大幅

点击"钢筋三维"可以查看钢筋在结构中的形状、排列和直径的差别，直观形象地观察钢筋，如图 3-139 所示。"编辑钢筋"如图 3-140 所示，可以查看某一构件中钢筋筋号、直径、级别、图形、计算公式、长度、根数、质量等重要信息。

三种查量方式各有特色，可以根据需要选用。

图 3-139

度提高。介绍了汇总计算和查看土建工程量、查看钢筋工程量的几种方法。

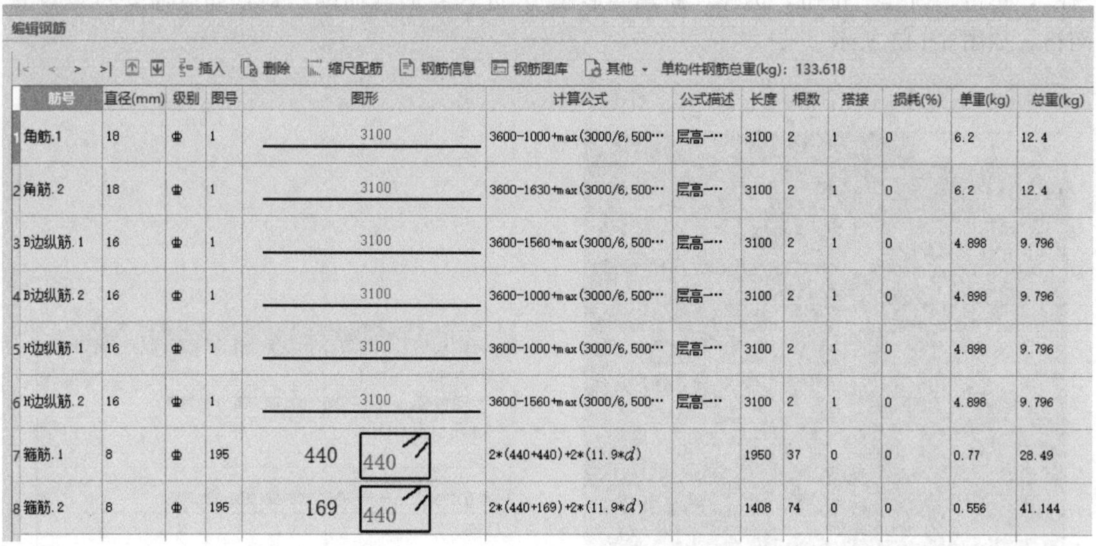

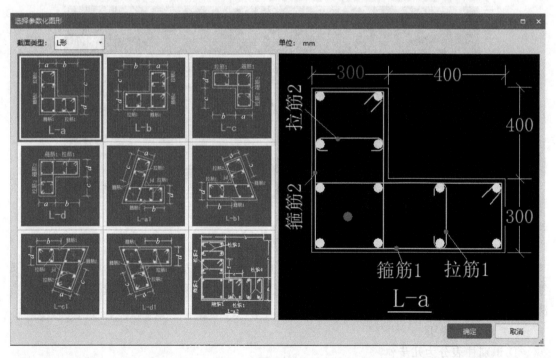

图 3-140

2）拓展延伸　本工程涉及的都是矩形柱，实际工程中有时是异形柱或参数化柱。如果图纸标识不清，有时会发生识别错误，为避免这种错误可以手工建立图形及钢筋。

①参数化柱。一般暗柱参数化形状较多，在绘图输入的树状构件列表中选择"柱"→"柱"，单击"新建"按钮，选择"新建参数化柱"。软件参数化提供了 L 形、T 形、十字形、一字形、Z 形柱、端柱、其他等九种柱，如图 3-141 所示。选择适合的形状，如图 3-142 所示，修改截面尺寸、配筋情况，最后根据工程实际情况具体布置即可。

图 3-141

② 异形柱。还可以自己定义柱和配筋。在绘图输入的树状构件列表中选择"柱"→"柱"，单击"新建"按钮，选择"新建异形柱"。进入异形截面编辑器，如有需要可以设置网格，如图 3-143 所示。

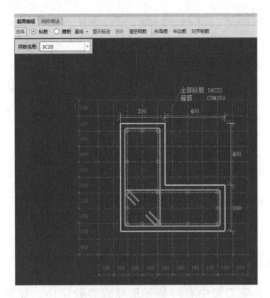

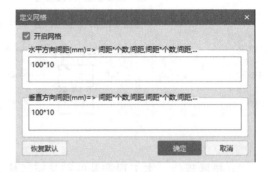

图 3-142   图 3-143

通过"画直线""画弧"等方式编辑截面，如图 3-144 所示；单击"确定"，进入配筋信息输入页面，修改方式同参数化柱。

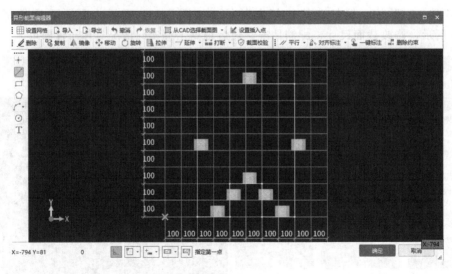

图 3-144

③ 对于构造柱的绘制软件中提供了自动生成的功能，在左侧导航栏"构造柱（Z）"页签下，双击建模页签下菜单栏右侧"生成构造柱"功能，即可生成对应构造柱图元，操作方法跟框架柱一致，这里就不再做过多赘述。

（6）思考与练习

① 识别柱表分为几步？

② 识别柱大样分为几步？

③ 识别柱图元的步骤是怎样的？

④ 如何定义参数化柱或异形柱？

⑤ 柱混凝土清单需要描述哪几个项目特征？

⑥ 柱模板清单需要描述哪几个项目特征？

⑦ 楼层间复制构件的方法有几种？分别如何操作？

⑧ 完成案例工程的柱的识别、绘制、套用做法以及工程量汇总。

3.4.3.2　梁工程量计算

(1) 相关平法知识　梁的类型有很多，一般可以分为楼层框架梁、屋面框架梁、悬挑梁、非框架梁等不同类型；对于梁的钢筋标注在图纸中有两种方法：一种是平面注写方式，一种是截面注写方式。

1) 平面注写方式　即在梁平面布置图上，在不同编号的梁中各选一根梁，在其上注写截面尺寸和配筋具体数值的方式来表达梁平法施工图，如图 3-145 所示。平面注写包括集中标注与原位标注，集中标注表达梁的通用数值，原位标注表达梁的特殊数值。当集中标注中的某项数值不适用于梁的某部位时，则将该项数值原位标注。施工时，原位标注取值优先。

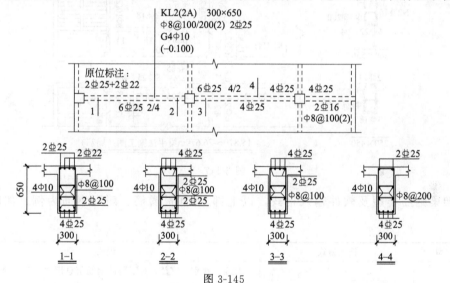

图 3-145

梁编号由梁类型代号、序号、跨数及有无悬挑梁代号几部分组成，如图 3-146 所示。

梁类型	代号	序号	跨数及是否带有悬挑
楼层框架梁	KL	××	(××)、(××A) 或 (××B)
楼层框架扁梁	KBL	××	(××)、(××A) 或 (××B)
屋面框架梁	WKL	××	(××)、(××A) 或 (××B)
框支梁	KZL	××	(××)、(××A) 或 (××B)
托柱转换梁	TZL	××	(××)、(××A) 或 (××B)
非框架梁	L	××	(××)、(××A) 或 (××B)
悬挑梁	XL	××	(××)、(××A) 或 (××B)
井字梁	JZL	××	(××)、(××A) 或 (××B)

注：(××A) 为一端有悬挑，(××B) 为两端有悬挑，悬挑不计入跨数。

图 3-146

框架梁钢筋原位标注规定如下：梁支座上部纵筋，该部位包含通长筋在内的所有纵筋。

① 当上部纵筋多于一排时，用斜线"/"将各排纵筋自上而下分开。例如，梁支座上部纵筋写为"6 Φ 25 4/2"，则表示上一排纵筋为 4 Φ 25，下一排纵筋为 2 Φ 25。

② 当同排纵筋有两种直径时，用加号"＋"将两种直径的纵筋相连，注写时将角部纵筋写在前面。

例如，梁支座上部有四根纵筋，2 Φ 25 放在角部，2 Φ 22 放在中部，在梁支座上部应注写为"2 Φ 25+2 Φ 22"。

2）截面注写方式　即在分标准层绘制的梁平面布置图上，分别在不同编号的梁中各选择一根梁用剖面号引出配筋图，并在其上注写截面尺寸和配筋具体数值的方式来表达梁平法施工图，如图 3-147 所示。

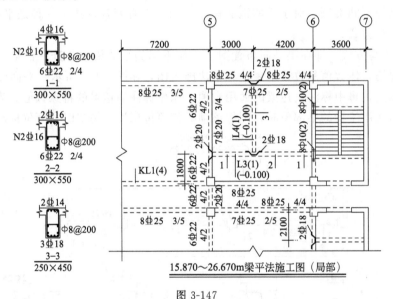

图 3-147

框架梁钢筋类型及软件输入格式，以上部/下部贯通筋、侧面钢筋为例，如图 3-148 所示。

钢筋类型	输入格式	说明
上部贯通筋	2C22	数量＋级别＋直径，有不同的钢筋信息用"＋"连接，注写时将角部纵筋写在前面
	2C25＋2C22	
	4C20　2/2	当存在多排钢筋时，使用斜线"/"将各排钢筋自上而下分开
	2C20/2C22	
	1-2C25	图号—数量＋级别＋直径，图号为悬挑梁弯起钢筋图号
	2C25＋(2C22)	当有架立筋时，架立筋信息输在加号后面的括号中
下部贯通筋	2C22	数量＋级别＋直径，有不同的钢筋信息用"＋"连接
	2C25＋2C22	
	4C20 2/2	当存在多排钢筋时，使用斜线"/"将各排钢筋自上而下分开
	2C20/2C22	
侧面钢筋（总配筋值）	G4C16 或 N4C16	梁两侧侧面筋的总配筋值
	GC16@100 或 NC16@100	

图 3-148

（2）梁的绘制　梁构件的绘制可以通过 CAD 识别梁和直接绘制梁两种方式完成。

1）识别梁生成梁构件　结合专用宿舍楼案例工程介绍识别梁生成梁构件的流程：提取梁边线及梁标注→识别梁构件→编辑支座→识别原位标注→识别吊筋及次梁加筋。

① 提取梁边线及梁标注。

a. 选择对应楼层"首层"，切换至"建模"页签，左键点击对应"梁"构件。

b. 点击"图纸管理"，导入梁配筋图；分割和定位首层梁配筋图，将图纸对应到相应的楼层体系中，如图 3-149 所示。

c. 点击"提取边线"，选择任意一条梁的边线，所有梁的边线被选择后高亮显示，如图 3-150 所示，右键确认即可，梁边线会从 CAD 图纸中消失，并且被提取到"已经提取的 CAD 图层"中。

图 3-149

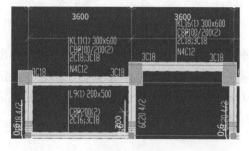

图 3-150

d. 点击"提取标注"，点击任意一条标注，例如"KL1"，所有梁同图层的标注都会被选中并呈高亮显示，右键确认，梁标注从 CAD 图层中消失，并且被提取到"已经提取的 CAD 图层"中。

② 识别梁构件。点击"自动识别梁"下拉按钮，弹出"点选识别""框选识别""自动识别"三个选择，如图 3-151 所示。一般工程选择"自动识别"即可，对于"点选识别"和"框选识别"，当图纸比较复杂或者图层不太规范时，可以选择进行详细识别。本案例选用"自动识别"之后，弹出"识别梁选项"对话框，需对"识别梁选项"对话框中信息进行检查，确认无误后点击"继续"即可，如图 3-152 所示。识别结果在绘图区域进行显示，会弹出"校核梁图元"对话框，具体如图 3-153 所示，并且软件会自动创建梁构件列表，可一次性完成对应梁构件的快速建立，如图 3-154 所示，对于识别梁提示的校核项需双击进行定位之后，判断其所属类型，定位之后点击"编辑支座"单独进行修改，对没有问题的提示项忽略即可，如图 3-155 所示。

图 3-151

图 3-152

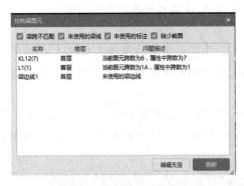

图 3-153

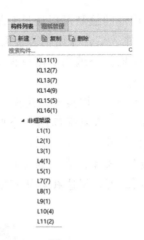

图 3-154

图 3-155

另外可以通过点击"识别梁构件"按钮，弹出"识别梁构件"对话框，鼠标左键选择梁的集中标注信息，会自动提取梁的标注信息，点击"确定"即可，如图 3-156 所示；软件会自动建立梁的构件，对于个别提取不到的梁标注信息，可以直接手动输入，建立梁构件，如图 3-157 所示。

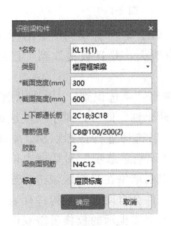

图 3-156

图 3-157

③ 编辑支座。对于识别梁过程中弹出的"校核梁图元"对话框提示的当前梁图元跨数与属性不一致的情况，双击对应的问题行，可以通过"编辑支座"进行梁支座的修改，如图 3-158 所示。

④ 识别原位标注。点击"自动识别原位标注"下拉按钮，会弹出"框选识别原位标注""点选识别原位标注""单构件识别原位标注""自动识别原位标注"四个选项。一般的工程选择"自动识别原位标注"，对于工程比较大或者图层不一致的时候，可以

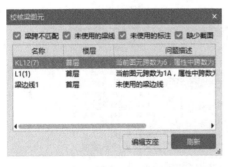

图 3-158

考虑其他几种识别方式。本案例选择"自动识别原位标注"，弹出"提示"对话框，直接点击"确定"即可，如图 3-159 所示。对于识别梁原位标注，弹出"校核原位标注"对话框，

根据提示双击定位进行单独修改即可，如图 3-160 所示。

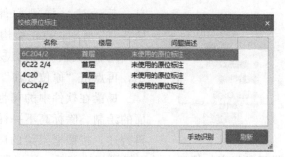

图 3-159　　　　　　　　　　　　　　　　　　图 3-160

对于识别梁原位标注提示不通过的内容，可以点击"单构件识别梁原位标注"或者点击菜单栏上方"原位标注"进行手动的输入，如图 3-161 所示，确保图纸中梁相关标注能够被软件完全提取到。

⑤ 识别吊筋及次梁加筋。

a. 提取钢筋和标注。点击"识别吊筋"按钮，会弹出"识别吊筋"的窗口，如图 3-162 所示，选择梁平法施工图中吊筋的钢筋信息及标注，左键选择，右键确认，吊筋标注从 CAD 图层中消失，并且被提取到"已经提取的 CAD 图层"中。

图 3-161　　　　　　　　　　　　　　　　　图 3-162

b. 识别吊筋。点击"识别吊筋"按钮，会弹出"自动识别""点选识别""框选识别"三个选项，一般选择"自动识别"；弹出"识别吊筋"对话框，输入无标注的吊筋及次梁加筋信息，注意此处次梁加筋的数量为两侧共增加数量，如图 3-163 所示，软件会在图纸中自动生成吊筋及附加箍筋，如图 3-164 所示。

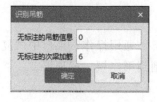

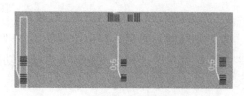

图 3-163　　　　　　　　　　　　　　　　　图 3-164

2）绘制梯梁 结合专用宿舍楼图纸结施-06，按照楼梯大样图上标注的 TL1 的位置信息，手动建立梯梁构件，梯梁的新建方法跟框架梁一致，如图 3-165 所示，点击梁构件页签，用"直线"命令绘制梯梁 TL1；将其绘制在②、③轴交Ⓔ、Ⓕ轴所涉及的梯梁区域，如图 3-166 所示，再点击"原位标注"按钮，进行梁原位信息的识别。

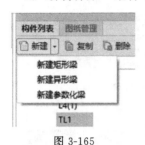

图 3-165

梯梁在软件中的属性定义、清单和定额的套用以及在绘图界面的绘制，除标高不一样外，其他同框架梁都是一致的，这里不再赘述，按照框架梁的属性定义和绘制的方法绘制构件即可。只是梯梁的标高与楼层中的框架梁相比较低，所以要在定义中设置，如图 3-167 所示，在其他的属性都设置完成之后，只需要对"顶标高"按照实际标高进行修改即可。

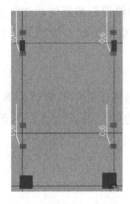

图 3-166

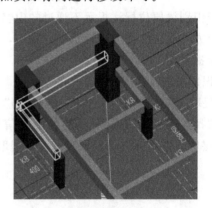

图 3-167

首层梁绘制好之后，点击"视图"模块→"通用操作"→"动态观察"，可以查看梁三维展示，点击"通用操作"工具条中"动态观察"图标也可以查看动态观察，如图 3-168 所示。

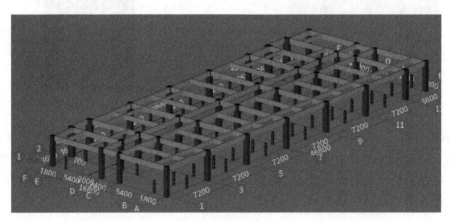

图 3-168

首层梁绘制好之后，选中梁图元，在"建模"模块下"通用操作"菜单中"复制到其它层"的下拉菜单中选择"复制到其它层"功能，将其复制到第二层、屋顶层。

首层梁主要信息见表 3-10。

表 3-10　首层梁信息表

序号	类型	名称	截面尺寸/(mm×mm)	混凝土强度等级	标高/m
1	楼层框架梁	KL1	250×600	C30	层顶标高 (3.55)
		KL2	250×600	C30	层顶标高 (3.55)
		KL3	250×600	C30	层顶标高 (3.55)
		KL4	250×600	C30	层顶标高 (3.55)
		KL5	250×600	C30	层顶标高 (3.55)
		KL6	250×600	C30	层顶标高 (3.55)
		KL7	250×600	C30	层顶标高 (3.55)
		KL8	250×600	C30	层顶标高 (3.55)
		KL9	250×600	C30	层顶标高 (3.55)
		KL10	250×600	C30	层顶标高 (3.55)
		KL11	300×600	C30	层顶标高 (3.55)
		KL12	300×600	C30	层顶标高 (3.55)
		KL13	250×600	C30	层顶标高 (3.55)
		KL14	250×600	C30	层顶标高 (3.55)
		KL15	300×600	C30	层顶标高 (3.55)
		KL16	300×600	C30	层顶标高 (3.55)
2	非框架梁	L1	200×550	C30	层顶标高 (3.55)
		L2	200×550	C30	层顶标高 (3.55)
		L3	200×550	C30	层顶标高 (3.55)
		L4	250×550	C30	层顶标高 (3.55)
		L5	250×550	C30	层顶标高 (3.55)
		L6	200×550	C30	层顶标高 (3.55)
		L7	200×500	C30	层顶标高 (3.55)
		L8	250×400	C30	层顶标高 (3.55)
		L9	200×500	C30	层顶标高 (3.55)
		L10	200×400	C30	层顶标高 (3.55)
		L11	200×400	C30	层顶标高 (3.55)
3	梯梁	TL1	200×400	C30	顶标高 (1.75)

（3）梁构件做法套用

1）工程量清单和定额计算规则

① 清单计算规则见表 3-11。

表 3-11　梁清单计算规则

编号	项目名称	单位	计算规则
010503002	矩形梁	m³	按设计图示尺寸以体积计算，伸入墙内的梁头、梁垫并入梁体积内。梁长： 1. 梁与柱连接时，梁长算至柱侧面； 2. 主梁与次梁连接时，次梁长算至主梁侧面
011702006	矩形梁	m²	按模板与现浇混凝土构件的接触面积计算

② 定额计算规则见表 3-12。

表 3-12　梁定额计算规则

编号	项目名称	单位	计算规则
5-9	矩形梁、异形梁、弧形梁	m³	按设计图示尺寸以体积计算。不扣除构件内钢筋、预埋铁件所占体积，伸入砖墙内的梁头、梁垫并入梁体积内。型钢混凝土梁扣除构件内型钢所占体积。 相关规定如下： 1. 梁与柱、次梁与主梁、梁与混凝土墙交接时，按净空长度计算； 2. 圈梁与板整体浇筑的，圈梁按断面高度计算
5-131	矩形梁复合木模	m²	除另有规定者外，均按模板与混凝土的接触面积计算

2）梁清单套用

梁构件定义好后，需要进行做法套用，才能计算对应清单、定额工程量，下面以 KL1 为例。

① 在"建模"模块下"通用操作"→"定义"页面，选中 KL1。

② 点击进入"构件做法"界面，套取混凝土清单。点击"查询清单库"页签，在"混凝土及钢筋混凝土工程"下点击"现浇混凝土梁"，如图 3-169 所示。在清单列表中双击"010503002"，将其添加到做法表中。也可在点击"添加清单"后直接在"编码"栏中输入"010503002"。工程量表达式选择体积。

图 3-169

图 3-170

③ 描述项目特征。根据《房屋建筑与装饰工程工程量计算规范》（GB 50854—2013）中规定的梁混凝土项目特征，需描述混凝土的种类和强度等级两项内容。在项目特征列表中添加"混凝土种类"的特征值为"泵送商品混凝土"，"混凝土强度等级"的特征值为"C30"。也可点击清单对应的项目特征列，再点击三点按钮，弹出"编辑项目特征"对话框，填写特征值，然后点击"确定"，如图 3-170 所示。

3）梁定额套用　在《浙江省房屋建筑与装饰工程预算定额》（2018 版）中对于混凝土梁明确要求：按设计图示尺寸以体积计算。不扣除构件内钢筋、预埋铁件所占体积，伸入砖墙内的梁头、梁垫并入梁体积内。型钢混凝土梁扣除构件内型钢所占体积。

点击"查询定额库"页签，在定额列表中双击对应的定额"5-9"，将其添加到清单"010503002"项下；也可在点击"添加定额"后直接在"编码"栏中输入"5-9"，如图 3-171 所示。

4）梁模板清单及定额套用　对于梁的混凝土模板描述根据《房屋建筑与装饰工程工程

	编码	类别	名称	项目特征	单位	工程量表达式	表达式说明	单价
1	⊟ 010503002	项	矩形梁	1.混凝土种类:泵送商品混凝土 2.混凝土强度等级:C30	m3	TJ	TJ〈体积〉	
2	5-9	定	矩形梁、异形梁、弧形梁		m3	TJ	TJ〈体积〉	5068.96

图 3-171

量计算规范》（GB 50854—2013）的要求及需要，增加模板类别为"复合模板"，具体的操作如下。

在《浙江省房屋建筑与装饰工程预算定额》（2018 版）中明确规定：除另有规定者外，均按模板与混凝土的接触面积计算。

①　套用梁模板清单。点击"查询清单库"页签，在措施项目下点击"混凝土模板及支架（撑）"，在清单列表中双击"011702006"，将其添加到做法表中；也可在点击"添加清单"后，直接在"编码"栏中输入"011702006"。工程量表达式选择模板面积。

②　填写项目特征值。填写矩形梁复合木模，层高 3.6m。

③　套用梁模板定额。点击"查询定额库"页签，在定额列表中双击对应的定额"5-131"，将其添加到清单"011702006"项下；也可在点击"添加定额"后，直接在"编码"栏中输入"5-131"，如图 3-172 所示。

	编码	类别	名称	项目特征	单位	工程量表达式	表达式说明	单价
1	⊟ 010503002	项	矩形梁	1.混凝土种类:泵送商品混凝土 2.混凝土强度等级:C30	m3	TJ	TJ〈体积〉	
2	5-9	定	矩形梁、异形梁、弧形梁		m3	TJ	TJ〈体积〉	5068.96
3	⊟ 011702006	项	矩形梁	矩形梁复合木模,层高3.6m	m2	MBMJ	MBMJ〈模板面积〉	
4	5-131	定	矩形梁复合木模		m2	MBMJ	MBMJ〈模板面积〉	5392.35

图 3-172

5）"做法刷"复用到其他梁构件　将 KL1 的清单项目及定额子目套用好之后，可使用"做法刷"功能，将其做法复用给其他构件。

将 KL1 的清单和定额项目全部选中，点击"构件做法"菜单栏中的"做法刷"，此时软件弹出"做法刷"对话框，界面左端出现可供选择的构件名称，还可以选择按"覆盖"或"追加"的添加方式，如图 3-173 所示。

图 3-173

如此，将其他框架梁都套用该做法，可以计算出钢筋量，也可以计算出混凝土体积和模板面积。

（4）工程量汇总计算及查量　工程量计算可在"工程量"模块下的"汇总"中调出，如图 3-174 所示。既可以通过"汇总计算"选择计算的工程量范围，如图 3-175 所示，也可以先选择要汇总的图元，再点击"汇总选中图元"。计算汇总结束之后出现如图 3-176 所示页面。

| 图 3-174 | 图 3-175 | 图 3-176 |

① 土建计算结果可以有两种查量方式，以图纸中首层①轴框架梁"KL1"工程量为例，点击"工程量"模块下"土建计算结果"中的"查看工程量"，"构件工程量"如图 3-177 所示，"做法工程量"如图 3-178 所示。

查看构件图元工程量

构件工程量　做法工程量

◉清单工程量　○定额工程量　☑显示房间、组合构件量　☑只显示标准层单层量

				工程量名称
楼层	混凝土强度等级	名称	土建汇总类别	体积(m³)	模板面积(m²)	超高模板面积(m²)	脚手架面积(m²)	截面周长(m)	梁净长(m)	轴线长度(m)	梁侧面面积(m²)
1	首层	C30	KL1(1)	—	1.0192	9.2887	4.83	0	1.7	6.7	7.225	7.9
2				小计	1.0192	9.2887	4.83	0	1.7	6.7	7.225	7.9
3			小计		1.0192	9.2887	4.83	0	1.7	6.7	7.225	7.9
4		小计			1.0192	9.2887	4.83	0	1.7	6.7	7.225	7.9
5	合计				1.0192	9.2887	4.83	0	1.7	6.7	7.225	7.9

图 3-177

查看构件图元工程量

构件工程量　做法工程量

	编码	项目名称	单位	工程量	单价	合价
1	010503002	矩形梁	m³	1.0192		
2	5-9	矩形梁、异形梁、弧形梁	10m³	0.10192	5068.96	516.6284
3	011702006	矩形梁		9.2887		
4	5-131	矩形梁复合木模	100m²	0.092887	5392.35	500.8792

图 3-178

② 钢筋计算结果可以通过"查看钢筋量""钢筋三维""编辑钢筋"三种方式来查看。选中 KL1 图元，点击"工程量"模块下"钢筋计算结果"中的"查看钢筋量"，可以看到框架梁在首层的钢筋总重量和不同级别、不同直径钢筋重量，如图 3-179 所示。

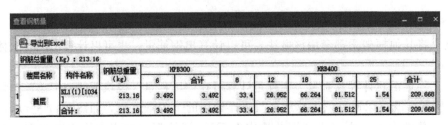

查看钢筋量

导出到Excel

钢筋总重量(Kg)：213.16

楼层名称	构件名称	钢筋总重量(kg)	HPB300		HRB400					
			6	合计	8	12	18	20	25	合计
1	首层	KL1(1)[1034]	213.16	3.492	3.492	33.4	26.952	66.264	81.512	1.54	209.668
2		合计：	213.16	3.492	3.492	33.4	26.952	66.264	81.512	1.54	209.668

图 3-179

点击"钢筋三维"可以查看钢筋在结构中的形状、排列和直径的差别，直观形象地观察钢筋，如图 3-180 所示。"编辑钢筋"如图 3-181 所示，可以查看某一构件中钢筋筋号、直径、级别、图形、计算公式、长度、根数、重量等重要信息。

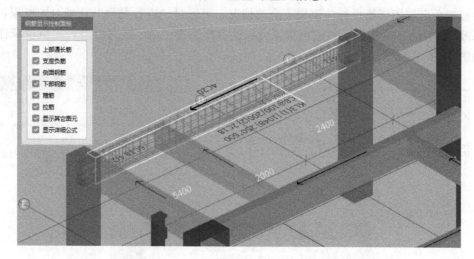

图 3-180

筋号	直径(mm)	级别	图号	图形	计算公式	公式描述	长度	根数	搭接	损耗(%)	单重(kg)	总重(kg)	钢筋归...
1 1跨.上通长筋1	18	Φ	64	270 7650 270	500-25+15*d +6700+500-25+15*d	支座宽…	8190	2	0	0	16.38	32.76	直筋
2 1跨.左支座筋1	18	Φ	18	270 2708	500-25+15*d+6700/3	支座宽+保护层+弯折+搭接	2978	2	0	0	5.956	11.912	直筋
3 1跨.右支座筋1	18	Φ	18	270 2708	6700/3+500-25+15*d	搭接+支座宽+保护层+弯折	2978	2	0	0	5.956	11.912	直筋
4 1跨.右支座筋3	18	Φ	18	270 2150	6700/4+500-25+15*d	搭接+支座宽+保护层+弯折	2420	2	0	0	4.84	9.68	直筋
5 1跨.侧面受扭筋1	12	Φ	1	7588	37*d+6700+37*d	直锚+净长+直锚	7588	4	0	0	6.738	26.952	直筋
6 1跨.下部钢筋1	20	Φ	64	300 7650 300	500-25+15*d +6700+500-25+15*d	支座宽…	8250	4	0	0	20.378	81.512	直筋
7 1跨.箍筋1	8	Φ	195	550 200	2*((250-2*25)+(600-2*25)) +2*(11.9*d)		1690	50	0	0	0.668	33.4	箍筋

图 3-181

三种查量方式各有特色，可以根据需要选用。

（5）总结拓展

1）归纳总结　本节主要介绍了识别框架梁、非框架梁的操作流程和步骤，介绍了在识别梁过程中对于梁图元校核出现的提示如何进行准确判断修改，以及梁原位标注识别出错图元的处理方法；并介绍了在绘制梁过程对于梁吊筋、次梁加筋等钢筋如何准确识别的方法。

介绍了关于楼梯梯梁在软件中按照非框架梁构件进行手动绘制，以及在属性中需要按照实际图纸高度调整对应的属性信息。介绍了框架梁需要计算的工程量，以及套用清单项目的方法。介绍了如何根据当地定额的规定补充完善工程量清单项目特征的方法，如何根据项目特征的描述套用定额子目的方法。介绍了快速套用做法的方法除"做法刷"功能外，还有"选配"功能。介绍了在定义构件做法时，灵活运用"构件过滤"功能提供的选项会使工作效率大幅度提高。介绍了汇总计算和查看土建工程量、查看钢筋工程量的几种方法。

2）拓展延伸

① 本工程涉及的都是矩形梁，在实际工程图纸中可能对于梁原位标注存在不规范的注写形式，如图 3-182 所示，就需要识别前对图纸中梁原位标注进行统一修改，这样在识别过程中才能避免出现图纸原位标注识别不全的情况。可通过"查找替换"功能对图纸原位标注进行修改，如图 3-183 所示。图纸中梁原位标注替换完成之后，就可以进行梁原位标注的识别，如图 3-184 所示。

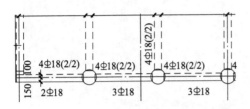

图 3-182

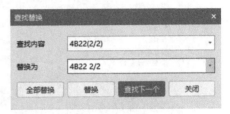

图 3-183

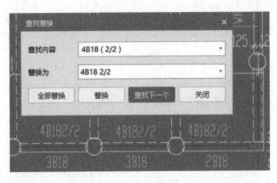

图 3-184

② 本工程未涉及水平加腋梁部分尺寸及钢筋的计算，但在工程图纸中水平加腋梁相对来说比较常见，需进行单独的设置。为处理加腋梁的业务场景，软件中可以通过在"原位标注"信息框中输入"腋长""腋高""加腋钢筋"等信息来解决，如图 3-185 所示；软件会自动生成梁水平加腋，如图 3-186 所示。

箍筋加密长度	腋长	腋高	加腋钢筋	其他箍筋
max(1.5×h,500)				
max(1.5×h,500)				
max(1.5×h,500)				
max(1.5×h,500)	500	600	4Φ16	
max(1.5×h,500)				
max(1.5×h,500)				
max(1.5×h,500)				

图 3-185

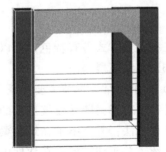

图 3-186

（6）思考与练习

① 识别梁的基本流程分为几步？分别是什么？

② 识别梁构件功能怎么快速建立梁构件？

③ 如何设置梁的水平加腋及钢筋？

④ 梁混凝土清单需要描述哪几个项目特征？

⑤ 梁模板清单需要描述哪几个项目特征？

⑥ 楼层间复制构件的方法有几种？分别如何操作？

⑦ 完成案例工程的首层梁构件的识别、绘制、套用做法以及工程量汇总。

3.4.3.3 板工程量计算

（1）相关平法知识 板分为多种形式，包括：有梁板（图 3-187）、无梁板（图 3-188）、平板（图 3-189）、悬挑板（图 3-190）等；板的标注方式通常按照平面注写方式标注，平面注写方式中包括板块集中标注和板支座原位标注两种方式。

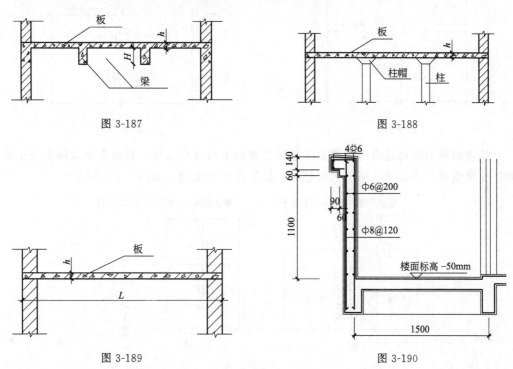

图 3-187　　　　　　　　图 3-188

图 3-189　　　　　　　　图 3-190

1）板块集中标注 板块集中标注的内容为：板块标号、板厚、贯通纵筋以及当板面标高不同时的标高高差。对于板贯通纵筋按板下部和板上部分别注写，并以"B"代表下部，"T"代表上部，"B&T"代表下部和上部，X 向贯通纵筋以"X"打头，Y 向贯通纵筋以"Y"打头，两向贯通纵筋配置相同时则以"X&Y"打头。

例如，有一块楼面板注写为："LB5 $h=110$，B：X Φ10/12@100；Y Φ10@100"，表示 5 号楼面板，板厚 110mm，板下部配置纵筋 X 向为 Φ10、Φ12 隔一布一，Φ10 与 Φ12 之间的间距为 100mm；Y 向为 Φ10@100；板上部未配置贯通钢筋。

2）板支座原位标注

① 板支座原位标注。板支座原位标注的钢筋，应在配置相同跨的第一跨表达（当在梁悬挑部位单独配置时则原位表达）。在配置相同跨的第一跨（或梁悬挑部位），垂直于板支座（梁或墙）绘制一段适宜长度的中粗实线（当该筋通长设置在悬挑板或短跨板上部时，实线段应画至对边或贯通短跨），以该线段代表支座上部非贯通纵筋，并在线段上方注写钢筋编号（如①、②等）、配置值、横向连续布置的跨数（注写在括号内，且当为一跨时可不注）以及是否横向布置到梁的悬挑端。

例如，（××）为横向布置的跨数，（××A）为横向布置的跨数及一端的悬挑部位，（××B）为横向布置的跨数及两端的悬挑梁部位。

板支座上部非贯通筋自支座中线向跨内的伸出长度，注写在线段的下方位置。当中间支座上部非贯通纵筋向支座两侧对称伸出时，可仅在支座一侧线段下方标注伸出长度，另一侧不注，如图 3-191 所示。

当向支座两侧非对称伸出时，应分别在支座两侧线段下方注写伸出长度，如图 3-192 所示。

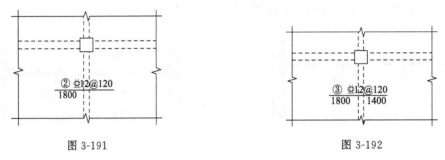

图 3-191   图 3-192

对线段画至对边贯通全跨或贯通全悬挑长度的上部通长纵筋，贯通全跨或伸出至全悬挑一侧的长度值可不注，只注明非贯通筋另一侧的伸出长度值，如图 3-193 所示。

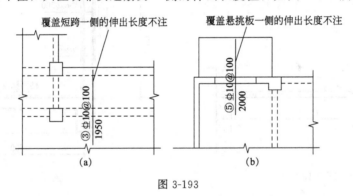

图 3-193

② 局部升降板 SJB 的引注。如图 3-194 所示，局部升降板的平面形状及定位由平面布置图表达，其他内容由引注内容表达。

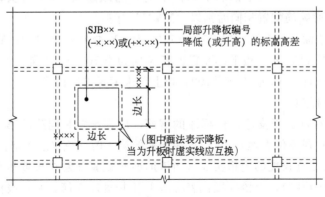

图 3-194

a. 局部升降板的板厚、壁厚和配筋，在标准构造详图中取用与所在板块的板厚和配筋相同，设计不注；当采用不同板厚、壁厚和配筋时，设计应补充绘制截面配筋图。

b. 局部升降板升高与降低的高度，在标准构造详图中限定为小于或等于300mm；当高度大于300mm时，设计应补充绘制截面配筋图；设计应注意局部升降板的下部与上部配筋均应设计为双向贯通纵筋。

3）现浇板钢筋类型及软件输入方式　本书以图纸中板马凳筋、拉筋、板负筋、板受力筋为例，其输入方式如图3-195、图3-196所示。

钢筋类型	输入格式	说明
马凳筋	格式1：200B12	数量＋级别＋直径，Ⅰ型、Ⅱ型、Ⅲ型
	格式2：A8@800 * 800	级别＋直径＋@＋间距×间距，Ⅰ型
	格式3：B12@1000	级别＋直径＋@＋间距，Ⅱ型、Ⅲ型
拉筋	格式1：400C8	数量＋级别＋直径
	格式2：A8@800 * 800	级别＋直径＋@＋间距×间距

图 3-195

钢筋类型	输入格式	说明
板负筋	格式1：C10@200	级别＋直径＋@＋间距
	格式2：C12/C10@200	钢筋信息采用两种规格钢筋"隔一布一"时，用"/"隔开，输入的间距为不同钢筋之间的间距，即C12和C10的间距为200mm
板受力筋或跨板受力筋	格式1：C10@200	级别＋直径＋@＋间距
	格式2：C12/C100@200	钢筋信息采用两种规格钢筋"隔一布一"时，用"/"隔开，输入的间距为不同钢筋之间的间距，即C12和C10的间距为200mm

图 3-196

（2）板的绘制　板构件的绘制可以通过识别板命令的方式绘制完成。

1）识别板生成板构件　下面结合专用宿舍楼案例工程介绍识别现浇板构件的流程：提取板标识→提取板洞线→自动识别板。

① 提取板标识。

a. 选择对应楼层"首层"，切换至"建模"页签，左键点击对应"板"构件。

b. 点击"图纸管理"，导入板配筋图；分割和定位二层板配筋图，将图纸对应到相应的楼层体系中，如图3-197、图3-198所示。

c. 在"建模"模块中，左侧点击"板"页签，点击上方"识别板"，在左上角绘图区域会弹出选择方式对话框，如图3-199所示。

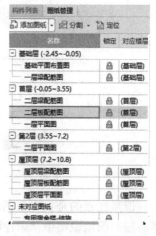

图 3-197

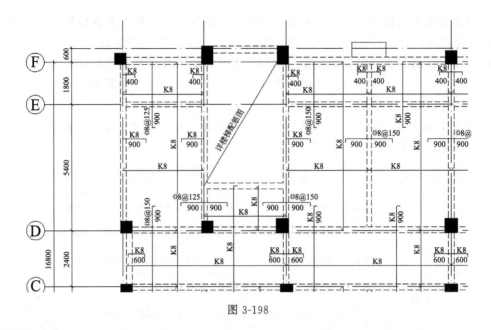

图 3-198

图 3-199

点击"提取板标识"，选择任意一块板的标注信息，所有板的标识高亮显示，右键确认即可，选中的板边线会从 CAD 图纸中消失，并且已经被提取到"已经提取的 CAD 图层"中。

② 提取板洞线。点击"提取板洞线"，需选中图纸板洞线，右键确认即可进行提取，但对于板洞线不建议在这里进行提取，后期可以通过"板洞（N）"单独进行绘制即可，此案例未涉及"板洞"，所以不需进行单独识别。

③ 自动识别板。点击"自动识别板"，自动弹出"识别板选项"对话框，如图 3-200 所示。本案例工程专用宿舍楼为框架结构，所以现浇板默认是以梁为支座，所以按照默认设置确定即可。之后会弹出"识别板选项"对话框，需要确定"无标注板"的板厚，由于首层板配筋图中没有对于板的标注说明，所以对无标注板板厚进行统一修改，如图 3-201 所示，确定之后即可完成首层现浇板构件的识别，而对于楼梯处的现浇板选中删除即可。

图 3-200

图 3-201

但需注意的是：本案例图纸中对于板的标识没有在图纸中直接进行注明，所以现浇板板厚需按照图纸说明中"未注明板厚为100mm"进行统一绘制。

2）绘制休息平台板　结合案例工程图纸结施-08，按照楼梯大样图上标注的"休息平台板"的结构标高和位置信息，手动建立休息平台板构件，休息平台板的新建方法跟现浇板一致，如图 3-202 所示，点击板构件模块，左上方切换到"分层 2"页签，用"直线"命令绘制休息平台板，将其绘制在②～③轴交Ｅ～Ｆ轴所涉及的休息平台板区域，如图 3-203所示。

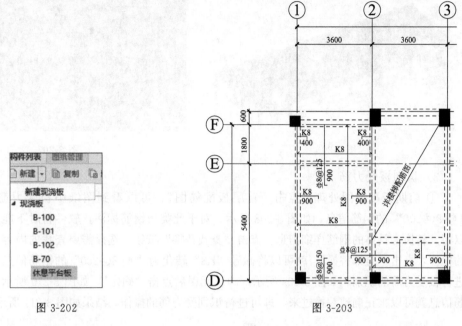

图 3-202　　　　　　　　　　　　　　　　图 3-203

　　休息平台板在软件中的属性定义、清单和定额的套用以及在绘图界面的绘制除标高不一样外，其他与现浇板都是一致的，这里不再赘述，按照现浇板的属性定义和绘制的方法绘制构件即可。只是休息平台板的标高与楼层中的现浇板相比较低，所以要在定义属性中设置标高，如图 3-204 所示，在其他的属性都设置完成之后，只需要对"顶标高"按照实际标高进行修改即可。如图 3-205 所示。

图 3-204　　　　　　　　　　　　　　　　图 3-205

　　选中"休息平台板"，在"建模"模块下"通用操作"菜单中"复制到其它层"的下拉菜单中选择"复制到其它层"功能，将其复制到二层、屋顶层。

　　首层板绘制好之后，点击"视图"模块→"通用操作"→"动态观察"，可以查看现浇板三维展示，也可以点击"通用操作"工具条中"动态观察"图标动态观察，如图3-206所示。

首层板绘制完成后，对于空调板的绘制跟现浇板一致，如图3-207所示。

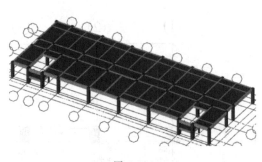

图 3-206　　　　　　　　　　　　　　　　图 3-207

3）识别板受力筋

① 前期板配筋图处理。点击"首层板配筋图"，可以看到图纸中板受力筋"K8"代表"Φ8@200"的钢筋信息，如图3-208所示，对于此类板钢筋标注，软件暂时不能直接处理，可以将其转换为具体的钢筋详细信息。点击"查找替换"按钮，选择需要查找的内容，替换为需要的标注，点击"全部替换"，就可以将标号"K8"转化为"Φ8@200"的钢筋信息，软件才可以进行板受力筋的识别，如图3-209所示。确认无误后点击"确定"，如图3-210所示。图纸中的钢筋信息就可以被正确地替换过来，即可进行识别受力筋的操作，结果如图3-211所示。

图 3-208

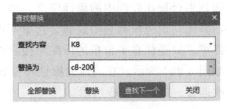

图 3-209

图 3-210

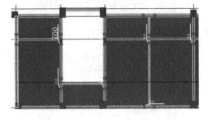

图 3-211

图 3-212

② 提取板钢筋线和标注。

a. 切换到"首层板配筋图"中，在"建模"模块下，点击"板受力筋"页签，点击上方"识别受力筋"，在左上角绘图区域会弹出选择方式对话框，如图3-212所示。

b. 点击"提取板筋线"，选择任意板钢筋的边线，所有同图层的板钢筋线被选中且变颜色，右键确认即可，板钢筋线会从CAD图纸中消失，并且被提取到"已经提取的CAD图层"中。

c. 点击"提取板筋标注"，选择任意钢筋的标注。例如"$\underline{\Phi}8@200$"，所有同图层的钢筋标注都会被选中且变颜色，右键确认，图纸中钢筋标注从 CAD 图层中消失，并且被提取到"已经提取的 CAD 图层"中。

③ 自动识别板筋。点击"自动识别板筋"，弹出"识别板筋选项"对话框，需要对无标注的负筋、板受力筋、跨板受力筋以及钢筋的伸出长度进行输入，如果未涉及未标注的钢筋，直接删除对应的钢筋信息，确认无误后点击"确定"即可，如图 3-213 所示。之后会弹出"自动识别板筋"对话框，需要对窗口中的钢筋信息、钢筋类别进行逐一核对；若存在钢筋信息有误的，点击定位按钮"⬦"，定位到图纸中进行查看修改，如图 3-214 所示；所有钢筋项检查无误后，点击"确定"，弹出"自动识别板筋"窗口，直接点击"是"即可，如图 3-215 所示。

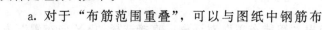

图 3-213　　　　　　　　　　　　　图 3-214

④ 校核板筋图元。识别完板受力筋后，需要对板受力筋的图元进行校核，看是否符合图纸中对于板受力筋的布置要求，点击"校核板筋图元"按钮，弹出"校核板筋图元"对话框，如图 3-216 所示；对于校核提示内容需进行分类判断，双击即可定位查看、修改，具体处理方式如下。

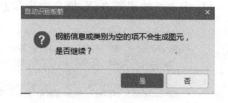

图 3-215

a. 对于"布筋范围重叠"，可以与图纸中钢筋布置进行比对，没有问题可以忽略，或者与设计单位进行沟通，修改图纸。

b. 对于"未标注板筋伸出长度"，可以双击该提示项定位到具体位置，选中该钢筋直接修改伸出长度即可，如图 3-217 所示。

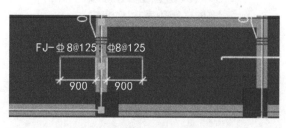

图 3-216　　　　　　　　　　　　图 3-217

对于板受力筋的布置，可以通过"识别受力筋"功能完成板受力筋的快速识别；但往往由于图纸中钢筋标注不规范、图层不一致等原因，对于受力筋的识别存在很大的错误情况，所以对于错误部位的钢筋需手动绘制板受力筋。由于钢筋需要通过手动绘制的方式进行修改，接下来介绍关于板受力筋手动绘制的基本流程。

⑤ 手动绘制板受力筋。

a. 绘制底筋、面筋。识别受力筋之后，对于图纸中未识别的板受力筋可通过"布置受力筋"方式来进行绘制，分析图纸①、②轴交Ⓔ、Ⓕ轴所涉及区域，"B-100"配筋为：底筋为双向K8，即ϕ8@200。

图 3-218

b. 定义板受力筋。切换到"板受力筋"页签下，点击"构件列表"中"新建"按钮，直接选择"新建板受力筋"，按施工图定义板受力筋，在"属性列表"中修改相对应的信息，如图 3-218 所示。

（a）名称。结施图中没有定义受力筋的名称，用户可以根据实际情况输入较容易辨认的名称，这里按钢筋信息输入"C8@200-底筋"。

（b）钢筋信息。按照图中的钢筋信息，输入"ϕ8@200"。

（c）类别。在软件中可以选择"底筋""面筋""中间层筋"和"温度筋"，在此根据钢筋类别，选择"底筋"。

（d）左弯折和右弯折。按照实际情况输入受力筋的端部弯折长度，软件默认为"0"，表示按照"0"计算。可按照同样的方法定义其他的受力筋。

c. 布置板受力筋。点击"布置受力筋"按钮，在工具栏上方的选项卡中可以看到布置受力筋的几种方式，如图 3-219 所示，本案例以"B-100"的受力筋布置为例，由施工图可知，B-100 的底筋在 X 与 Y 方向信息一致，这里采用"XY 方向"来布置，具体操作如下。

图 3-219

点击选中"单板""XY 方向"，弹出"智能布置"对话框，直接选择"XY 向布置"方式，输入底筋 X 向、Y 向的钢筋信息均为"C8@200"，如图 3-220 所示。左键选中需要布置的现浇板，即可完成板底筋的快速布置，如图 3-221 所示。

图 3-220

图 3-221

d. 绘制跨板受力筋。

（a）定义跨板受力筋。跨板受力筋的布置跟板底筋布置方法基本一致，分析图纸中①～②轴交Ⓓ～Ⓕ轴区域，B-100 配筋为 ⚡8@125；绘制板 B-100 的跨板受力筋，如图 3-222 所示。

切换到"板受力筋"页签下，点击"构件列表"中"新建"按钮，直接选择"新建跨板受力筋"，按施工图定义跨板受力筋，在"属性列表"中修改相对应的信息，如图 3-223 所示。

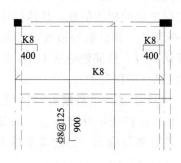

图 3-222　　　　　　　　　　　　　　　　　图 3-223

在"钢筋信息"处，按照图中钢筋信息，输入"⚡8@125"；在"左标注"和"右标注"处，左右两边伸出支座的长度，根据图纸中的标注进行输入，一边为"900"，一边为"0"；在"马凳筋排数"处，根据实际情况输入；在"标注长度位置"处，可以选"支座中心线""支座内边线"和"支座外边线"，根据图纸中标注的实际情况进行选择，根据此工程中结施-08 钢筋表示方法的说明，应选择"支座内边线"；在"分布钢筋"处，结施-01 中说明受力钢筋直径小于 12mm 时，分布筋均为"φ6@250"，因此此处输入"φ6@250"，也可以在计算设置中对相应的项进行输入，这样就不用针对每一个钢筋构件进行输入了，如图 3-224 所示。

（b）布置跨板受力筋。选择相应跨板受力筋构件，点击"布置受力筋"按钮，在工具栏的选项卡中可以看到布置受力筋的几种方式，点击选中"单板""垂直"，左键选择对应的现浇板，即可布置跨板受力筋，如图 3-225 所示。

	属性名称	属性值	附加
1	名称	KBSLJ-⚡8@125	
2	类别	面筋	
3	钢筋信息	⚡8@125	
4	左标注(mm)	900	
5	右标注(mm)	0	
6	马凳筋排数	1/1	
7	标注长度位置	支座内边线	
8	左弯折(mm)	(0)	
9	右弯折(mm)	(0)	
10	分布钢筋	(φ6@250)	
11	备注		
12	⊟ 钢筋业务属性		
13	— 钢筋锚固	(35)	
14	— 钢筋搭接	(49)	
15	— 归类名称	(KBSLJ-⚡8@125)	

图 3-224

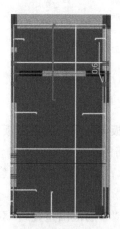

图 3-225

（c）交换左右标注。对于跨板受力筋和负筋，存在左标注和右标注，绘图时如果要绘制反向，可以通过"交换左右标注"的功能来调整。

图 3-226

4）识别板负筋

① 提取负筋线和标注。在"建模"模块中，左侧点击"板负筋"页签，点击上方"识别负筋"功能，左上角绘图区域会弹出识别对话框，如图 3-226 所示。本案例图纸由于负筋和跨板钢筋的图层为同一图层，所以在提取跨板钢筋的时候已经把负筋的信息提取出来了，这个时候可以通过"还原 CAD"命令将已提取的跨板钢筋图层重新还原，左键拉框选中图纸，右键确定即可还原图层，如图 3-227 所示。需重新点击"识别负筋"提取负筋的标注信息，具体操作如下。

a. 点击"提取板筋线"，选择任意一根负筋的边线，所有负筋的边线被选中并高亮显示，右键确认即可，负筋线会从 CAD 图纸中消失，并且被提取到"已经提取的 CAD 图层"中。

b. 点击"提取板筋标注"，选择任意一个负筋标注。例如"C8@125"，所有负筋同图层的标注都会被选中并变颜色，右键确认，负筋标注从 CAD 图层中消失，并且被提取到"已经提取的 CAD 图层"中。

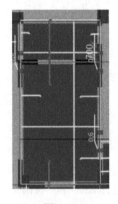

图 3-227

② 自动识别板筋。点击"自动识别板筋"，会弹出"识别板筋选项"对话框，需要对图纸中未标注的板筋长度、板筋信息进行输入，若图纸中不存在没有标注的板筋信息，需将相关信息删除，如图 3-228 所示，点击"确定"之后，会弹出"自动识别板筋"对话框，需要对负筋的钢筋信息、钢筋类别进行核对，如图 3-229 所示，确认信息无误点击"确定"，若弹出"自动识别板筋"提示，直接点击"是"，即可完成板负筋的识别，如图 3-230 所示。

图 3-228

图 3-229

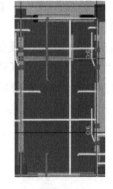

图 3-230

③ 校核板筋图元。识别完板负筋后，需要对板负筋的图元进行校核，看是否符合图纸中对板受力筋的布置要求，点击"校核板筋图元"按钮，弹出"校核板筋图元"对话框，如图 3-231 所示；对于校核提示内容需进行分类判断，双击即可定位查看、修改，具体处理方式如下。

a. 对于"布筋范围重叠"，双击该提示项定位到具体位置，可以点击"查看布筋范围"功能，选中该负筋范围会变为蓝色，查看负筋的布置范围，与图纸中负筋的范围对比校核修改，如图 3-232 所示。

b. 对于"未标注板筋伸出长度"可以双击该提示项定位到具体位置，选中该钢筋直接进行修改伸出长度即可，如图 3-233 所示。

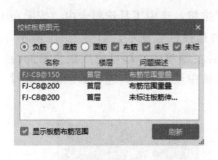

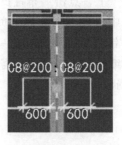

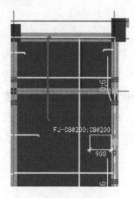

图 3-231　　　　　　　　　　图 3-232　　　　　　　　　图 3-233

对于板负筋的布置，可以通过"识别板负筋"功能完成板负筋的快速识别；但往往由于图纸中负筋标注不规范、图层不一致等原因，对于负筋的识别存在很大的错误情况，所以对于错误部位的钢筋需要通过手动绘制的方式进行修改，接下来介绍关于板负筋手动绘制的基本流程。

④ 手动绘制板负筋。识别负筋之后，对于图纸中未识别的板负筋可通过"布置负筋"方式来进行绘制，分析图纸①～②轴交Ⓓ～Ⓔ轴区域，"B-100"的负筋标号为"K8"，其代表"Φ8@200"的负筋信息；负筋的标注长度分别为 400mm、900mm，如图 3-234 所示，需按照图纸要求布置板负筋。

a. 定义板负筋。切换到"板负筋"页签下，点击"构件列表"中"新建"按钮，直接选择"新建板负筋"，按施工图定义板负筋，在"属性列表"中修改相对应的信息，如图 3-235 所示。在"名称"处，结施图中没有定义负筋的名称，用户可以根据实际情况输入较容易辨认的名称，这里按钢筋信息输入"FJ-C8@200"；在"钢筋信息"处，按照图中钢筋信息，输入"Φ8@200"；在"左标注"和"右标注"处，"Φ8@200"负筋只有一侧标注，左标注输入"900"，右标注输入"0"；在"单边标注位置"处，根据图中实际情况，选择"支座内边线"。

图 3-234　　　　　　　　　　　　　　　　图 3-235

b. 布置板负筋。点击"布置负筋"按钮，在工具栏上方的选项卡中可以看到布置负筋的几种方式，如图 3-236 所示，本案例以图纸①～②轴交Ⓓ～Ⓕ轴范围内负筋布置为例，由施工图可知，负筋"K8"的钢筋标注为"$\Phi 8@200$"，图纸中板筋是以梁为支座进行锚固，所以这里采用"按梁布置"方式来绘制，具体操作如下。

图 3-236

切换到板负筋的"构件列表"上，点击"布置负筋"按钮，选中工具选项卡中"按梁布置"功能，鼠标左键放置于梁的中心线上，会弹出负筋的选择位置提示，如图 3-237 所示，左键点击选择梁对应布置位置，钢筋方向需跟图纸一致后左键单击，即可完成板负筋的绘制；若生成的钢筋标注长度与图纸信息不一致的，需单独选中该钢筋线，左键双击即可进行标注长度的修改，如图 3-238 所示。

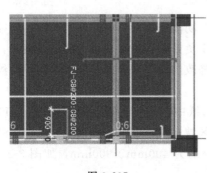

图 3-237

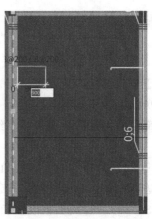

图 3-238

c. 交换左右标注。对于跨板受力筋和负筋，存在左标注和右标注，绘图时如果要绘制反向，可以通过"交换左右标注"的功能来调整。

首层板受力筋和负筋绘制完成后，对于空调板的钢筋绘制跟现浇板一致。点击"视图"模块→"通用操作"→"动态观察"，可以查看现浇板三维展示，也可以点击"通用操作"工具条中"动态观察"图标动态观察，如图 3-239 所示。

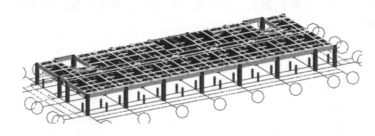

图 3-239

（3）现浇板构件做法套用　现浇板构件定义好后，需要进行做法套用，才能计算对应清单、定额工程量。

1）工程量清单和定额计算规则

① 清单计算规则见表 3-13。

表 3-13 板清单计算规则

编号	项目名称	单位	计算规则
010505003	平板	m^3	按设计图示尺寸以体积计算，不扣除构件内钢筋、预埋铁件及单个面积不大于 $0.3m^3$ 的柱、垛以及孔洞所占体积
011702016	平板	m^2	按模板与现浇混凝土构件的接触面积计算； 现浇钢筋混凝土墙、板单孔面积≤$0.3m^2$ 的孔洞不予扣除，洞侧壁模板亦不增加； 单孔面积大于 $0.3m^2$ 时应予扣除，洞侧壁模板面积并入墙、板工程量内计算

② 定额计算规则见表 3-14。

表 3-14 板定额计算规则

编号	项目名称	单位	计算规则
5-16	平板	m^3	按设计图示尺寸以体积计算；不扣除构件内钢筋、预埋铁件及单个面积≤$0.3m^2$ 的柱、垛以及孔洞所占体积； 伸入砖墙内的板头并入板体积内计算； 压型钢板混凝土楼板扣除构件内压型钢板所占的体积
5-144	板复合木模	m^2	除另有规定者外，均按模板与混凝土的接触面积计算； 应扣除单孔面积大于 $0.3m^2$ 以上的孔洞，孔洞侧壁模板工程量另加； 不扣除单孔面积小于 $0.3m^2$ 以内的孔洞，孔洞侧壁模板也不予计算； 板设后浇带时，不扣除后浇带面积，后浇带另按延长米（含梁宽）计算增加费
5-151	板支模超高每增加 1m	m^2	

2）清单套用 以首层 B-100 为例。

① 在"建模"模块下"通用操作"页签中点击"定义"功能，选中对应构件列表新建好的板构件。

② 选中 B-100 构件，左键双击弹出"定义"界面，切换到"构件做法"下方，套取相应的混凝土清单，点击"查询清单库"页签，在"混凝土及钢筋混凝土工程"下点击"现浇混凝土板"，如图 3-240 所示。在清单列表中双击"010505003"，将其添加到做法表中。也可在点击"添加清单"后直接在"编码"栏中输入"010505003"。工程量表达式选择体积。

图 3-240

③ 描述项目特征。根据《房屋建筑与装饰工程工程量计算规范》（GB 50854—2013）规定，有梁板混凝土项目特征需描述混凝土的种类和强度等级两项内容。在《浙江省房屋建筑与装饰工程预算定额》（2018 版）中对于平板混凝土明确要求：按设计图示尺寸以体积计算，不扣除单个面积不大于 $0.3m^2$ 的柱、垛以及孔洞所占体积；伸入砖墙内的板头并入板体积内计算；压型钢板混凝土楼板扣除构件内压型钢板所占的体积。因此需要描述清单的项目特征内容。

图 3-241

在项目特征列表中添加"混凝土种类"的特征值为"泵送商品混凝土"，"混凝土强度等级"的特征值为"C30"；也可根据需要，点击清单对应的项目特征列，再点击三点按钮，弹出"编写项目特征"对话框，填写特征值，然后点击"确定"，如图 3-241 所示。

3）平板定额套用　在《浙江省房屋建筑与装饰工程预算定额》（2018 版）中明确规定：除另有规定者外，均按模板与混凝土的接触面积计算；应扣除单孔面积大于 $0.3m^2$ 以上的孔洞，孔洞侧壁模板工程量另加；不扣除单孔面积小于 $0.3m^2$ 以内的孔洞，孔洞侧壁模板也不予计算；板设后浇带时，不扣除后浇带面积，后浇带另按延长米（含梁宽）计算增加费。

点击"查询定额库"页签，在定额列表中双击对应的定额"5-16"，将其添加到清单"010505003"项下；也可在点击"添加定额"后直接在"编码"栏中输入"5-16"，如图 3-242 所示。

	编码	类别	名称	项目特征	单位	工程量表达式	表达式说明	单价
1	010505003	项	平板	1.板类别：平板 2.混凝土种类:泵送商品混凝土 3.混凝土强度等级:C30	m3	TJ	TJ<体积>	
2	5-16	定	平板		m3	TJ	TJ<体积>	5171.71

图 3-242

4）板模板清单及定额套用

① 套用模板清单。点击"查询清单库"页签，在措施项目下点击"混凝土模板及支架（撑）"，在清单列表中双击"011702016"，将其添加到做法表中；也可在点击"添加清单"后，直接在"编码"栏中输入"011702016"。工程量表达式选择模板面积。

② 填写项目特征值。填写平板复合木模，层高 3.6m。

③ 套用板模板定额。点击"查询定额库"页签，在定额列表中双击对应的定额"5-144"，将其添加到清单"011702016"项下；也可在点击"添加定额"后，直接在"编码"栏中输入"5-144"，如图 3-243 所示。

	编码	类别	名称	项目特征	单位	工程量表达式	表达式说明	单价
1	010505003	项	平板	1.板类别：平板 2.混凝土种类:泵送商品混凝土 3.混凝土强度等级:C30	m3	TJ	TJ<体积>	
2	5-16	定	平板		m3	TJ	TJ<体积>	5171.71
3	011702016	项	平板	平板复合木模，层高3.6m	m2	MBMJ	MBMJ<底面模板面积>	
4	5-144	定	板复合木模		m2	MBMJ	MBMJ<底面模板面积>	3883.41

图 3-243

5）"做法刷"复用到其他板构件　将有梁板的清单项目及定额子目套用好之后，可使用"做法刷"功能，将其做法复用给其他构件。

将有梁板的清单和定额项目全部选中，点击"构件做法"菜单栏中的"做法刷"，此时软件弹出"做法刷"对话框，界面左端出现可供选择的构件名称，还可以选择按"覆盖"或"追加"的添加方式，如图 3-244 所示。

图 3-244

如此，将所有的现浇板都套用相应的做法，可以计算出钢筋量，也可以计算出混凝土体积和模板面积。

（4）工程量汇总计算及查量

1）工程量计算可在"工程量"模块下的"汇总"中调出，如图 3-245 所示。既可以通过"汇总计算"选择计算的工程量范围，如图 3-246 所示，也可以先选择要汇总的图元，再点击"汇总选中图元"。计算汇总结束之后出现如图 3-247 所示页面。

图 3-245　　　　　　　　　　图 3-246　　　　　　　　　　图 3-247

2）工程量查量

① 土建计算结果有两种查量方式，以图纸中首层①～②轴和Ⓑ～Ⓒ轴现浇板"B-1"工程量为例，点击"工程量"模块→"土建计算结果"→"查看工程量"，"构件工程量"如图 3-248 所示；点击板构件，选择"做法工程量"，如图 3-249 所示。

查看构件图元工程量

| 构件工程量 | 做法工程量 |

◉ 清单工程量　○ 定额工程量　☑ 显示房间、组合构件量　☑ 只显示标准层单层量

	楼层	混凝土强度等级	名称	坡度	面积 (m²)	体积 (m³)	底面模板面积 (m²)	侧面模板面积 (m²)	数量 (块)	投影面积 (m²)	平台贴墙长度 (m)	超高模板面积 (m²)
										工程量名称		
1	首层	C30	B-1	0	17.435	1.751	17.51	0	1	17.435	0	17.435
2				小计	17.435	1.751	17.51	0	1	17.435	0	17.435
3			小计		17.435	1.751	17.51	0	1	17.435	0	17.435
4			小计		17.435	1.751	17.51	0	1	17.435	0	17.435
5			合计		17.435	1.751	17.51	0	1	17.435	0	17.435

图 3-248

编码	项目名称	单位	工程量	单价	合价
1 010505003	平板	m3	1.751		
2 5-16	平板	10m3	0.1751	5171.71	905.5664
3 011702016	平板	m2	17.51		
4 5-144	板复合木模	100m2	0.1751	3883.41	679.9851

图 3-249

② 钢筋计算结果可以通过"查看钢筋量""钢筋三维""编辑钢筋"三种方式来查看。分别切换到"板受力筋（S）"和"板负筋（F）"页签，分别选中现浇板"B-1"，点击"工程量"模块→"钢筋计算结果"→"查看钢筋量"，可以看到现浇板在首层的钢筋总重量和不同级别、不同直径钢筋重量，如图 3-250、图 3-251 所示。

钢筋总重量（Kg）：38.419

楼层名称	构件名称	钢筋总重量(kg)	HPB300		HRB400	
			6	合计	8	合计
1 首层	KBSLJ-C8@125[1420]	38.419	6.37	6.37	32.049	32.049
2	合计:	38.419	6.37	6.37	32.049	32.049

图 3-250

钢筋总重量（Kg）：2.544

楼层名称	构件名称	钢筋总重量(kg)	HRB400	
			8	合计
1 首层	FJ-C8@200[1374]	2.544	2.544	2.544
2	合计:	2.544	2.544	2.544

图 3-251

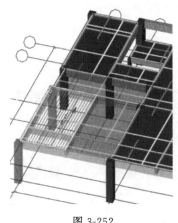

点击"钢筋三维"可以查看钢筋在结构中的形状、排列和直径的差别，直观形象地观察钢筋，如图 3-252 所示。"编辑钢筋"如图 3-253 所示，可以查看某一构件中钢筋筋号、直径、级别、图形、计算公式、长度、根数、重量等重要信息。

三种查量方式各有特色，可以根据需要选用。

（5）总结拓展

1）归纳总结 本节主要介绍了识别有梁板、板受力筋、板负筋的操作流程和步骤。介绍了在识别现浇板过程中对于板洞等构件的处理方法和现浇板手动绘制等相关流程，以及对于板受力筋、板负筋等图元校核出现的提示如何进行准确判断及修改。

图 3-252

介绍了关于楼梯休息平台板在软件中按照现浇板构件进行手动绘制，以及在属性中需要按照实际图纸高度调整对应的属性信息。介绍了有梁板构件需要计算的工程量，以及套用清单项目的方法。介绍了如何根据当地定额的规定补充完善工

筋号	直径(mm)	级别	图号	图形	计算公式	公式描述	长度	根数	搭接	损耗(%)	单重(kg)	总重(kg)	钢筋归类	搭接形式
KBSLJ-C8@125.1	8	Φ	64	60 2925 12	1550+1000+…	斜长+左标注+弯折+设定锚固	3005	27	0	0	1.187	32.049	直筋	绑扎
2 分布筋.1	6	Φ	1	2850	2550+150+150	净长+搭接+搭接	2850	6	0	0	0.741	4.446	直筋	绑扎
3 分布筋.2	6	Φ	1	1850	1550+150+150	净长+搭接+搭接	1850	4	0	0	0.481	1.924	直筋	绑扎

图 3-253

程量清单项目特征的方法，如何根据项目特征的描述套用定额子目的方法。介绍了快速套用做法的方法除"做法刷"功能外，还有"选配"功能。介绍了在定义构件做法时，灵活运用"构件过滤"功能提供的选项会使工作效率大幅度提高。介绍了汇总计算和查看土建工程量、查看钢筋工程量的几种方法。

2）拓展延伸

① 马凳筋。工程中涉及对于马凳筋的钢筋信息，一般在图纸中不会直接说明出来，需按照实际情况进行考虑，本案例考虑如下。

本工程马凳筋按以下设置：在马凳筋参数图定义时，输入信息生成板中马凳筋，采用直径8mm的钢筋，间距为1000mm×1000mm；选择Ⅰ型；L1＝100mm；L2＝板厚－上下两个保护层－2d（d 指马凳筋直径）；L3＝100mm，如图3-254所示。输入完成之后，点击"确定"，即可在属性列表中查看马凳筋的参数类型，如图3-255所示。

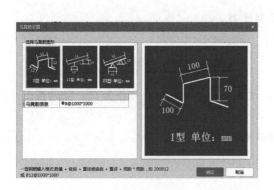

图3-254　　　　　　　　　　　　　　　　图3-255

② 斜板定义。软件中提供了三种方式定义斜板，如图3-256所示。选择要定义的斜板，以利用坡度系数定义斜板为例，先按鼠标左键选择要定义的板，然后按左键选择斜板基准边，可以看到选中的板边缘变成淡蓝色，输入坡度系数，如图3-257所示，斜板就形成了，如图3-258所示。但此时墙、梁、板等构件并未跟斜板平齐。右键单击"平齐板顶"，选择梁、墙、柱图元，弹出确认对话框询问"是否同时调整手动修改顶标高后的柱、梁、墙的顶标高"，点击"是"，然后可利用三维查看斜板的效果。

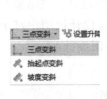

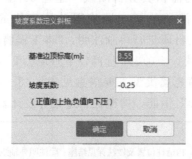

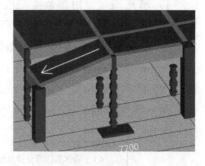

图3-256　　　　　　　图3-257　　　　　　　图3-258

（6）思考与练习

① 识别现浇板的基本流程分为几步？分别是什么？

② 识别板受力筋和板负筋的操作流程是什么？

③ 如何用坡度系数设置斜板？

④ 有梁板混凝土清单需要描述哪几个项目特征？

⑤ 有梁板模板清单需要描述哪几个项目特征？

⑥ 完成案例工程首层板配筋图的绘制及钢筋的识别、套用做法以及工程量汇总。

3.5 BIM 二次结构工程计量

学习目标

1. 能够正确定义并绘制二次结构，如填充墙及门窗洞口、过梁、构造柱、台阶、散水，计算钢筋工程量、混凝土及模板工程量；

2. 能够正确套用二次结构的清单项目和定额子目。

学习要求

1. 具备相应二次结构如填充墙及门窗洞口、过梁、构造柱的钢筋平法知识，能读懂图纸；

2. 了解二次结构的施工工艺；

3. 熟悉二次结构的工程量清单和定额计算规则。

3.5.1 任务说明

① 完成案例《BIM算量一图一练》中的专用宿舍楼图纸中二次结构如填充墙及门窗洞口、过梁、构造柱、台阶、散水的工程量计算。

② 完成专用宿舍楼二次结构如填充墙及门窗洞口、过梁、构造柱、台阶、散水的清单项目和定额子目套用。

3.5.2 任务分析

（1）图纸分析

1）填充墙　专用宿舍楼二次结构需认真分析图纸"建施-01建筑设计总说明"和"结施-01结构设计总说明"，本工程中涉及的填充墙均需计算砌块的工程量，首层层高为3.6m。在建筑设计说明中对于墙体的材质进行单独注明："本工程墙体除特殊注明者外，均为200mm厚的蒸压砂加气混凝土砌块，±0.000标高以下外墙为240mm厚煤矸石烧结实心砖"。如图3-259所示，图纸中涉及填充墙类型主要信息见表3-15。在结构设计说明中对于各类填充墙需要通长设置"Φ6@500"钢筋，构造柱、过梁等设计要求如图3-260所示。

> **4.墙体工程**
> 4.1　墙体基础部分详见结施。构造柱位置及做法详见结施；除注明外轴线均居墙中。
> 4.2　材料与厚度：本工程墙体除特殊注明者外，均为200mm厚蒸压砂加气混凝土砌块，±0.000标高以下外墙为240mm厚煤矸石烧结实心砖。有地漏房间隔墙根部应先做200mm高C20素混凝土条带，遇门断开。

图 3-259

表 3-15　填充墙表

序号	类型	砌筑砂浆	材质	墙厚/mm	标高/m	备注
1	外墙	干混砂浆	蒸压砂加气混凝土砌块	300	-0.05～+3.55	梁下墙
2	内墙	干混砂浆	蒸压砂加气混凝土砌块	200	-0.05～+3.55	梁下墙
3	外墙	干混砂浆	蒸压砂加气混凝土砌块	200	-0.05～+3.55	梁下墙
4	内墙	干混砂浆	蒸压砂加气混凝土砌块	100	-0.05～+3.55	梁下墙

6.填充墙

6.1　各类填充墙与混凝土柱、墙间均设置ϕ6@500锚拉筋，锚拉筋伸入墙内长度不小于墙长的1/5且不小于700mm。当填充墙高度超过4m时，应在填充墙高度的中部或门窗洞口顶部设置墙厚×墙厚并与混凝土柱连接的通长钢筋混凝土水平系梁，主筋4ϕ10，箍筋ϕ6@200。

6.2　构造柱：填充墙构造柱除各层平面图所示外，悬墙端头位置、外墙转角（无剪力处）位置、墙长超过层高2倍的墙中位置均增加构造柱，构造柱截面为墙厚×200mm，主筋为4ϕ10，箍筋为ϕ6@200。详见图7.6.2。

6.3　过梁：门窗洞口均设置过梁，过梁应与构造柱浇为一体。过梁遇混凝土墙、柱时改为现浇，过梁钢筋应预留。详见图7.6.3。

图 3-260

2）门窗洞口　本工程案例涉及的门窗表信息在图纸（建施-09）中给出了具体的门窗尺寸，如图 3-261 所示，再结合对应图纸建施-03、建施-06、建施-07，就可以确定门窗洞口具体的平面位置和离地高度，从而绘制门窗洞口图元；但对于过梁的布置需要根据结构设计总说明给出的信息定义过梁构件，如图 3-262 所示；然后再根据各层门窗洞口所在位置分析是否需要过梁，继而进行布置即可。

3）构造柱　一层构造柱示意图如图 3-263 所示，结构设计总说明中有关规定见图 3-264。

类别	门窗名称	洞口尺寸/(mm×mm)	门窗数量	备注
窗	C-1	1200×1350	4	墨绿色塑钢窗中空玻璃
	C-2	1750×2850	48	墨绿色塑钢窗中空安全玻璃
	C-3	600×1750	46	墨绿色塑钢窗中空玻璃
	C-4	2200×2550	4	墨绿色塑钢窗中空安全玻璃
门	M-1	1000×2700	40	塑钢门
	M-2	1500×2700	4	塑钢门
	M-2	1500×2200	2	塑钢门
	M-3	800×2100	40	塑钢门
	M-4	1750×2700	44	墨绿色塑钢中空安全玻璃门，立面分格详见建施-9
	M-5	3300×2700	2	墨绿色塑钢中空安全玻璃门，立面分格详见建施-9
防火门	FHM乙	1000×2100	2	乙级防火门，向有专业资质的厂家定制
	FHM乙-1	1500×2100	2	乙级防火门，向有专业资质的厂家定制
防火窗	FHC	1200×1800	2	乙级防火窗，向有专业资质的厂家定制（距地600mm）
	JD1	1800×2700	2	洞口高2700mm
	JD2	1500×2700	2	洞口高2700mm

注：门窗数量以实际工程为主，此表仅供参考。

图 3-261

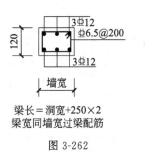

梁长＝洞宽+250×2
梁宽同墙宽过梁配筋

图 3-262

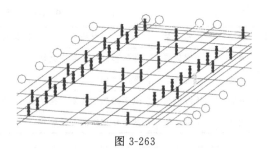

图 3-263

> 6.2 构造柱：填充墙构造柱除各层平面图所示外，悬墙端头位置、外墙转角（无剪力处）位置、墙长超过层高2倍的墙中位置均增加构造柱，构造柱截面为墙厚×200mm，主筋为4Φ10，箍筋为Φ6@200。截面及配筋详见图7.6.2。构造柱具体位置详见建筑图。

图 3-264

（2）计算顺序分析　为保证工程算量的准确性，本工程中的二次结构计算顺序应为：填充墙→门窗洞口→过梁→构造柱→台阶→散水。

3.5.3　任务实施

3.5.3.1　砌体墙工程量计算

（1）相关平法知识　二次结构是指在一次结构（指主体结构的承重构件部分）施工完毕以后才施工的结构，其是相对于承重结构而言的，一般为非承重结构或围护结构，比如构造柱、过梁、止水反梁、女儿墙、压顶、填充墙、隔墙等。二次结构具体包括：填充墙、圈梁、过梁、构造柱、散水、台阶等。

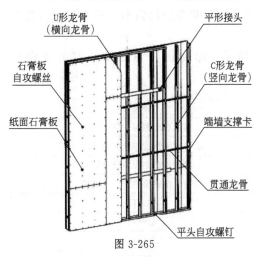

图 3-265

1）墙体的分类　墙体按照结构受力情况不同，有承重墙、非承重墙之分。非承重墙包括隔墙、幕墙、填充墙等，具体分类如下。

① 隔墙。指分隔内部空间且其重量由楼板或梁承受的墙，如图 3-265 所示。

② 幕墙。主要悬挂于外部骨架间的轻质墙，如图 3-266 所示。

③ 填充墙。框架结构中填充在柱子之间的墙称框架填充墙，框架结构的填充墙主要起围护和分隔作用，重量由梁柱承担，如图 3-267 所示。

2）墙钢筋的分类　填充墙材料如果为砌块也可称为砌体墙。钢筋类型一般分为两类：一类是砌体通长筋，一类是砌体加筋和横向短筋，具体区别如下。

① 砌体通长筋。砌体通长筋的作用是为提高砌体墙整体性而设置的，属受力钢筋，故而又可以叫带筋砌体墙。一般在墙内横向通长布置，如图 3-268 所示。

② 横向短筋。与通长筋对应设置，一般会出现在图纸总说明中或者会在设计该部位的图纸上具体图示说明，如图 3-268 所示。

图 3-266

图 3-267

③ 砌体加筋。是根据抗震要求设置的在墙体与柱子的连接处伸入砌体一定长度（一般1000mm）的砌体拉筋。根据所处部位不同分为不同种类，包括：十字形、L 形、T 形、一字形，T 形如图 3-269 所示。

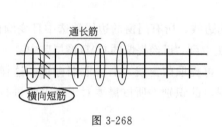

图 3-268

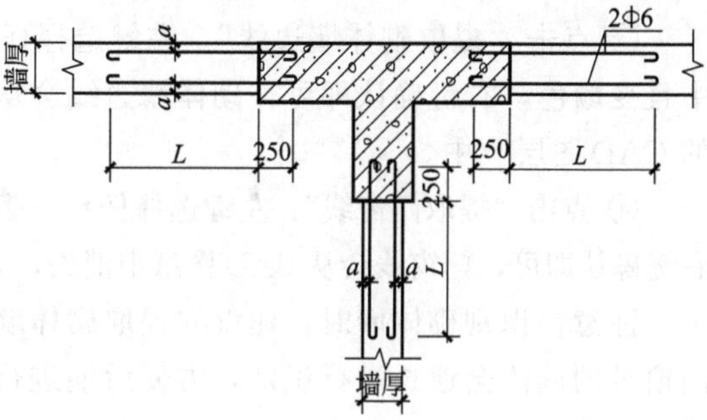

图 3-269

3）对于砌体墙钢筋在软件中的输入方式，砌体通长筋、横向短筋、砌体加筋输入方式如图 3-270 所示。

钢筋类型	输入格式	说明
砌体通长筋	2A10@500	排数＋级别＋直径＋间距；排数≤50，不输入排数时，默认为 1 排
横向短筋	格式1：A10@200	级别＋直径＋间距
	格式2：40C10	数量＋级别＋直径
砌体加筋	4A6@100	数量＋级别＋直径＋间距，数量没有输入时，默认为 1

图 3-270

砌体墙构件的识别可以通过"识别砌体墙"命令完成墙体的绘制。

（2）砌体墙绘制　识别砌体墙功能可以基于 CAD 识别中识别砌体墙，流程可以分为以下步骤：提取砌体墙边线→提取门窗线→提取墙标识→识别砌体墙。

1）提取砌体墙边线和门窗线

① 选择对应楼层"首层"，切换至"建模"页签，左键点击对应"砌体墙"构件。

② 点击"图纸管理"区域，导入首层建筑平面图；分割和定位首层建筑平面图，将"首层建筑平面图"添加到绘图工作区域，如图 3-271 所示。

在"建模"模块中，点击左侧"砌体墙"页签，点击上方"识别砌体墙"，在左上角绘图区域会弹出选择方式对话框，如图 3-272 所示。

图 3-271

图 3-272

③ 点击"提取砌体墙边线"，左键选择任意一条砌体墙的边线，所有砌体墙的边线被选中且变颜色，右键确认即可，砌体墙边线会从 CAD 图纸中消失，并且被提取到"已经提取的 CAD 图层"中。

④ 点击"提取门窗线"，左键选择任意一条门窗的边线，所有门窗的边线被选中且变颜色，右键确认即可，门窗线会从 CAD 图纸中消失，并且被提取到"已经提取的 CAD 图层"中。

注意：识别砌体墙时，建议先提取砌体墙边线，再提取门窗线，后提取墙标识，这样在门窗处的墙体会通长进行识别，方便后期进行门窗洞口的识别，所以需要对识别方法进行灵活调整和运用。

2）提取墙标识　点击"提取墙标识"，点击任意一个标注，所有墙厚同图层的标注都会被选中且变颜色，右键确认，墙标注从 CAD 图层中消失，并且被提取到"已经提取的 CAD 图层"中；若图纸中没有进行墙标注的信息，直接右键确定即可。

3）识别砌体墙　点击"识别砌体墙"按钮，自动弹出"识别砌体墙"对话框，本案例首层建筑平面图中砌体墙的平面位置如图 3-273 所示，需要根据图纸说明输入砌体墙的材质，软件会自动提取图纸中砌体墙的厚度，如图 3-274 所示。需要对表中数据进行核对，无误后点击"自动识别"按钮，即可完成砌体墙的识别，如图 3-275 所示。

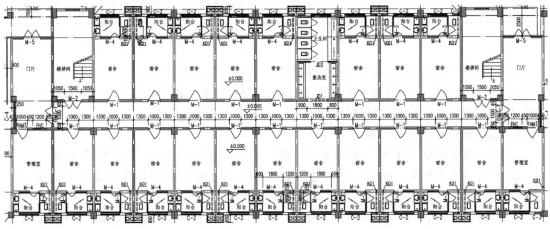

图 3-273

图 3-274

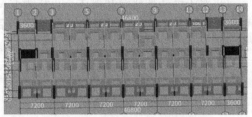

图 3-275

4）校核墙图元　识别完砌体墙后，需要对识别砌体墙图元进行校核，看是否符合图纸中关于砌体墙的平面布置要求，点击"校核墙图元"按钮，弹出"校核墙图元"窗口，如图 3-276 所示，需要对砌体墙校核项提示进行双击定位，可以看到门窗部位的墙体是断开的，需进行修改，如图 3-277 所示，通过拉伸、直线绘制等命令完成门窗处墙体的修改，对于门窗处不封闭的墙体需手动进行延伸闭合，形成墙体封闭的区域，如图 3-278 所示。但需注意以下几点。

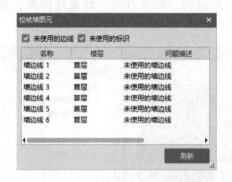

图 3-276

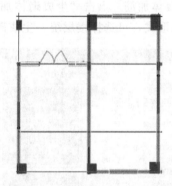

图 3-277

① 虚墙在土建软件中是不存在的虚拟构件，只是起到空间分割的作用，需按照图纸①轴～②轴和⑬轴～⑭轴交Ⓙ轴区域采用直线绘制虚墙构件，并以灰色显示，如图 3-279 所示。

图 3-278

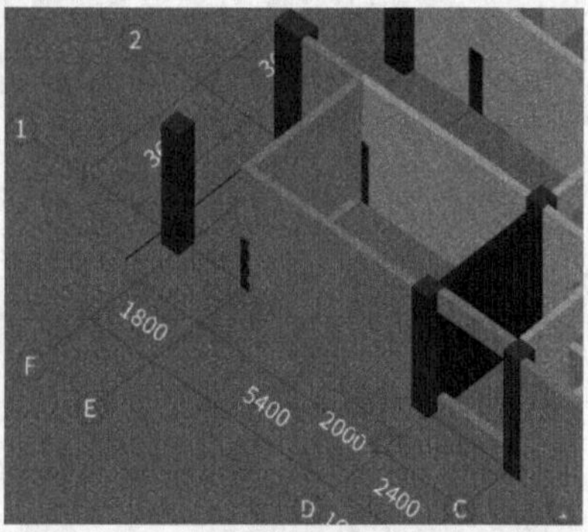

图 3-279

② 首层砌体墙识别完成后，软件中默认的砌体墙类别都是内墙属性，需要对砌体墙的内外墙类别进行手动判断；对于外墙部分的墙体，需在属性列表中单独修改"内/外墙标志"为"外墙"即可，具体结果如图 3-280 所示。

③ 对于手动新建绘制墙体，可作为CAD识别的补充内容，对CAD识别有问题部分可通过手动进行绘制，所以手动绘制可作为后期重点修改的常用方法；点击"构件列表"的"新建"功能，新建墙体，点击工具栏中"直线"命令，直接绘制即可，如图3-281所示。

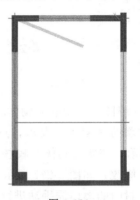

图 3-280   图 3-281

5）砌体加筋 点击"生成砌体加筋"，根据图纸说明（图3-260），设置好伸入长度和钢筋信息形式，可选择楼层统一生成砌体加筋（图3-282）。

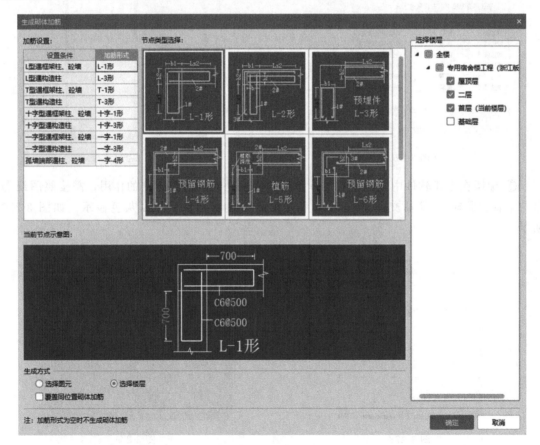

图 3-282

（3）砌体墙构件做法套用 砌体墙构件绘制好后，需要进行做法套用，才能计算对应清单、定额工程量。

1）工程量清单和定额计算规则

① 清单计算规则见表 3-16。

表 3-16　砌块墙清单计算规则

编号	项目名称	单位	计算规则
010402001	砌块墙	m³	按设计图示尺寸以体积计算

② 定额计算规则见表 3-17。

表 3-17　砖墙定额计算规则

编号	项目名称	单位	计算规则
4-62	蒸压加气混凝土砌块墙 墙厚 200mm 以内砂浆	m³	按设计图示尺寸以填充墙外形体积计算

下面以首层砌体墙"QTQ-2［外墙］"为例。

2）砌块墙清单套用

① 在"建模"模块下"通用操作"页签中点击"定义"功能，选中对应构件列表新建好的砌体墙构件。

② 选中砌体墙"QTQ-2［外墙］"构件，左键双击弹出"定义"界面，切换到"构件做法"下方，套取相应的砌体墙清单，点击"查询清单库"页签，在砌筑工程下点击"砌块墙"，如图 3-283 所示。在清单列表中双击"010402001"，名称为"砌块墙"，单位为"m³"，此为清单项目填充墙体积，将其添加到做法表。

图 3-283

③ 在项目特征列表中添加"砌块材质种类"的特征值为"蒸压砂加气混凝土砌块"，"墙体类型"的特征值为"填充墙"，"砂浆强度等级"的特征值为"干混砂浆"。

3）砌体墙定额套用　根据《房屋建筑与装饰工程工程量计算规范》（GB 50854—2013）规定的砌体墙项目特征，需描述砌块的材质种类、墙体类型、砂浆强度等级几项内容。在《浙江省房屋建筑与装饰工程预算定额》（2018 版）中对于砌块砌体套项明确要求：墙体按设计图示尺寸以体积计算，应扣除门窗、洞口、嵌入墙内的钢筋混凝土柱、梁、圈梁、挑梁、过梁及凹进墙内的壁龛、管槽、暖气槽、消火栓箱所占体积；不扣除梁头、檩头、垫木、木楞头、沿椽木、木砖、门窗走头、砖墙内加固钢筋、木筋、铁件、钢管及单个0.3m²以内的孔洞所占的体积。因此需要描述清单的项目特征内容。

点击"查询定额库"页签，在定额列表中双击"4-62"定额子目，将其添加到清单"010402001"项下，如图3-284所示。

图 3-284

4）"做法刷"复用到其他砌体墙构件　将有砌体墙的清单项目及定额子目套用好之后，可使用"做法刷"功能将其做法复用给其他构件。将砌体墙的清单和定额项目全部选中，点击"构件做法"菜单栏中的"做法刷"，此时软件弹出"做法刷"对话框，界面左端出现可供选择的构件名称，还可以选择按"覆盖"或"追加"的添加方式，如图3-285所示。

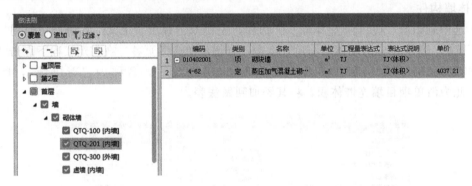

图 3-285

如此，将所有的砌体墙构件都套用相应的做法，可以计算出钢筋量，也可以计算出砌块的体积。

（4）工程量汇总计算及查量　工程量计算可在"工程量"模块下的"汇总"中调出，如图3-286所示。既可以通过"汇总计算"选择计算的工程量范围，如图3-287所示，也可以先选择要汇总的图元，再点击"汇总选中图元"。计算汇总结束之后出现如图3-288所示页面。

土建计算结果可以有两种查量方式，以图纸中首层建筑平面图①轴交Ⓐ轴～Ⓒ轴砌体墙"QTQ-2［外墙］"工程量为例，点击"工程量"模块→"土建计算结果"→"查看工程量"，"构件工程量"如图3-289所示。选择"做法工程量"，如图3-290所示。

图 3-286

图 3-287　　　　　　　　　　　　　　　　　　图 3-288

查看构件图元工程量

构件工程量 | 做法工程量

◉ 清单工程量　○ 定额工程量　☑ 显示房间、组合构件量　☑ 只显示标准层单层量

	楼层	材质	厚度	名称	体积(m3)	外墙外脚手架面积(m2)	外墙内脚手架面积(m2)	内墙脚手架面积(m2)	综合外脚手架面积(m2)	外墙外侧钢丝网片总长度(m)
1	首层	砌块	200	QTQ-2[外墙]	3.864	29	0	0	29	25
2				小计	3.864	29	0	0	29	25
3			小计		3.864	29	0	0	29	25
4		小计			3.864	29	0	0	29	25
5	合计				3.864	29	0	0	29	25

图 3-289

查看构件图元工程量

构件工程量 | **做法工程量**

	编码	项目名称	单位	工程量	单价	合价
1	010402001	砌块墙	m3	3.864		
2	4-62	蒸压加气混凝土砌块墙厚(mm以内)200砂浆	10m3	0.3864	3674.62	1419.8732

图 3-290

　　钢筋计算结果可以通过"查看钢筋量""编辑钢筋"两种方式来查看，需注意：砌体拉筋构件目前不支持"钢筋三维"查看；分别切换到"砌体加筋（Y）"页签，分别选中①轴交©轴"LJ-2"，点击"工程量"模块→"钢筋计算结果"→"查看钢筋量"，可以看到"LJ-2"的钢筋总重量和不同级别、不同直径钢筋重量，如图 3-291、图 3-292 所示。

查看钢筋量

📋 导出到Excel

钢筋总重量（Kg）：5.976

	楼层名称	构件名称	钢筋总重量(kg)	HPB300	
				6	合计
1	首层	LJ-2[2634]	5.976	5.976	5.976
2		合计：	5.976	5.976	5.976

图 3-291

编辑钢筋

|< < > >| 插入　删除　缩尺配筋　钢筋信息　钢筋图库　其他 · 单构件钢筋总量(kg)：5.976

筋号	直径(mm)	级别	图号	图形	计算公式	公式描述	长度	根数	接接	损耗(%)	单重(kg)	总重(kg)	钢筋归类	接接形式	钢筋类型
砌体加筋.1	6	Φ	18	60　1060	1000+60+60	端头长度+钢箍+...	1120	24	0	0	0.249	5.976	直筋	绑扎	普通钢筋

图 3-292

两种查量方式各有特色，可以根据需要选用。

（5）总结拓展

1）归纳总结　本节主要介绍了关于识别砌体墙的操作流程及步骤，介绍了在识别砌体墙过程中对于图纸中砌体墙边线、门窗线如何正确识别的方法，以及在门窗处的墙体应该通长绘制的注意事项等。

介绍了关于砌体墙的通长筋、横向短筋、砌体加筋的区别及软件中的输入方式，以及如何进行钢筋量的汇总查看。介绍了对于砌体墙构件需要计算的工程量，以及套用清单项目的方法。介绍了如何根据当地定额的规定补充完善工程量清单项目特征的方法，如何根据项目特征的描述套用定额子目的方法。介绍了快速套用做法的方法除“做法刷”功能外，还有“选配”功能。介绍了在定义构件做法时，灵活运用“构件过滤”功能提供的选项会使工作效率大幅度提高。

2）拓展延伸

① 本工程涉及标高在±0.000以上砌体墙的砌块材质均为200mm厚的蒸压砂加气混凝土砌块，但是图纸中在有地漏房间的位置，隔墙根部应先做200mm高C20的素混凝土条带，遇门需断开，如图3-293所示。所以，在图纸中地漏房间、隔墙位置，建议用“圈梁”构件代替绘制“200mm的素混凝土条带”，具体绘制方法如下。

4.墙体工程

4.1　墙体基础部分详见结施。构造柱位置及做法详见结施；除注明外轴线均居墙中。

4.2　材料与厚度：本工程墙体除特殊注明者外，均为200mm厚蒸压砂加气混凝土砌块，±0.000标高以下外墙为240mm厚煤矸石烧结实心砖。有地漏房间，隔墙根部应先做200mm高C20素混凝土条带，遇门断开。

图 3-293

a. 切换到“圈梁”页签下，点击“构件列表”中“新建”按钮，直接点击“矩形圈梁”，按施工图定义圈梁的尺寸：圈梁的截面宽度为依附该砌体墙的宽度，截面高度为200mm；在“属性列表”中修改相对应的信息，如图3-294所示。

b. 根据首层建筑平面图地漏及隔墙所在位置，需在卫生间和阳台区域绘制圈梁构件，点击“直线”命令，直接进行绘制即可，如图3-295所示。

属性列表　图层管理

	属性名称	属性值	附加
1	名称	QL-砌体墙下梁200	
2	截面宽度(mm)	200	☐
3	截面高度(mm)	200	☐
4	轴线距梁左边...	(100)	☐
5	上部钢筋		☐
6	下部钢筋		☐
7	箍筋		☐
8	肢数	2	
9	材质	现浇混凝土	☐
10	混凝土类型	(普通混凝土)	☐
11	混凝土强度等级	(C25)	☐
12	混凝土外加剂	(无)	
13	泵送类型	(混凝土泵)	
14	泵送高度(m)		
15	截面周长(m)	0.8	☐
16	截面面积(m²)	0.04	☐
17	起点顶标高(m)	层底标高+0.15	☐
18	终点顶标高(m)	层底标高+0.15	☐
19	备注	200	☐
20	⊞ 钢筋业务属性		
34	⊞ 土建业务属性		
41	⊞ 显示样式		

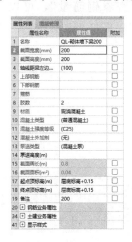

图 3-294

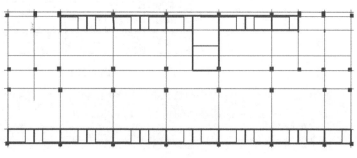

图 3-295

② 软件中区分砌体内外墙属性类别，主要是为了方便后期布置散水、建筑面积、平整场地等，因而需要正确判断内外墙的标志信息，如图 3-296 所示。

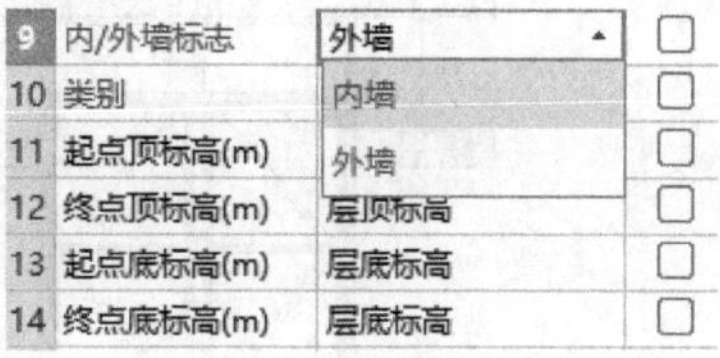

(6) 思考与练习

① 阐述砌体通长筋、砌体加筋以及横向短筋的区别。

② 识别砌体墙的基本流程分为几步？分别是什么？

③ 如何套取砌体墙清单？砌体墙清单项目特征的描述是什么？

④ 如何新建圈梁构件，并绘制门窗处的素混凝土条带？

⑤ 查看砌体墙钢筋量的方式有哪几种？分别是什么？

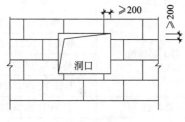

图 3-296

3.5.3.2　门窗洞口工程量计算

(1) 基础知识

1) 门窗洞口的定义　门窗洞口是指在建筑施工图纸说明中表述的洞口尺寸信息，默认为砌体结构预留洞口的尺寸，不含装饰面层，如图 3-297 所示。一般对于砌筑墙的门窗洞口而言，会在砌筑墙体时提前预留门窗洞口的尺寸，如宽和高等，如图 3-298 所示。

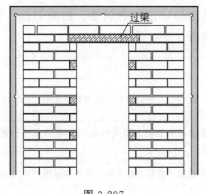

图 3-297

图 3-298

2) 过梁的定义和分类

① 当在墙体上开设门窗洞口时，且墙体洞口大于 300mm 时，为了支撑洞口上部砌体所传来的各种荷载，并将这些荷载传给门窗洞口两边的墙，而在门窗洞口上设置的横梁，称为过梁，如图 3-299 所示。

② 过梁的分类。常见的过梁形式有钢筋砖过梁、砖砌平拱、砖砌弧拱和钢筋混凝土过梁、钢过梁、木过梁等。

a. 钢筋砖过梁。即正常砌筑砖墙时中间夹钢筋的过梁，如图 3-300 所示。但对有较大振动荷载或可能产生不均匀沉降的房屋，不应采用砖砌过梁，而应采用钢筋混凝土过梁。

b. 砖砌平拱、弧拱。其多用于洞口宽度小于 1m 的门窗洞口，如图 3-301、图 3-302 所示。

c. 钢筋混凝土过梁。常用的过梁构件，多为预制构件；有矩形、L 形等形式，宽度同墙厚，高度及配筋根据结构计算确定，两端伸进墙内不小于 250mm，如图 3-303 所示。

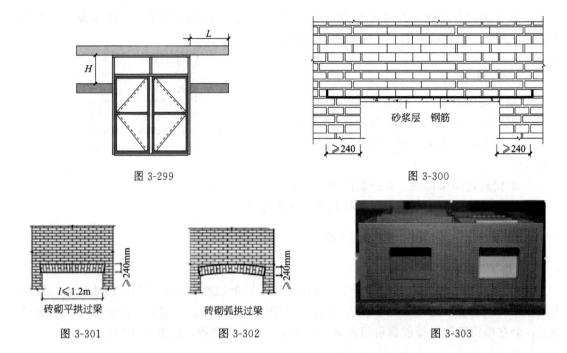

图 3-299 图 3-300

砖砌平拱过梁 砖砌弧拱过梁

图 3-301 图 3-302 图 3-303

3）门窗洞口过梁钢筋在软件中的输入方式 门窗洞口过梁的纵筋、侧面钢筋、箍筋、拉筋的处理方法跟框架梁输入方式完全一致，具体如图 3-304 所示。

钢筋类型	输入格式	说明
上（下）部纵筋	格式1：4C25	数量+级别+直径，有不同的钢筋信息用"+"连接
	格式2：2C22+2C25	
	格式3：4C12 2/2	当存在多样钢筋时，使用斜线"/"将各部分钢筋自上而下分开
	格式4：2C12/2C16	
全部纵筋	4C16 或 2C22	数量+级别+直径，有不同的钢筋信息用"-"连接
侧面钢筋（总配筋值）	格式1：4C16	梁两侧侧面筋的总配筋值
	格式2：C16@100	
箍筋	格式1：12C8（2）	数量+级别+直径+肢数，肢数不输入时按肢数属性中的数据计算
	格式2：12C8@100（2）	数量+级别+直径+@+间距+肢数
	格式3：C8@100（2）	级别+直径+@+间距+肢数
拉筋	格式1：4C16 或 C16	排数+级别+直径，不输入排数时按1排计算
	格式2：4C16@100	排数+级别+直径+@+间距

图 3-304

门窗洞口的识别可以通过"识别门窗洞"命令完成门窗洞口的绘制，对于过梁等相关构件可以直接按照门窗洞口一次性进行布置即可。

（2）门窗洞口的绘制 下面结合专用宿舍楼案例工程介绍识别门窗洞的基本流程：识别门窗表→提取门窗线→提取门窗标识→自动识别。

1）识别门窗表

① 切换到左侧导航栏"门窗洞"页签，在"图纸管理"中，双击"首层建筑平面图"，"首层建筑平面图"添加到绘图工作区域，但前期由于在识别砌体墙过程中已经将门窗边线提取过来，所以需要点击"还原CAD"命令，将已提取的图层进行还原，重新进行提取识别。点击"还原CAD"按钮，左键拉框选中"首层建筑平面图"，选中图纸后点击右键即可还原已提取的图层，在图层管理页签下"CAD原始图层"中即可查看所还原的CAD，如图 3-305 所示。

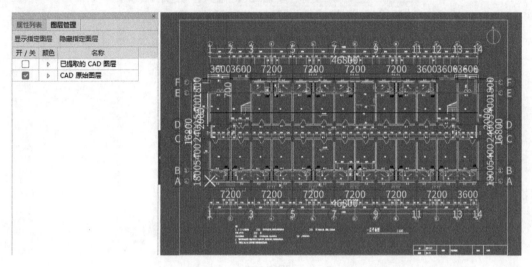

图 3-305

② 切换到图纸"建施-09"中，点击调入门窗表，双击带有门窗表的CAD图纸将其调入绘图工作区。

③ 点击左侧"门窗洞"页签，找到"识别门窗表"功能，软件状态栏会出现"鼠标左键拉框选择门窗表，右键确认选择或 ESC 取消"的操作提示。

④ 鼠标左键拉框选择门窗表，右键确认选择，软件弹出"识别门窗表"窗口，软件自动匹配各个对应列，如图 3-306 所示。

图 3-306

从图 3-306 中可以看到，第 1、4 列未匹配；对于窗而言还需要单独设置离地高度等，具体详见图纸门窗说明信息。

⑤ 删除多余的行和列，添加缺少的行和列。对应列匹配成功后，使用界面中的"删除行"删除多余的行（如第 2、3 行），"删除列"删除多余的列（如第 4、5 列）；如果有些洞口在门窗表中未列出，则可以利用界面上的"插入行"添加构件，也可以利用"插入列"功能添加"离地高度"列等，如图 3-307 所示。

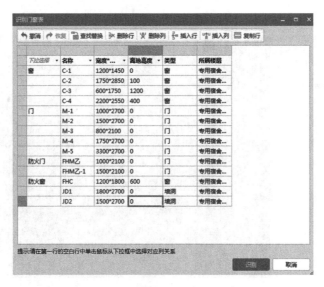

图 3-307

⑥ 点击"确定"，软件识别完成，弹出识别到的门、窗和洞口的数量，如图 3-308 所示。

2）修改门窗离地高度　切换到模块导航栏的"门窗洞"→"窗"→"定义"，调出窗的属性编辑器，依次修改各个窗的离地高度属性。如 C-2 的属性修改如图 3-309 所示，其他窗的属性请读者自行修改。

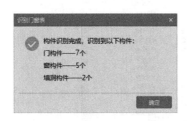

图 3-308

图 3-309

3）识别门窗洞口　识别首层门窗洞口的操作步骤如下。

① 将首层建筑平面图调入绘图工作区，点击模块导航栏"识别门窗洞"按钮，弹出识别门窗洞口的界面。

② 提取门窗边线。点击提示栏上的"提取门窗线"功能，出现图线选择方式对话框，状态栏下方会出现"鼠标左键或按 Ctrl/Alt＋左键选择门窗洞边线，右键确认选择或 ESC 取消"的操作提示，直接左键选择门窗洞边线，右键确认，所有门窗洞边线消失并被保存到"已经提取的 CAD 图层"中。

③ 提取门窗洞标识。点击工具栏"提取门窗洞标识"，按照状态栏的提示，选择任意一个门窗洞的标识，所有门窗洞标识被选中，右键确认选择，所有选中的门窗洞标识从 CAD 图中消失并被保存到"已经提取的 CAD 图层"中。

④ 识别门窗洞。点击"识别门窗洞"→"自动识别门窗洞"，识别完成后弹出如图 3-310 所示的对话框，点击"确定"，结束门窗洞口识别。

4）校核门窗洞口　门窗洞口识别完成之后，需要对识别的门窗构件进行校核，看是否符合图纸中关于门窗洞口的布置要求。直接点击"校核门窗"按钮，弹出校核提示的窗口，如图 3-311 所示。对于存在问题的门窗洞构件，可以通过"点"命令或者点击"精确布置"按钮进行绘制，具体操作如下。

图 3-310

图 3-311

点击"精确布置"功能，在下方状态栏会提示"在墙上设置参考点。右键或 ESC 退出命令"；直接点击左键在砌体墙上设置参考点，输入偏移值；右键确定即可布置门窗洞口，如图 3-312 所示。点绘制相对比较简单，这里不再做赘述。

二层门窗洞口的识别方式与首层门窗洞口的方法一致，识别完成后对于个别存在问题的位置，为了计算的准确性，将其删除后，再点画布置即可，具体过程不再赘述。

（3）过梁的绘制　过梁构件是依附于门窗洞口而存在的，所以在软件中直接进行过梁绘制即可，具体的操作如下。

1）定义、新建过梁构件　切换到左侧导航栏"过梁"构件页签下，在构件列表中点击"新建"按钮，直接点击"新建矩形过梁"，根据图纸输入过梁的钢筋属性信息，如图 3-313 所示。

图 3-312

图 3-313

2）绘制过梁构件　过梁构件新建完成后，可以在根据图纸中要求的门窗洞口处布置过梁构件，过梁构件布置有三种方式，分别为"点""智能布置""生成过梁"，具体的操作如下。

① 点绘制是直接在门窗洞口处手动布置过梁的方式，选择"点"命令后，直接左键选择门窗洞口即可布置过梁构件。

② 智能布置是针对不同门窗洞口快速布置过梁的一种方式，可以按照"门窗洞口宽度""壁龛""飘窗"等进行布置，如图 3-314 所示；点击"门窗洞口宽度"按钮，会弹出"按门窗洞口宽度布置过梁"对话框，勾选默认布置的位置，设置门窗洞口的宽度为"0≤洞口宽度（mm）≤1500"；确定之后即可完成过梁的快速布置，其他门窗洞口的方法基本一致，对其分别进行设置即可，如图 3-315 所示。

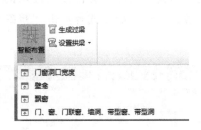

图 3-314

图 3-315

③ 生成过梁是根据图纸结构设计说明给出的过梁的钢筋信息，软件可以统一设置门窗洞口宽度、过梁的钢筋信息等参数，一次性生成所有门窗过梁的方式，如图 3-316 所示，填写完后点击"确定"，可以全楼层统一生成过梁构件，如图 3-317 所示。

图 3-316

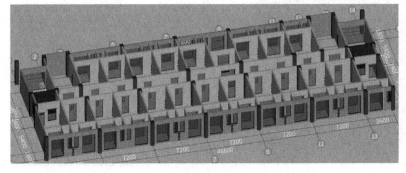

图 3-317

图纸中涉及的门窗洞口、过梁主要信息见表 3-18。

表 3-18　门窗信息表

类别	名称	规格（洞口尺寸）		离地高度 /mm	门窗数量	备注
		宽/mm	高/mm			
窗	C-1	1200	1450	0	4	墨绿色塑钢窗、中空玻璃
	C-2	1750	2850	100	48	墨绿色塑钢窗、中空安全玻璃
	C-3	600	1750	1200	46	墨绿色塑钢窗、中空玻璃
	C-4	2200	2550	400	4	墨绿色塑钢窗、中空安全玻璃
门	M-1	1000	2700	0	40	塑钢门
	M-2	1500	2700	0	4	塑钢门
	M-3	800	2100	0	40	塑钢门
	M-4	1750	2700	0	44	墨绿色塑钢、中空安全玻璃门，详见建施-09
	M-5	3300	2700	0	2	墨绿色塑钢、中空安全玻璃门，详见建施-09
防火门	FHM 乙	1000	2100	0	2	乙级防火门
	FHM 乙-1	1500	2100	0	2	乙级防火门
防火窗	FHC	1200	1800	600	2	乙级防火窗（距地 600mm）

（4）门窗洞口、过梁构件做法套用　门窗洞口、过梁构件绘制好后，需要进行做法套用，才能计算对应清单、定额工程量。

1）工程量清单和定额计算规则

① 门窗清单计算规则见表 3-19。

表 3-19　门窗清单计算规则

编号	项目名称	单位	计算规则
010802001	金属（塑钢）门	m²	1. 以"樘"计量，按设计图示数量计算； 2. 以"m²"计量，按设计图示洞口尺寸以面积计算
010802003	钢质防火门	m²	
010807001	金属（塑钢、断桥）窗	m²	
010807002	金属防火窗	m²	

② 门窗定额计算规则见表 3-20。

表 3-20　门窗定额计算规则

编号	项目名称	单位	计算规则
8-45	塑钢成品门安装 推拉	m²	按设计图示洞口尺寸以面积计算
8-46	塑钢成品门安装 平开	m²	
8-48	钢质防火门安装	m²	
8-117	塑钢成品窗安装 推拉	m²	按设计图示洞口尺寸以面积计算
8-118	塑钢成品窗安装 平开	m²	
8-120	塑钢窗纱扇安装 推拉	m²	按设计图示扇外围面积计算
8-124	防火窗	m²	按设计图示洞口尺寸以面积计算

③ 过梁清单计算规则见表 3-21。

表 3-21 过梁清单计算规则

编号	项目名称	单位	计算规则
010503005	过梁	m³	按设计图示尺寸以体积计算，伸入墙内的梁头、梁垫并入梁体积内
011702009	过梁模板	m²	按模板与现浇混凝土构件的接触面积计算

④ 过梁定额计算规则见表 3-22。

表 3-22 过梁定额计算规则

编号	项目名称	单位	计算规则
5-10	现浇混凝土过梁	m³	按设计图示尺寸以体积计算
5-140	过梁复合模板	m²	过梁按模板与现浇混凝土构件的接触面积计算

2）清单套取

① 在"建模"模块下"通用操作"页签中点击"定义"功能，选中对应构件列表新建好的门窗洞构件。

② 选中门构件"M-1"，左键双击弹出"定义"界面，切换到"构件做法"下方，套取相应的门窗洞清单，点击"查询清单库"页签，弹出清单列表，在清单列表中点击"门窗工程"，后双击"010802001"，名称为"金属（塑钢）门"，单位为"m²"，此为清单项目金属（塑钢）门，将其添加到做法表。

过梁构件清单的添加方法基本一致，这里不再赘述。

3）描述门窗清单项目特征并套用定额　根据《房屋建筑与装饰工程工程量计算规范》（GB 50854—2013）规定的门窗清单项目特征需描述门窗的代号及洞口尺寸、门框、门扇的材质等几项内容。在《浙江省房屋建筑与装饰工程预算定额》（2018 版）中对于门窗套项明确要求：以"m²"计量，按设计图示洞口尺寸以面积计算。因此需要描述清单的项目特征内容。

① 点击清单行，点击工具栏上的"项目特征"。

② 在项目特征列表中添加"M-1"，门窗洞口尺寸的特征值为"1000×2700"，门窗材质的特征值为"金属（塑钢）门"，填写完成后的门窗表的项目特征如图 3-318 所示。也可通过点击清单对应的项目特征列，再点击三点按钮，弹出"编辑项目特征"对话框，填写特征值，然后点击"确定"，如图 3-319 所示。

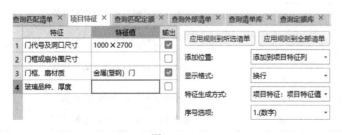

图 3-318

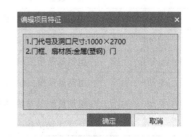

图 3-319

③ 点击"查询定额库"页签，在对话框的左边列点击"门窗工程"；在定额列表中双击"8-46"定额子目，将其添加到清单"010802001"项下，如图 3-320 所示。

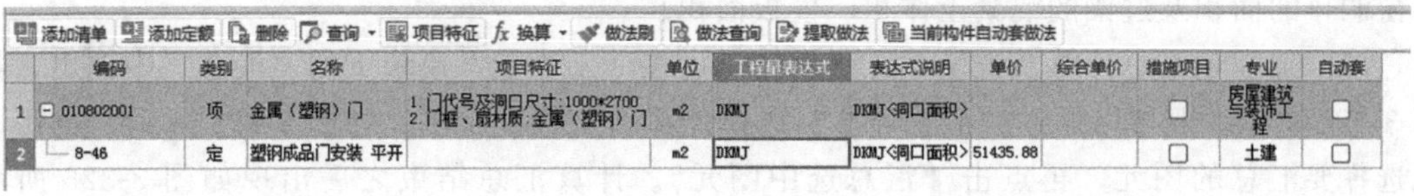

图 3-320

过梁构件及模板做法套用跟门窗洞口做法套取一致，如图 3-321 所示，这里不再做过多赘述。

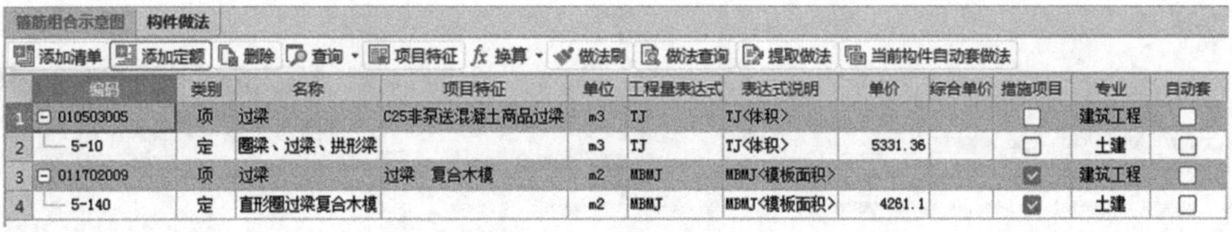

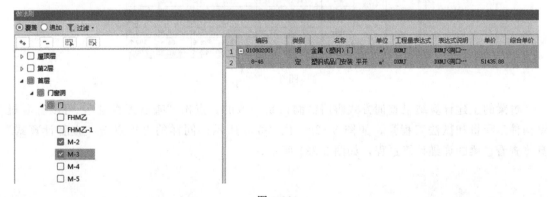

图 3-321

4）"做法刷"复用到其他门窗洞口及过梁构件　将有门窗洞的清单项目及定额子目套用好之后，可使用"做法刷"功能将其做法复用给其他构件。

将门窗洞的清单和定额项目全部选中，如图 3-322 所示，点击"构件做法"菜单栏中的"做法刷"，此时软件弹出"做法刷"对话框，界面左端出现可供选择的构件名称，还可以选择按"覆盖"或"追加"的添加方式，如图 3-323 所示；门窗洞口做法复制过来后，需根据门窗表信息对门窗洞口尺寸单独选中之后进行修改即可，方法跟前面的输入方式一致，这里不再做过多赘述。

图 3-322

图 3-323

过梁构件的清单"做法刷"复用方法跟门窗洞洞口方法一致，这里不再做过多赘述。

如此，将所有的门窗洞口、过梁构件都套用相应的做法，可以计算钢筋量，也可以计算门窗洞口的面积及过梁的混凝土体积、模板面积。

（5）工程量汇总计算及查量　工程量计算可在"工程量"模块下的"汇总"中调出，如图 3-324 所示。既可以通过"汇总计算"选择计算的工程量范围，如图 3-325 所示，也可以先选择要汇总的图元，再点击"汇总选中图元"。计算汇总结束之后出现如图 3-326 所示页面。

图 3-324

图 3-325

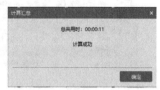

图 3-326

土建计算结果有两种查量方式，以图纸首层建筑平面图中的门窗洞工程量为例，点击"工程量"模块→"土建计算结果"→"查看工程量"，"构件工程量"如图 3-327 所示，点击门窗洞口构件，选择"做法工程量"，如图 3-328 所示。

查看构件图元工程量

构件工程量　做法工程量

◉ 清单工程量　○ 定额工程量　☑ 显示房间、组合构件量　☑ 只显示标准层单层量

| | 楼层 | 洞口面积 | 名称 | 工程量名称 | | | | |
				洞口面积（m2）	框外围面积（m2）	数量（樘）	洞口三面长度（m）	洞口宽度（m）	洞口高度（m）
1	首层	1.68	M-3	35.28	35.28	21	105	16.8	44.1
2			小计	35.28	35.28	21	105	16.8	44.1
3		2.1	FHM乙	4.2	4.2	2	10.4	2	4.2
4			小计	4.2	4.2	2	10.4	2	4.2
5		2.7	M-1	51.3	51.3	19	121.6	19	51.3
6			小计	51.3	51.3	19	121.6	19	51.3
7		3.15	FHM乙-1	6.3	6.3	2	11.4	3	4.2
8			小计	6.3	6.3	2	11.4	3	4.2
9		4.05	M-2	8.1	8.1	2	13.8	3	5.4
10			小计	8.1	8.1	2	13.8	3	5.4
11		4.725	M-4	94.5	94.5	20	143	35	54
12			小计	94.5	94.5	20	143	35	54
13		8.91	M-5	17.82	17.82	2	17.4	6.6	5.4
14			小计	17.82	17.82	2	17.4	6.6	5.4
15		小计		217.5	217.5	68	422.6	85.4	168.6
16		合计		217.5	217.5	68	422.6	85.4	168.6

图 3-327

过梁的土建计算结果查询方式跟门窗洞口是一致的。点击"查看工程量"，可以查看过梁构件工程量和做法工程量，如图 3-329、图 3-330 所示；同样的也可点击"查看计算式"具体查看过梁的详细计算过程，如图 3-331 所示。

查看构件图元工程量

构件工程量　| 做法工程量 |

	编码	项目名称	单位	工程量	单价	合价
1	010802001	金属（塑钢）门	m2	59.4		
2	8-46	塑钢成品门安装 平开	100m2	0.594	51435.88	30552.9127
3	010802001	金属（塑钢）门	m2	35.28		
4	8-46	塑钢成品门安装 平开	100m2	0.3528	51435.88	18146.5785
5	010802001	金属（塑钢）门	m2	94.5		
6	8-46	塑钢成品门安装 平开	100m2	0.945	51435.88	48606.9066
7	010802001	金属（塑钢）门	m2	17.82		
8	8-45	塑钢成品门安装 推拉	100m2	0.1782	38940.97	6939.2809
9	010802003	钢质防火门	m2	4.2		
10	8-48	钢质防火门安装	100m2	0.042	111450.79	4680.9332
11	010802003	钢质防火门	m2	6.3		
12	8-48	钢质防火门安装	100m2	0.063	111450.79	7021.3998

图 3-328

查看构件图元工程量

构件工程量　| 做法工程量 |

◉ 清单工程量　○ 定额工程量　☑ 显示房间、组合构件量　☑ 只显示标准层单层量

	楼层	混凝土强度等级	名称	工程量名称						
				体积（m3）	模板面积（m2）	数量（个）	长度（m）	宽度（m）	高度（m）	模板面积（按含模量）（m2）
1	首层	C25	GL-1	2.6436	45.182	72	126	12.2	8.64	35.0804
2			GL-2	0.009	0.21	1	0.999	0.2	0.05	0.1194
3			小计	2.6526	45.392	73	126.999	12.4	8.69	35.1998
4		小计		2.6526	45.392	73	126.999	12.4	8.69	35.1998
5	合计			2.6526	45.392	73	126.999	12.4	8.69	35.1998

图 3-329

查看构件图元工程量

构件工程量　| 做法工程量 |

	编码	项目名称	单位	工程量	单价	合价
1	010503005	过梁	m3	2.6526		
2	5-10	圈梁、过梁、拱形梁	10m3	0.26526	5331.36	1414.1966
3	011702009	过梁	m2	45.392		
4	5-140	直形圈过梁复合木模	100m2	0.45392	4261.1	1934.1985

图 3-330

　　钢筋计算结果可以通过"查看钢筋量""编辑钢筋"两种方式来查看。但需注意，图纸中对于门窗洞口并未给出"门窗洞口加强筋"等相关钢筋信息，所以在这里不需要对门窗洞口的钢筋信息进行查看。

　　对于过梁构件的钢筋量可以通过"查看钢筋量""编辑钢筋"两种方式来查看。需注意，过梁构件目前不支持"钢筋三维"查看。切换到左侧导航栏"过梁（G）"页签，选中过梁 GL1；点击"工程量"模块→"钢筋计算结果"→"查看钢筋量"，可以看到过梁 GL1 在首层的钢筋总重量和不同级别、不同直径钢筋重量，如图 3-332、图 3-333 所示。

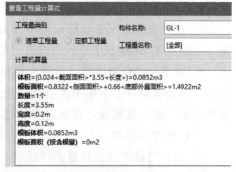

查看工程量计算式

工程量类别		构件名称：	GL-1
◉ 清单工程量　○ 定额工程量		工程量名称：	[全部]

计算机算量

体积=(0.024<截面面积>*3.55<长度>)=0.0852m3
模板面积=0.8322<侧面面积>+0.66<底部外露面积>=1.4922m2
数量=1个
长度=3.55m
宽度=0.2m
高度=0.12m
模板体积=0.0852m3
模板面积（按含模量）=0m2

图 3-331

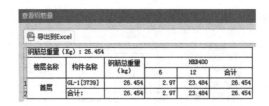

图 3-332

图 3-333

两种查量方式各有特色，可以根据需要选用。

（6）总结拓展

1）归纳总结　本节主要介绍了关于识别门窗洞的操作流程及步骤。介绍了在识别门窗洞过程中对于图纸中的门窗洞标注如何快速识别的方法，以及对于门窗校核问题部分如何进行手动布置的常见处理方法。介绍了关于过梁构件的几种新建方式，以及依附于门窗洞如何快速进行过梁的智能布置。介绍了关于门窗洞及过梁构件如何进行做法的相关套取，以及如何描述构件清单做法项的项目特征。分析了对于相同构件做法如何进行快速做法刷的应用和清单项目特征的准确修改。介绍了汇总计算和查看土建工程量、查看钢筋工程量的几种方法。

2）拓展延伸

① 软件中对于门窗洞口的离地高度都是按照结构标高进行计算，但实际在布置过程中一般是按照建筑标高进行设置。所以就会涉及建筑标高和结构标高的换算，需要在新建构件过程中对门窗构件的属性信息进行及时的修改。

② 门窗洞口在布置过程中需注意门窗洞的离地高度，一般在建筑立面图中可以看到门窗的离地高度信息，直接修改门窗构件的属性信息即可，门窗洞的布置可以采用"点""精确布置"等方式灵活进行处理。

③ 过梁构件的布置和框架梁布置方法基本一致，但过梁构件在汇总计算之后，不能进行"钢筋三维"，需在汇总界面点击"编辑钢筋""查看钢筋量"进行工程量的查询。

④ 对于构造柱的绘制，软件中提供自动生成的功能，在左侧导航栏"构造柱（Z）"页签下，双击建模页签下菜单栏右侧"生成构造柱"功能，即可生成对应构造柱图元，操作方法跟过梁一致，这里就不再做过多赘述，设置如图 3-334 所示。

（7）思考与练习

① 识别门窗表的流程是怎样的？

② 识别门窗洞口的流程是怎样的？

③ 门窗表中洞口宽度或高度有错误如何进行修改？有几种修改方法？

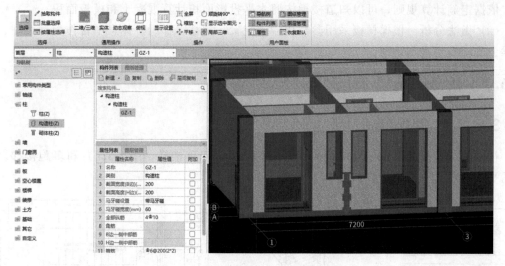

图 3-334

④ 如何将一层的门窗洞口构件复制到二层？

⑤ 完成首层过梁构件的快速布置及过梁清单做法的套取。

3.6 BIM 楼梯工程工程计量

学习目标

1. 能够使用参数化输入正确定义，并绘制楼梯；
2. 能够正确套用楼梯构件的清单项目和定额子目；
3. 能够使用表格输入法计算楼梯梯板钢筋量。

学习要求

1. 具备相应楼梯构件钢筋平法知识，能读懂图纸；
2. 了解楼梯构件的施工工艺；
3. 熟悉楼梯构件的工程量清单和定额计算规则。

3.6.1 任务说明

① 完成案例《BIM算量一图一练》中的专用宿舍楼图纸中楼梯构件的工程量计算；
② 完成专用宿舍楼楼梯构件的清单项目和定额子目套用。

3.6.2 任务分析

（1）图纸分析 分析专用宿舍楼工程图纸建施-07、建施-08、结施-11及各层平面图可知，本工程有2部楼梯，即位于②轴～③轴与⑫轴～⑬轴交Ⓓ轴～Ⓕ轴间的1号、2号楼梯，楼梯从一层开始到机房层；可知梯板类型为AT1型，梯板厚度120mm以及配筋、梯板长度、宽度、高度等信息；可知楼梯梯板、梯柱、梯梁、休息平台的位置关系。

依据定额计算规则，可以知道楼梯按照水平投影面积计算混凝土和模板面积。

（2）做法分析　楼梯梯板采用参数化输入定义，梯柱、梯梁、休息平台作为框架柱、框架梁、现浇板定义和绘制。

3.6.3　任务实施

3.6.3.1　基础知识

楼梯的形式按梯段可分为单跑楼梯（图 3-335）、双跑楼梯（图 3-336）和多跑楼梯。梯段的平面形状有直线、折线和曲线。

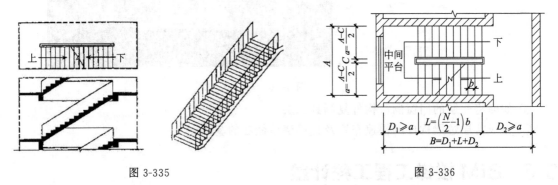

图 3-335　　　　　　　　　　　　　　　　　　　图 3-336

单跑楼梯最为简单，适合于层高较低的建筑；双跑楼梯最为常见，有双跑直上、双跑曲折、双跑对折（平行）等形式，适用于一般民用建筑和工业建筑；三跑楼梯有三折式、丁字式、分合式等，多用于公共建筑；剪刀楼梯是由一对方向相反的双跑平行梯组成，或由一对互相重叠而又不连通的单跑直上梯构成，剖面呈交叉的剪刀形，能同时通过较多的人流并节省空间；螺旋转梯是以扇形踏步支撑在中立柱上，虽行走欠舒适，但节省空间，适用于人流较少、使用不频繁的场所；圆形、半圆形、弧形楼梯，由曲梁或曲板支撑，踏步略呈扇形，形式多样，造型活泼，富有装饰性，适用于公共建筑。

3.6.3.2　楼梯工程量计算

楼梯可以按照水平投影面积布置，也可以绘制参数化楼梯，本案例工程按照参数化布置，其目的是方便计算楼梯底面抹灰等装修工程的工程量。

（1）新建楼梯构件　本工程以专用宿舍楼图纸为例，重点介绍楼梯构件的绘制流程。

切换到软件左侧模块导航栏"楼梯"模块下，点击"楼梯（R）"，点击"新建参数化楼梯"，如图 3-337 所示；选择"标准双跑 1"，单击"确定"按钮进入"选择参数化图形"对话框，如图 3-338 所示；按照结施-11 中的数据更改右侧绿色的字体，编辑完参数后单击"保存退出"即可，如图 3-339 所示。

（2）定义楼梯属性　根据案例图纸中给出的楼梯信息，在软件中修改对应楼梯的属性，如图 3-340 所示。但需要注意以下内容。

① 建筑图中楼梯给出的标高为建筑标高，软件中默认定义时是按照结构标高计算，需要在软件定义时将楼梯建筑标高调整为结构标高。

② 楼梯参数输入完成后，可以点击"属性编辑器"中的"参数图"按钮，弹出"参数图"的窗口，可以对楼梯的参数信息进行修改，如图 3-341 所示。

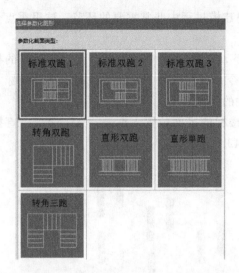

图 3-337

图 3-338

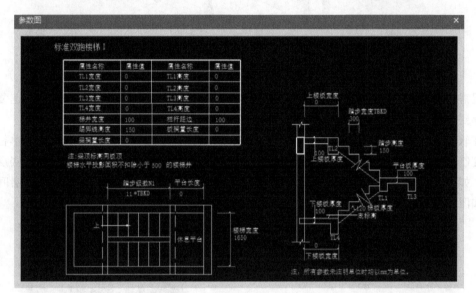

图 3-339

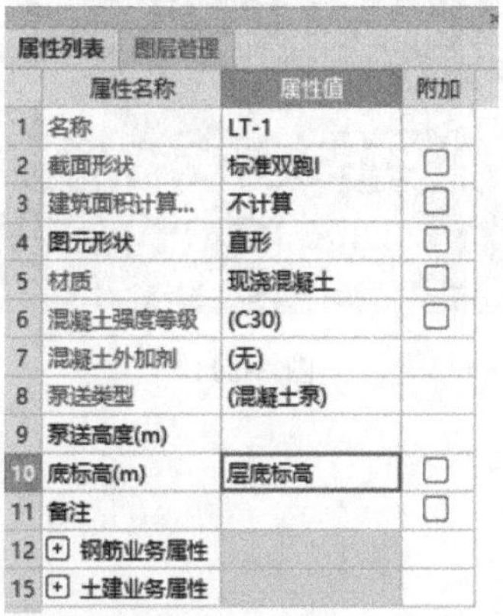

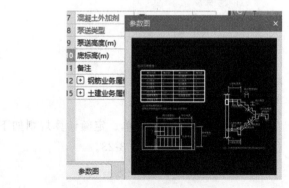

图 3-340

图 3-341

（3）楼梯绘制　楼梯构件的绘制是在土建建模过程中非常重要的环节，这里重点介绍一下楼梯绘制的基本方法。

① 切换到软件左侧导航栏"楼梯"模块下，点击"楼梯（R）"，点击新建好的楼梯构件"LT-1"，点击软件菜单栏上方的"点"命令；根据软件下方状态栏提示"按鼠标左键指定插入点，鼠标右键确认"即可进行楼梯构件的绘制。

② 在图纸管理"一层平面图"中，找到楼梯的平面位置，点击"点"命令，直接按照对应图纸平面位置完成楼梯的绘制，如图 3-342 所示。

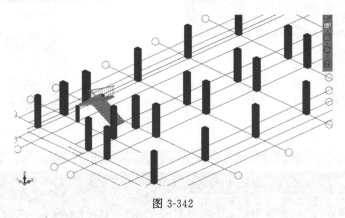

图 3-342

但需注意的是，一层楼梯构件绘制完成后，可以利用"复制到其它层"按钮快速复制一层楼梯到其他楼层，完成楼层间楼梯的绘制，具体操作如下。

在软件左侧导航栏"楼梯"页签下，找到绘制好的"楼梯"图元，点击软件菜单栏上方的"复制到其它层"按钮，选中需要复制的"楼梯"构件，弹出"复制图元到其它楼层"的窗口，如图 3-343 所示；勾选需要复制的楼层打钩，点击"确定"即可完成其他楼层间的复制，如图 3-344 所示。

图 3-343

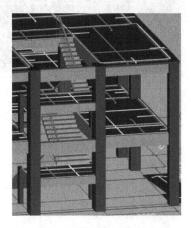

图 3-344

（4）做法套用　工程量清单、定额计算规则如下。

① 楼梯清单计算规则见表 3-23。

表 3-23　楼梯清单计算规则

编号	项目名称	单位	计算规则
010506001	直形楼梯	m²	按设计图示尺寸以水平投影面积计算,不扣除宽度≤500mm 的楼梯井,伸入墙内部分不计算
011702024	楼梯	m²	按楼梯(包括休息平台、平台梁、斜梁和楼层板的连接梁)的水平投影面积计算,不扣除宽度≤500mm 的楼梯井所占面积,楼梯踏步、踏步板、平台梁等侧面模板不另计算,伸入墙内部分亦不计算
011106001	石材楼梯面层	m²	按设计图示尺寸以楼梯(包括踏步、休息平台及 500mm 以内的楼梯井)水平投影面积计算。楼梯与楼地面相连时,算至梯口梁内侧边沿,无梯口梁者,算至最上一层踏步边沿加 300mm
011105002	石材踢脚线	m²	1. 以"m²"计量,设计图示长度乘高度以面积计算; 2. 以"m"计量,按延长米计算
011503001	金属扶手、栏杆、栏板	m	按设计图示尺寸以扶手中心线长度(包括弯头长度)计算

② 楼梯定额计算规则见表 3-24。

表 3-24　楼梯定额计算规则

编号	项目名称	单位	计算规则
5-24	现浇混凝土直形楼梯	m²	楼梯(包括休息平台、平台梁、斜梁及楼梯与楼面的连接梁)按设计图示尺寸以水平投影面积计算,不扣除宽度小于 500mm 的楼梯井,伸入墙内部分不计算。当整体楼梯与现浇楼板无梯梁连接时,以楼梯段最上一级边沿加 300mm 为界。与楼梯休息平台脱离的平台梁按梁或圈梁计算。直形楼梯与弧形楼梯相连者,直形、弧形应分别计算套相应定额
5-170	现浇混凝土模板　楼梯　直形	m²	现浇混凝土楼梯(包括休息平台、平台梁、楼梯段、楼梯与楼层板连接的梁)按水平投影面积计算。不扣除宽度小于 500mm 的楼梯井所占面积,楼梯的踏步、踏步板、平台梁等侧面模板不另行计算,伸入墙内部分亦不增加。当整体楼梯与现浇楼板无梯梁连接时,以楼梯的最上一级踏步边沿加 300mm 为界
11-31	块料面层 石材楼梯面	m²	楼梯面层按设计图示尺寸以楼梯(包括踏步、休息平台及 500mm 以内的楼梯井)水平投影面积计算。楼梯与楼地面相连时,算至梯口梁外侧边沿;无梯口梁者,算至最上一层踏步边沿加 300mm
11-96	踢脚线 石材	m²	楼梯靠墙踢脚线(含锯齿形部分)贴块料按设计图示面积计算
15-82	不锈钢栏杆 不锈钢管栏杆	m	扶手、栏杆、栏板、成品栏杆(带扶手)均按其中心线长度计算,不扣除弯头长度。如遇木扶手、大理石扶手为整体弯头时,扶手消耗量需扣除整体弯头的长度,设计不明确者,每只整体弯头按 400mm 扣除

楼梯构件做法套用跟前面的框架柱、梁的方法是一致的,这里不再做过多赘述,套取结果如图 3-345 所示。

编号	类别	名称	项目特征	单位	工程量表达式	表达式说明	单价	综合单价
1	010506001	项	直形楼梯	C30现浇商品泵送混凝土直行楼梯	m²	TYMJ	TYMJ〈水平投影面积〉		
2	5-24	定	楼梯直形		m²	TYMJ	TYMJ〈水平投影面积〉	1303.45	
3	011702024	项	楼梯	直行楼梯，复合木模	m²	TYMJ	TYMJ〈水平投影面积〉		
4	5-170	定	楼梯直形复合木模		m²(水平投影面积)	TYMJ	TYMJ〈水平投影面积〉	1271.34	
5	011106001	项	石材楼梯面层	1.花岗岩面层 2.1:2的水泥砂浆结合层 3.防滑铜条	m²	TYMJ	TYMJ〈水平投影面积〉		
6	11-31	定	石材楼地面干混砂浆铺贴		m²	TYMJ	TYMJ〈水平投影面积〉	20626.79	
7	11-149	定	楼梯、台阶踏步防滑铜嵌条4×6		m	FHTCD	FHTCD〈防滑条长度〉	2387.6	
8	011105002	项	石材踢脚线	1.花岗岩面层 2.1:2的水泥砂浆结合层	m²	TJXMMJ	TJXMMJ〈踢脚线面积（斜）〉		
9	11-96	定	石材干混砂浆铺贴		m²	TJXMMJ	TJXMMJ〈踢脚线面积（斜）〉	22131.7	
10	011503001	项	金属扶手、栏杆、栏板	不锈钢扶手栏杆	m	LGCD	LGCD〈栏杆扶手长度〉		
11	15-82	定	不锈钢栏杆不锈钢管扶手		m	LGCD	LGCD〈栏杆扶手长度〉	2039.04	

图 3-345

（5）楼梯工程量汇总计算及查量　所有楼梯构件绘制完成后，需要进行各层楼梯工程量的查询，查询方法跟前面主体结构构件的方法一致，这里不再做过多赘述，具体结果如图 3-346 所示。

	编码	项目名称	单位	工程量	单价	合价
1	010506001	直形楼梯	m2	19.994		
2	5-24	楼梯直形	10m2	1.9994	1303.45	2606.1179
3	011702024	楼梯	m2	19.994		
4	5-170	楼梯直形复合木模	10m2(水平投影…)	1.9994	1271.34	2541.9172
5	011106001	石材楼梯面层	m2	19.994		
6	11-31	石材楼地面干混砂浆铺贴	100m2	0.19994	20626.79	4124.1204
7	11-149	楼梯、台阶踏步防滑铜嵌条4×6	100m	0.396	2387.6	945.4896
8	011105002	石材踢脚线	m2	2.3879		
9	11-96	石材干混砂浆铺贴	100m2	0.023879	22131.7	528.4829
10	011503001	金属扶手、栏杆、栏板	m	8.6498		
11	15-82	不锈钢栏杆不锈钢管扶手	10m	0.86498	2039.04	1763.7288

图 3-346

3.6.3.3　表格输入法计算楼梯梯板钢筋量

通过"表格输入"功能运用参数输入法完成所有层楼梯的钢筋量计算。

本工程以一层结构图纸中"1 号楼梯"为例，参考结施-11 及建施-08，读取梯板的相关信息，如梯板厚度、钢筋信息及楼梯具体位置。

楼梯构件钢筋在软件中是不能直接进行处理的，需要在"表格输入"中按照参数化计算梯板的工程量；对于梯梁、平台板、梯柱在软件中钢筋计算的方法和框架梁、现浇板、框架柱一致。这里重点介绍关于"梯板"钢筋的处理方法。

① 切换软件菜单栏上方到"工程量"模块下，找到"表格输入"按钮，如图 3-347 所示。

图 3-347

② 点击"表格输入"按钮，会弹出"表格输入"对话框，切换到"钢筋"页签下，点击新建构件功能，添加"AT1"梯板构件，在属性中输入梯板构件的数量为"4"，如图 3-348 所示。

③ 新建梯板构件"AT1"后，单击软件右上方

"参数输入"按钮，在弹出的"图集列表"中，选择相应的楼梯类型，如图 3-349 所示；在图集列表右侧对应窗口中按照结构图纸要求输入对应楼梯的钢筋参数，如图 3-350 所示；输入完成之后，点击"计算保存"按钮，即可自动计算楼梯梯板的钢筋工程量，并且在下方的表格框中会显示梯板钢筋的计算明细，如图 3-351 所示。

图 3-348

图 3-349

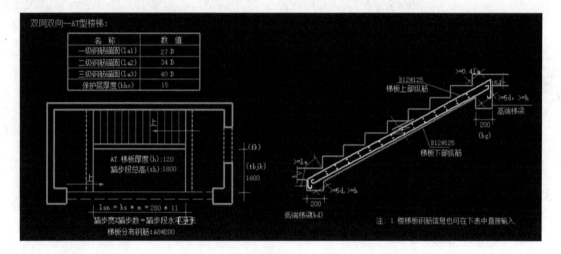

图 3-350

图 3-351

④ 楼梯钢筋工程量汇总计算及查量。楼梯钢筋汇总计算完成后，可以点击软件菜单栏

上方的"查看报表"按钮，点击"设置报表范围"，会弹出"设置报表范围"对话框，如图 3-352 所示，切换到"表格输入"页签下，勾选对应楼层，如图 3-353 所示。

图 3-352

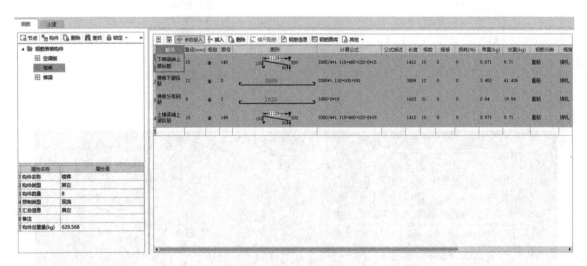

图 3-353

3.6.4　总结拓展

3.6.4.1　任务总结

本节主要介绍了关于首层楼梯构件的新建及绘制，介绍了在楼梯构件的绘制过程中如何新建及修改属性信息，以及如何快速进行楼层间构件的快速复制等流程。介绍了如何进行楼梯做法的套取及汇总计算、查看楼梯土建工程量的方法。介绍了表格输入功能如何计算楼梯钢筋的操作流程，以及对于梯梁、休息平台和梯柱钢筋如何计算的方法。介绍了梯板钢筋在软件中如何进行钢筋工程量明细的查询方法。

3.6.4.2　拓展延伸

（1）组合楼梯的绘制　组合楼梯就是楼梯构件由单个构件新建完成后，进行组合绘制楼梯的一种方法，每个单个构件都要单独定义、单独绘制，具体操作流程如下。

1）组合楼梯构件定义

①直形梯段定义。切换到软件左侧导航栏"楼梯"页签下，找到"直形梯段"构件，单击"新建直形梯段"，在"属性列表"中将图纸中楼梯的参数信息输入，如图 3-354 所示。

②休息平台构件的定义。楼梯休息平台板的定义跟现浇板的方法一致，这里不再做过多赘述，具体结果如图 3-355 所示。

③梯梁构件的定义。楼梯梯梁构件的定义跟框架梁的方法一致，这里不再做过多赘述，具体结果如图 3-356 所示。

	属性名称	属性值	附加
1	名称	ZLT-1	
2	梯板厚度(mm)	120	☐
3	踏步高度(mm)	150	☐
4	踏步总高(mm)	1800	☐
5	建筑面积计算...	不计算	☐
6	材质	现浇混凝土	☐
7	混凝土类型	(普通混凝土)	☐
8	混凝土强度等级	(C30)	☐
9	混凝土外加剂	(无)	
10	泵送类型	(混凝土泵)	
11	泵送高度(m)	1.75	
12	底标高(m)	-0.05	☐
13	备注		☐
14	⊕ 钢筋业务属性		
17	⊕ 土建业务属性		
20	⊕ 显示样式		

图 3-354

	属性名称	属性值	附加
1	名称	PTB1	
2	厚度(mm)	100	☐
3	类别	平板	☐
4	是否是楼板	是	☐
5	材质	现浇混凝土	☐
6	混凝土类型	(普通混凝土)	☐
7	混凝土强度等级	(C30)	☐
8	混凝土外加剂	(无)	
9	泵送类型	(混凝土泵)	
10	泵送高度(m)	1.75	
11	顶标高(m)	1.75	☐
12	备注		☐
13	⊕ 钢筋业务属性		
24	⊕ 土建业务属性		
31	⊕ 显示样式		

图 3-355

	属性名称	属性值	附加
1	名称	TL1	
2	结构类别	非框架梁	☐
3	跨数量		☐
4	截面宽度(mm)	200	☐
5	截面高度(mm)	400	☐
6	轴线距梁左边...	(100)	☐
7	箍筋	Φ8@100/200(2)	☐
8	肢数	2	
9	上部通长筋	2Φ14	
10	下部通长筋	4Φ16	
11	侧面构造或受...		
12	拉筋		
13	定额类别	单梁连续梁	
14	材质	现浇混凝土	
15	混凝土类型	(普通混凝土)	
16	混凝土强度等级	(C30)	
17	混凝土外加剂	(无)	
18	泵送类型	(混凝土泵)	
19	泵送高度(m)	1.75	
20	截面周长(m)	1.2	☐

图 3-356

2）组合楼梯构件的绘制

①梯段的绘制。切换到"一层建筑平面图"中，对于直形梯段可以通过"直线"命令或者"矩形"命令进行绘制，按照图纸位置进行布置即可；布置完成后，需要点击"设置踏步边"按钮，单独设置梯板的踏步边，选择需要设置的梯板的踏步边，如图 3-357 所示；也可以单独设置梯板的踏步的方向。

②休息平台、梯梁的绘制。休息平台、梯梁的绘制可参考现浇板、框架梁等部分，这里不再过多赘述，如图 3-358 所示。

图 3-357

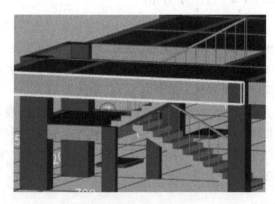

图 3-358

（2）表格输入功能的作用　表格输入不仅可以处理楼梯的钢筋工程量，后期对于一些复杂构件，如集水坑、基础、桩承台等构件也可以通过表格输入进行计算。

对于表格输入的内容，如果不同楼层间存在相同的构件信息，可以通过"复制构件到其它楼层"命令完成构件工程量的计算，方法跟前面的复制方法一致，这里不做过多赘述。

3.6.5　思考与练习

① 楼梯土建工程量基本绘制流程是什么？
② 软件中对于楼梯钢筋如何进行计算？
③ 分别介绍组合楼梯的基本绘制方法。
④ 计取楼梯构件工程量的方法有哪些？

3.7　BIM 装饰工程工程计量

1. 能够正确定义并绘制房间装修构件，计算工程量；
2. 能够正确套用房间装修构件的清单项目和定额子目。

1. 能读懂建筑设计说明中房间装修做法表；
2. 熟悉装修构件的工程量清单和定额计算规则。

3.7.1　任务说明

① 完成装修工程的楼地面、天棚、墙面、踢脚、吊顶的构件定义及做法套用。
② 建立房间单元，添加依附构件并绘制。
③ 汇总计算，统计装修工程的工程量。

3.7.2　任务分析

（1）分析图纸　《BIM算量一图一练》中专用宿舍楼工程涉及的房间装修表信息在图纸建施-02 中已经明确给出，对应的室内装修工程做法表如图 3-359 所示。此处做法是针对浙江地区装修做法。需要根据装修工程做法表建立装修构件，再依据建筑平面图分别绘制不同的房间类型，如图 3-360 所示。

（2）绘制分析　通过点击"按房间识别装修表"按钮，可以将建筑设计说明中的室内装修做法表识别为软件中的装修构件，这个过程实质是相当于快速新建装修构件的过程；再通过建筑平面图中给出的房间平面位置信息，建立房间单元，添加依附构件并绘制到相应房间。

部位 房间名称	地面	楼面	踢脚板	内墙面	顶棚
门厅	大理石地面（楼面） 1. 20mm厚大理石石材 2. 20mm厚干混砂浆结合层，纯水泥浆擦缝 3. 20mm厚干混砂浆找平层 4. 60mm厚C15混凝土垫层 5. 150mm厚碎石夯入土中	4. 现浇钢筋混凝土楼板	大理石踢脚（100mm高） 1. 10～15mm厚大理石石材板(涂防污剂)，纯水泥浆擦缝 2. 15mm厚干混砂浆结合层 3. 基层墙面	白色乳胶漆墙面 1. 白色乳胶漆两遍 2. 批刮腻子两遍 3. 15mm厚干混砂浆抹灰找平 4. 基层墙面	白色乳胶漆顶棚 1. 白色乳胶漆两遍 2. 4mm厚干混砂浆粉面 3. 6mm厚干混砂浆打底扫毛 4. 素水泥浆一道(内掺建筑胶) 5. 现浇钢筋混凝土底板
走廊、阳台、宿舍、楼梯间、管理室	地砖地面（楼面） 1. 600mm×600mm地砖，纯水泥浆擦缝 2. 20mm厚干混砂浆结合层 3. 20mm厚干混砂浆找平层 4. 60mm厚C15混凝土垫层 5. 150mm厚碎石夯入土中	4. 现浇钢筋混凝土楼板	地砖踢脚（100mm高） 1. 10～15mm厚地砖，纯水泥浆擦缝 2. 15mm厚干混砂浆结合层 3. 基层墙面	白色乳胶漆墙面 1. 白色乳胶漆两遍 2. 批刮腻子两遍 3. 15mm厚干混砂浆抹灰找平 4. 基层墙面	白色乳胶漆顶棚 1. 白色乳胶漆两遍 2. 4mm厚干混砂浆粉面 3. 6mm厚干混砂浆打底扫毛 4. 素水泥浆一道(内掺建筑胶) 5. 现浇钢筋混凝土底板

图 3-359

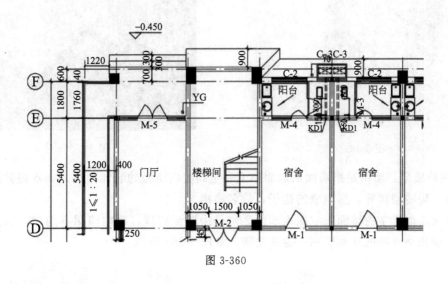

图 3-360

3.7.3　任务实施

3.7.3.1　基础知识

（1）装修的定义　土建装修工程包含室内外装修，如墙柱面抹灰、刮腻子、贴瓷砖等块料装饰，天棚吊顶、踢脚等装饰工程。由于室内外装饰工程的施工顺序存在先后差异，所以在施工过程中的顺序也不一样，具体如下。

主体施工结束、验收合格，即着手室内外装饰施工。原则上先内后外，先室内装饰施工，按楼层分流水段，自下向上、逐层推进；室外装饰按立面自上而下分段施工。

① 室内装饰工程：建筑主体验收合格→内粉刷、门窗框安装→楼地面施工→细木制品及楼梯栏杆、扶手安装→室内涂料、油漆等。

② 室外装饰工程：外墙砌体验收合格→外墙抹灰基层→门窗框安装→外墙面层装饰→门窗扇安装。

（2）装修构件　一般在土建专业中涉及的房间装修构件大致可以分为以下几类，包括楼地面、踢脚、内外墙裙、墙面、天棚和吊顶等构件，对于不同装修构件的做法，其工艺流程各不相同，这里以常见的几种装修构件为例，具体详见下述说明。

① 地砖楼地面。对于地砖楼地面的施工，需在室内粉刷、门窗基本施工完毕，管道已出屋面，楼面施工结束后方可进行。下面以地砖楼地面具体工艺流程为例介绍，如图 3-361 所示。

工艺流程：基层表面清理→测量放线、弹线、湿润→刷水泥素浆→水泥砂浆找平→铺设结合层→贴地砖→勾缝→贴踢脚线。

② 地砖踢脚。踢脚（包括踢脚板、踢脚线）是外墙内侧和内墙两侧与室内地坪交接处的构造。踢脚的主要作用是防潮和保护墙脚，还有防止扫地时污染墙面的作用。踢脚材料一般和地面相同，高度一般在 120～150mm，如图 3-362 所示。

图 3-361

图 3-362

③ 内外墙裙。墙裙是指墙面从地面向上一定高度内所做的装饰面层，如水泥砂浆墙裙、油漆墙裙、瓷砖墙裙等，形似墙的裙子，故名墙裙。

内墙裙类似于室内墙面，它跟内墙面区别是内墙面到顶，而内墙裙不到顶，如图 3-363 所示；外墙裙指外墙的外面墙裙，也称勒脚，如图 3-364 所示。

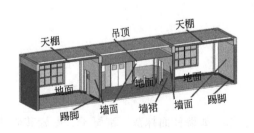

图 3-363

图 3-364

④ 墙面。墙身的外表饰面，分为室内墙面和室外墙面，墙面按墙体类别属性区分，有内墙墙面和外墙墙面之分。若按照构造、材料区分，常见的墙面有抹灰墙面、石材墙面、瓷砖墙面等，如图 3-365、图 3-366 所示。

图 3-365　　　　　　　　　　　　　　　　　图 3-366

⑤ 天棚。指室内空间上部的结构层或装修层，为室内美观及保温隔热的需要，多数设顶棚，把屋面的结构层隐蔽起来，以满足室内使用要求，其又称天花、天棚、平顶，如图 3-367 所示。

⑥ 吊顶。指房屋居住环境的顶部装修的一种装饰，简单说就是指天花板的装饰，是室内装饰的重要部分之一。吊顶具有保温、隔热、隔声、吸声的作用，也是电气、通风空调、通信和防火、报警管线设备等工程的隐蔽层。常见的吊顶材质主要以轻钢龙骨加石膏板居多，如图 3-368 所示。

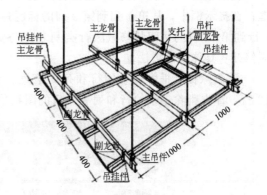

图 3-367　　　　　　　　　　　　　　　　图 3-368

3.7.3.2　房间装修构件绘制

下面结合专用宿舍楼案例工程介绍识别装修表绘制房间装修构件的基本流程，即识别房间装修表→修改装修构件属性→绘制房间装修构件。

（1）识别房间装修表　识别房间装修表的操作步骤如下。

① 切换到左侧导航栏"装修"构件模块下，在"图纸管理"页签中，双击"首层建筑设计说明"图纸，添加到绘图工作区域。

② 双击建施-02 首层建筑设计说明后，找到对应的"室内装修做法表"，拖至对应的识别区域中心。

③ 切换到左侧"装修"页签，找到"按房间识别装修表"功能，软件状态栏出现"鼠标左键框选装修表，右键确认选择或 ESC 取消"的操作提示。

④ 左键拉框选择"室内装修做法表"，右键确认选择，软件弹出"按房间识别装修表"对话框，如图 3-369 所示。

图 3-369

从图 3-369 中可以看到，左键拉框选中室内装修表会弹出"按房间识别装修表"对话框；在提示框中，从第 1 列到第 9 列的标题栏列属性名称跟图纸中识别的信息不相符；从第 1 行到第 11 行的房间装修做法行类别名称与实际图纸做法存在明显不对应，需单独进行相应修改。具体修改方法如下。

① 删除提示框中多余的行和列的信息。分别删除第 2、3、4 列和第 2、4、6、8、10、12 行，即先删除多余的行和列等无效的图纸信息，如图 3-370 所示。

图 3-370

② 对于删除后的"按房间识别装修表"提示框中信息需依据图纸装修做法表进行逐一核对，分别选中不同的装修构件对应标题栏上方属性类别。另外，对于在标题栏对应下方的

不同构件做法需根据图纸进行描述，检查无误后，点击"识别"按钮，如图 3-371 所示。

③ 房间装修表识别完毕，弹出识别到的房间装修构件，如图 3-372 所示。可以看到，房间装修表识别完成后，相当于快速新建装修构件。另外还可以看到，对于不同的房间类型，实质上内部的装修做法是各不相同的。所以识别装修表还可以实现对于不同的房间类型如何快速匹配不同的装修做法，具体操作如下。

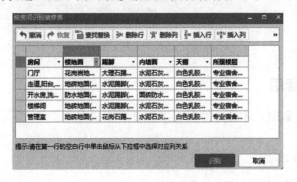

图 3-371　　　　　　　　　　　　　　　　　　图 3-372

切换到左侧导航栏"房间"页签，点击"房间"按钮，即可弹出"定义"的界面。切换不同的房间类型，可以看到不同的房间下对应的装修构件信息，如图 3-373 所示。

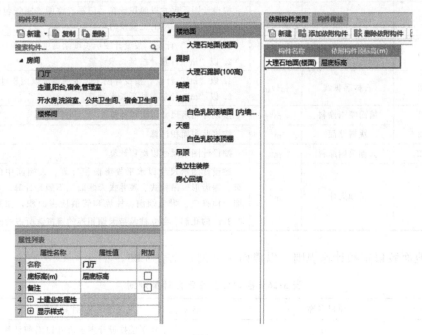

图 3-373

（2）**修改装修构件属性**　以专用宿舍楼房间中"踢脚"为例说明，切换到模块导航栏的"装修"→"踢脚"→"构件列表"，调出踢脚构件的属性编辑器，可以看到软件中踢脚默认的高度为 150mm。但图纸中对于踢脚的高度要求是 100mm，需进行单独修改，如图 3-374、图 3-375 所示。其他类型踢脚构件的属性高度请读者自行修改。

图 3-374   图 3-375

3.7.3.3 房间装修构件做法套用

房间构件绘制好后，需要进行做法套用，才能计算对应工程量清单和定额。

（1）工程量清单和定额计算规则

① 楼地面装修清单计算规则见表 3-25。

表 3-25 楼地面装修清单计算规则

编号	项目名称	单位	计算规则
011102003	块料楼地面	m²	按设计图示尺寸以面积计算。门洞、空圈、暖气包槽、壁龛的开口部分并入相应的工程量内
011102001	石材楼地面	m²	按设计图示尺寸以面积计算。门洞、空圈、暖气包槽、壁龛的开口部分并入相应的工程量内
011105003	块料踢脚线	m²/m	1. 以"m²"计量，按设计图示长度乘高度以面积计算； 2. 以"m"计量，按延长米计算
011105002	石材踢脚线	m²/m	1. 以"m²"计量，按设计图示长度乘高度以面积计算； 2. 以"m"计量，按延长米计算
011407001	墙面喷刷涂料	m²	按设计图示尺寸以面积计算
011204003	块料墙面	m²	按镶贴表面积计算
011407002	天棚喷刷涂料	m²	按设计图示尺寸以面积计算
011302001	吊顶天棚	m²	按设计图示尺寸以水平投影面积计算。天棚面中的灯槽及跌级、锯齿形、吊挂式、藻井式天棚面积不展开计算。不扣除间壁墙、检查口、附墙烟囱、柱垛和管道所占面积，扣除单个大于 0.3m² 的孔洞、独立柱及与天棚相连的窗帘盒所占的面积

② 楼地面装修定额计算规则（以楼面 1 为例）见表 3-26。

表 3-26 楼地面装修定额计算规则

编号	项目名称	单位	计算规则
11-1	干混砂浆找平层 混凝土或硬基层上 20mm 厚	m²	找平层按设计图示尺寸以面积计算，应扣除突出地面的构筑物、设备基础、室内铁道、地沟等所占面积，不扣除间壁墙及 0.3m² 以内柱、垛、附墙烟囱及孔洞所占面积，但门洞（暖气包槽、壁龛）的开口部分也不增加
11-31	石材楼地面 干混砂浆铺贴	m²	按设计图示尺寸以面积计算，门洞、空圈（暖气包槽、壁龛）的开口部分工程量并入相应面层内计算

（2）清单套取

① 在"建模"模块下"通用操作"页签中点击"定义"功能，选中对应构件列表新建好的装修构件，但需注意这里选择的构件是房间中的装修构件，而不是去选择"房间"的构件列表。

② 以专用宿舍楼中石材楼地面为例，选中石材楼地面构件，左键双击弹出"定义"界面，切换到"构件做法"下方，套取相应的石材楼地面清单，点击"查询匹配清单"页签，弹出匹配清单列表，软件默认的是"按构件类型过滤"，点击"查询清单库"，在查询清单库中双击"011102001"，名称为"石材楼地面"，单位为"m^2"，此为清单项目块料地面积，将其添加到做法表，如图3-376所示。

编码	类别	名称	项目特征	单位	工程量表式	表达式说明	单价	综合单价	措施项目	专业
011102001	项	石材楼地面		m2	KLDMJ	KLDMJ〈块料地面积〉			☐	装饰工程

图 3-376

（3）描述石材楼地面清单项目特征并套用定额　根据《房屋建筑与装饰工程工程量计算规范》（GB 50854—2013）推荐的石材楼地面项目特征，需描述石材楼地面的材质种类、找平层厚度及砂浆配合比、结合层厚度及砂浆配合比等几项内容，在《浙江省房屋建筑与装饰工程预算定额》（2018版）中对于石材楼地面套项有明确要求，因此需要描述清单的项目特征内容。

① 点击"查询匹配清单"页签，选中清单项"011102001"双击添加。点击清单行，点击工具栏上的"项目特征"。

② 在项目特征列表中添加"面层材料品种、规格、颜色"的特征值为"20厚大理石石材"，"找平层厚度、砂浆配合比"的特征值为"20厚干混砂浆找平层"，"结合层厚度、砂浆配合比"的特征值为"20厚干混砂浆结合层，纯水泥浆擦缝"；填写完成后的石材楼地面的项目特征如图3-377所示。也可通过点击清单对应的项目特征列，再点击三点按钮，弹出"编辑项目特征"对话框，填写特征值，然后点击"确定"，如图3-378所示。

	特征	特征值	输出
1	找平层厚度、砂浆配合比	20厚干混砂浆找平层	☑
2	结合层厚度、砂浆配合比	20厚干混砂浆结合层，纯水泥浆擦缝	☑
3	面层材料品种、规格、颜色	20厚大理石石材	☑

图 3-377

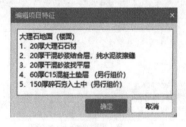

编辑项目特征

大理石地面（楼面）
1. 20厚大理石石材
2. 20厚干混砂浆结合层，纯水泥浆擦缝
3. 20厚干混砂浆找平层
4. 60厚C15混凝土垫层（另行组价）
5. 150厚碎石夯入土中（另行组价）

确定　取消

图 3-378

③ 点击"查询匹配定额"页签，软件默认的是"按构件类型过滤"过滤出对应的定额；点击"查询定额库"，在查询定额库列表中双击"11-31"定额子目，将其添加到清单"011102001"项下，如图3-379所示。

	编码	类别	名称	项目特征	单位	工程量表式	表达式说明
1	⊟ 011102001	项	石材楼地面（门厅）	大理石地面（楼面） 1、20厚大理石石材 2、20厚干混砂浆结合层，纯水泥浆擦缝 3、20厚干混砂浆找平层 4、60厚C15混凝土垫层（另行组价） 5、150厚碎石夯入土中（另行组价）	m2	KLDMJ	KLDMJ〈块料地面积〉
2	11-31	定	石材楼地面干混砂浆铺贴		m2	KLDMJ	KLDMJ〈块料地面积〉
3	11-1	定	干混砂浆找平层混凝土或硬基层上20厚		m2	DMJ	DMJ〈地面积〉

图 3-379

对于其他的房间类型的装修构件，如地砖楼地面、防水地面的做法套取跟石材楼地面方法完全一致，如图 3-380、图 3-381 所示，这里不再做过多赘述。

	编码	类别	名称	项目特征	单位	工程量表达式	表达式说明
1	⊟ 011102003	项	块料楼地面（走道,阳台,宿舍,管理室）	地砖地面（楼面） 1、600×600地砖，纯水泥浆擦缝 2、20厚干混砂浆结合层； 3、20厚干混砂浆找平层； 4、60厚C15混凝土垫层（另行组价） 5、150厚碎石夯入土中（另行组价）	m2	KLLDMJ	KLLDMJ〈块料地面积〉
2	— 11-1	定	干混砂浆找平层混凝土或硬基层上20厚		m2	KLLDMJ	KLLDMJ〈块料地面积〉
3	— 11-46	定	地砖楼地面（干混砂浆铺贴）2400以内密缝		m2	DMJ	DMJ〈地面积〉

图 3-380

	编码	类别	名称	项目特征	单位	工程量表达式	表达式说明
1	⊟ 011102003	项	块料楼地面（开水房,洗浴室,公共卫生间,宿舍卫生间）	防水地面（楼面） 1、300×300厚防滑地砖，纯水泥浆擦缝 2、20厚干混砂浆结合层； 3、水泥基渗透结晶防水涂料，周边上翻300mm（另行组价） 4、最薄处30厚C20细石混凝土找坡层抹平 5、60厚C15混凝土垫层（另行组价） 6、150厚碎石夯入土中（另行组价）	m2	KLLDMJ	KLLDMJ〈块料地面积〉
2	— 11-44	定	地砖楼地面（干混砂浆铺贴）1200以内密缝		m2	KLLDMJ	KLLDMJ〈块料地面积〉
3	— 11-5	定	细石混凝土找平层30厚		m2	DMJ	DMJ〈地面积〉

图 3-381

但需注意的是，对于其他的装修构件，如踢脚、墙面、天棚和吊顶等装修构件，其构件做法的套取方法跟楼地面构件的一致，具体的做法套取如下。

① 踢脚构件的做法套取，如图 3-382、图 3-383 所示。

	编码	类别	名称	项目特征	单位	工程量表达式	表达式说明
1	⊟ 011105002	项	石材踢脚线（门厅）	大理石踢脚（100高） 1、10-15厚大理石板材板（涂防污剂） 2、水泥浆擦缝 3、15厚干混浆结合层	m2	TJKLMJ	TJKLMJ〈踢脚块料面积〉
2	— 11-96	定	石材干混砂浆铺贴		m2	TJKLMJ	TJKLMJ〈踢脚块料面积〉

图 3-382

	编码	类别	名称	项目特征	单位	工程量表达式	表达式说明
1	⊟ 011105003	项	块料踢脚线（走道,阳台,宿舍,管理室）	地砖踢脚（100高） 1、10-15厚地砖，纯水泥浆擦缝 2、15厚干混砂浆打底	m2	TJKLMJ	TJKLMJ〈踢脚块料面积〉
2	— 11-97	定	陶瓷地面砖干混砂浆铺贴		m2	TJKLMJ	TJKLMJ〈踢脚块料面积〉

图 3-383

② 内外墙构件的做法套取，如图 3-384～图 3-387 所示。

	编码	类别	名称	项目特征	单位	工程量表达式	表达式说明
1	⊟ 011201001	项	墙面一般抹灰（门厅）	白色乳胶漆墙面 1、20厚干混砂浆找平	m2	QMMHMJ	QMMHMJ〈墙面抹灰面积〉
2	— 12-1	定	内墙14+6		m2	QMMHMJ	QMMHMJ〈墙面抹灰面积〉
3	⊟ 011406001	项	抹灰面油漆	白色乳胶漆墙面 1、白色乳胶漆二遍 2、批刮腻子二遍 3、20厚干混砂浆找平（另行组价）	m2	QMKLMJ	QMKLMJ〈墙面块料面积〉
4	— 14-122	定	调和漆墙、柱、天棚面等二遍		m2	QMKLMJ	QMKLMJ〈墙面块料面积〉
5	— 14-141	定	批刮腻子(满刮两遍)抹灰面		m2	QMKLMJ	QMKLMJ〈墙面块料面积〉

图 3-384

	编码	类别	名称	项目特征	单位	工程量表达式	表达式说明
1	⊟ 011201001	项	墙面一般抹灰（走道,阳台,窗盒,管理室）	白色乳胶漆墙面 1. 20厚干混砂浆找平	m2	QMDHMJ	QMDHMJ〈墙面抹灰面积〉
2	— 12-1	定	内墙14+6		m2	QMDHMJ	QMDHMJ〈墙面抹灰面积〉
3	⊟ 011406001	项	抹灰面油漆	白色乳胶漆墙面 1. 白色乳胶漆二遍 2. 批刮腻子二遍 3. 20厚干混砂浆找平（另行组价）	m2	QMKLMJ	QMKLMJ〈墙面块料面积〉
4	— 14-122	定	调和漆墙、柱、天棚面等二遍		m2	QMKLMJ	QMKLMJ〈墙面块料面积〉
5	— 14-141	定	批刮腻子(满刮两遍)抹灰面		m2	QMKLMJ	QMKLMJ〈墙面块料面积〉

图 3-385

	编码	类别	名称	项目特征	单位	工程量表达式	表达式说明
1	⊟ 011204003	项	块料墙面（开水房,洗浴室,公共卫生间,窗盒卫生间）	面砖防水墙面（开水房,洗浴室、公共卫生间、窗盒卫生间） 1. 白水泥擦缝 2. 152×152墙面瓷砖（粘贴前墙砖充分水湿） 3. 4厚强力胶粉泥粘结层，揉挤压实 4. 1.0厚水泥基渗结晶型防水涂料（另行组价） 5. 15厚1:3干混砂浆打底压实抹平	m2	QMKLMJ	QMKLMJ〈墙面块料面积〉
2	— 12-16	定	打底找平厚15		m2	QMDHMJ	QMDHMJ〈墙面抹灰面积〉
3	— 12-50	定	瓷砖(干粉型粘结剂)周长(mm)650以内		m2	QMKLMJ	QMKLMJ〈墙面块料面积〉
4	— 9-65	定	水泥基渗透结晶型防水涂料厚度(mm)1.0立方		m2	QMKLMJ	QMKLMJ〈墙面块料面积〉
5	⊟ 010903002	项	墙面涂膜防水	面砖防水墙面 1. 1.0厚水泥基渗透结晶型防水涂料	m2	QMKLMJ	QMKLMJ〈墙面块料面积〉
6	— 9-65	定	水泥基渗透结晶型防水涂料厚度(mm)1.0立方		m2	QMKLMJ	QMKLMJ〈墙面块料面积〉

图 3-386

	编码	类别	名称	项目特征	单位	工程量表达式	表达式说明
1	⊟ 011201001	项	墙面一般抹灰（楼梯间）	白色乳胶漆墙面 1. 20厚干混砂浆找平	m2	QMDHMJ	QMDHMJ〈墙面抹灰面积〉
2	— 12-1	定	内墙14+6		m2	QMDHMJ	QMDHMJ〈墙面抹灰面积〉
3	⊟ 011406001	项	抹灰面油漆	白色乳胶漆墙面 1. 白色乳胶漆二遍 2. 批刮腻子二遍 3. 20厚干混砂浆找平（另行组价）	m2	QMKLMJ	QMKLMJ〈墙面块料面积〉
4	— 14-122	定	调和漆墙、柱、天棚等二遍		m2	QMKLMJ	QMKLMJ〈墙面块料面积〉
5	— 14-141	定	批刮腻子(满刮两遍)抹灰面		m2	QMKLMJ	QMKLMJ〈墙面块料面积〉

图 3-387

③ 天棚构件的做法套取，如图 3-388～图 3-391 所示。

	编码	类别	名称	项目特征	单位	工程量表达式	表达式说明
1	⊟ 011406001	项	抹灰面油漆（门厅）	白色乳胶漆墙面 1. 白色乳胶漆二遍 2. 批刮腻子二遍 3. 15厚干混砂浆抹灰找平（另行组价）	m2	TPZSMJ	TPZSMJ〈天棚装饰面积〉
2	— 14-122	定	调和漆墙、柱、天棚面等二遍		m2	TPZSMJ	TPZSMJ〈天棚装饰面积〉
3	— 14-141	定	批刮腻子(满刮两遍)抹灰面		m2	TPZSMJ	TPZSMJ〈天棚装饰面积〉
4	⊟ 011301001	项	天棚抹灰	白色乳胶漆墙面 1. 15厚干混砂浆抹灰找平	m2	TPMHMJ	TPMHMJ〈天棚抹灰面积〉
5	— 13-1	定	一般抹灰		m2	TPMHMJ	TPMHMJ〈天棚抹灰面积〉

图 3-388

	编码	类别	名称	项目特征	单位	工程量表达式	表达式说明
1	⊟ 011406001	项	抹灰面油漆（走道,阳台,窗盒,管理室）	白色乳胶漆墙面 1. 白色乳胶漆二遍 2. 批刮腻子二遍 3. 15厚干混砂浆抹灰找平（另行组价）	m2	TPZSMJ	TPZSMJ〈天棚装饰面积〉
2	— 14-122	定	调和漆墙、柱、天棚面等二遍		m2	TPZSMJ	TPZSMJ〈天棚装饰面积〉
3	— 14-141	定	批刮腻子(满刮两遍)抹灰面		m2	TPZSMJ	TPZSMJ〈天棚装饰面积〉
4	⊟ 011301001	项	天棚抹灰	白色乳胶漆墙面 1. 15厚干混砂浆抹灰找平	m2	TPMHMJ	TPMHMJ〈天棚抹灰面积〉
5	— 13-1	定	一般抹灰		m2	TPMHMJ	TPMHMJ〈天棚抹灰面积〉

图 3-389

	编码	类别	名称	项目特征	单位	工程量表达式	表达式说明
1	011302001	项	吊顶天棚（开水房、洗浴室、公共卫生间、音备卫生间）	吊顶天棚 1. 铝合金方板面层 2. 铝合金中龙骨⊥32×24×1.2，中距于板材模数 3. 轻钢大龙骨60×30×1.5（吊点附吊挂） 4. 铝合金横撑⊥32×24×1.2，中距900 5. A8钢筋吊杆，双向吊点、中距900	m2	TPZSMJ	TPZSMJ〈天棚装饰面积〉
2	13-13	定	T型铝合金龙骨600×600平面		m2	TPZSMJ	TPZSMJ〈天棚装饰面积〉
3	13-43	定	铝合金方板面层浮搁式		m2	TPZSMJ	TPZSMJ〈天棚装饰面积〉

图 3-390

	编码	类别	名称	项目特征	单位	工程量表达式	表达式说明
1	011406001	项	抹灰面油漆（楼梯间）	白色乳胶漆墙面 1. 白色乳胶漆二遍 2. 批刮腻子一遍 3. 15厚干混砂浆抹灰找平（另行组价）	m2	TPZSMJ	TPZSMJ〈天棚装饰面积〉
2	14-122	定	调和漆墙、柱、天棚面等二遍		m2	TPZSMJ	TPZSMJ〈天棚装饰面积〉
3	14-141	定	批刮腻子(满刮两遍)抹灰面		m2	TPZSMJ	TPZSMJ〈天棚装饰面积〉
4	011301001	项	天棚抹灰	白色乳胶漆墙面 1. 15厚干混砂浆抹灰找平	m2	TPMOMJ	TPMOMJ〈天棚抹灰面积〉
5	13-1	定	一般抹灰		m2	TPMOMJ	TPMOMJ〈天棚抹灰面积〉

图 3-391

（4）做法刷复用到其他楼层装修构件　将有装修构件的清单项目及定额子目套用好之后，使用"做法刷"功能，可将其做法复用给其他楼层构件，下面以楼地面装修构件为例介绍。

将楼地面的清单和定额项目全部选中，如图 3-392 所示，点击"构件做法"菜单栏中的"做法刷"，此时软件弹出"做法刷"对话框，界面左端出现可供选择的构件名称，还可以选择按"覆盖"或"追加"的添加方式，如图 3-393 所示。

	编码	类别	名称	项目特征	单位	工程量表达式	表达式说明
1	011102001	项	石材楼面面（门厅）	大理石地面（楼面） 1. 20厚大理石石材 2. 20厚干混砂浆结合层，纯水泥浆擦缝 3. 20厚干混砂浆找平层 4. 60厚C15混凝土垫层（另行组价） 5. 150厚碎石夯土中（另行组价）	m2	KLDMJ	KLDMJ〈块料地面积〉
2	11-31	定	石材楼地面面干混砂浆铺贴		m2	KLDMJ	KLDMJ〈块料地面积〉
3	11-1	定	干混砂浆找平层混凝土或硬基层上20厚		m2	DMJ	DMJ〈地面积〉

图 3-392

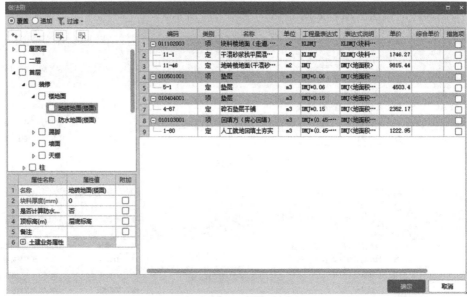

图 3-393

如此，将所有楼地面、踢脚、内外墙面、天棚装修构件都套用了相应的做法。需要注意的是，如果采用首层地面进行"做法刷"，那么选择时不需要选中垫层的做法。

3.7.3.4　绘制房间装修构件

房间装修表识别完毕后，对于存在问题的装修构件属性需要进行单独的核查。确认无误后就需要将新建好的房间装修构件绘制到首层建筑平面图当中，具体的操作流程如下。

① 切换到"图纸管理"模块下，双击"一层平面图"图纸，将图纸拖拽至绘图区域中心，如图 3-394 所示。

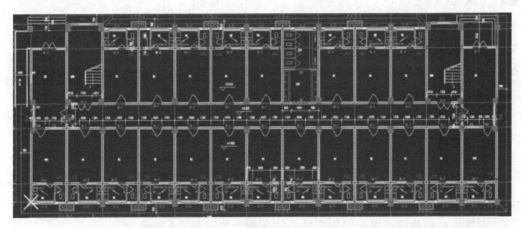

图 3-394

② 点击软件左侧导航栏下的"房间"构件列表，切换到菜单栏上方"建模"页签中，会看到在"绘图"选项卡中的"点"命令，对于房间装修绘制采用"点"绘制相对来说比较方便。

③ 直接点击"点"命令，找到在首层建筑平面图中的不同房间类型的平面位置，在上方的工具条中直接点击切换不同的房间类型，如图 3-395 所示，直接点击绘制即可，绘制完首层建筑平面图的房间装修后的效果，如图 3-396 所示。

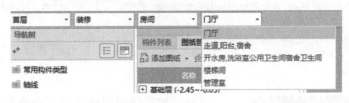

图 3-395

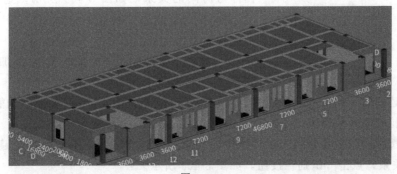

图 3-396

但需注意的是，房间装修构件在软件中的处理方式有"按构件识别装修表""按房间识别装修表""识别 Excel 装修表"三种方式，需根据不同的情况进行选择。现以其他工程项目为例说明操作具体流程，具体三种方式的区别如下。

（1）"按构件识别装修表"是指图纸中没有体现房间与房间内各装修之间的对应关系时，如图 3-397 所示，将 CAD 图中的装修表识别为软件的构件，具体操作流程如下。

装修一览表

类别	名称	使用部位	做法编号	备注
地面	水泥砂浆地面	全部	编号 1	
楼面	陶瓷地砖楼面	一层楼面	编号 2	
楼面	陶瓷地砖楼面	二至五层的卫生间、厨房	编号 3	
楼面	水泥砂浆楼面	除卫生间、厨房外全部	编号 4	水泥砂浆毛面找平

图 3-397

① 在图纸管理界面"添加图纸"，添加一张带有装修做法表的图纸。

② 在"建模"选项卡的"识别房间"分栏下选择"按构件识别装修表"功能。

③ 左键拉框选择装修表，点击右键确认。

④ 在"按构件识别装修表"对话框中，在第一列的空白行中单击鼠标左键，在下拉框中选择对应关系，点击"识别"按钮，如图 3-398 所示。

⑤ 识别成功后软件会提示识别到的构件个数，如图 3-399 所示。

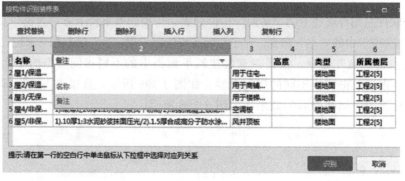

图 3-398

图 3-399

（2）"按房间识别装修表"是指图纸中明确了装修构件与房间的关系，如图 3-400 所示，这时可以使用"按房间识别装修表"功能，将 CAD 图中的装修表识别为软件中包含装修的构件，具体如下。

① 在图纸管理界面"添加图纸"，添加一张带有装修做法表的图纸。

② 在"建模"选项卡中"识别房间"分栏下选择"按房间识别装修表"功能。

③ 左键拉框选择装修表，点击右键确认。

④ 在"按房间识别装修表"对话框中，在第一列的空白行中单击鼠标左键，在下拉框中选择对应关系，点击"识别"按钮，如图 3-401 所示。

材料做法表

房间名称	楼地面		踢脚	内墙面		顶棚		楼层
大堂	花岗岩	地 19　楼 16A		花岗岩	内墙 47B、47C	详见二次装修图		首层
首层电梯厅	花岗岩	楼 16A		花岗岩	内墙 47B、47C	乳胶漆	棚 5B	首层

图 3-400

图 3-401

⑤ 识别成功后软件会提示识别到的构件个数，如图 3-402 所示。

（3）"识别 Excel 装修表"实质是将 Excel 中的装修表识别为软件中的装修构件，操作方法跟前面的方法一致，这里不再过多赘述。

（4）对于房间装修构件的布置，前提是对应房间布置范围一定是封闭的。如果出现提示布置区域不封闭，就需要重点检查是否存在不封闭的区域，单独进行修改即可。

如此就可以计算装修构件的工程量，这里不再做过多赘述。

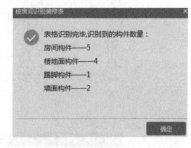

图 3-402

3.7.3.5　工程量汇总计算及查量

工程量计算可在"工程量"模块下"汇总"中调出，如图 3-403 所示。既可以通过"汇总计算"选择计算的工程量范围，如图 3-404 所示，也可以先选择要汇总的图元，再点击"汇总选中图元"。计算汇总结束之后出现如图 3-405 所示页面。

土建计算结果可以有两种查量方式，本案例以首层楼地面装修构件为例，介绍如何进行土建工程量的查询，点击"工程量"模块→"土建计算结果"→"查看工程量"，选中需要查看的图元，"构件工程量"如图 3-406 所示，选择"做法工程量"，如图 3-407 所示。

图 3-403

图 3-404　　　　　　　　　　　　　　　　　图 3-405

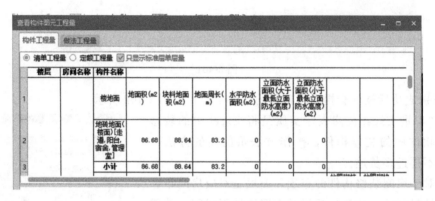

图 3-406

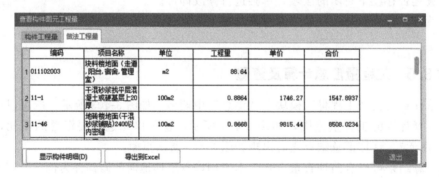

图 3-407

两种查量方式各有特色，可以根据需要选用。

3.7.4　总结拓展

3.7.4.1　归纳总结

本节主要介绍了关于房间装修构件的识别流程及方法，介绍了在识别房间装修构件过程中对于不同形式的房间装修表如何进行正确识别，以及识别装修表过程中常见注意事项。

　　介绍了在识别完房间装修表后，对于房间装修构件的命名及属性信息如何进行修改和查看的方法。介绍了房间装修构件需要计算的工程量，以及套用清单项目的方法。介绍了如何根据当地定额的规定补充完善工程量清单项目特征的方法，如何根据项目特征的描述套用定额子目的方法。介绍了快速套用做法的方法除"做法刷"功能外，还有"选配"功能。介绍了在定义构件做法时，灵活运用"构件过滤"功能提供的选项会使工作效率大幅度提高。

3.7.4.2　拓展延伸

　　（1）装修的房间必须是封闭的，在绘制房间图元时，要保证房间必须是封闭的，否则会出现布置不上的情况，如图 3-408 所示。

　　（2）在布置装修构件过程中，往往会出现不同类型的房间装修做法是不一样的情况，但是实际在布置时，会发现都是按照一种装修做法去布置的，如图 3-409 所示。这时就需要用"虚墙"构件将不同的房间类型隔开，再分别布置不同的房间做法，如图 3-410 所示。

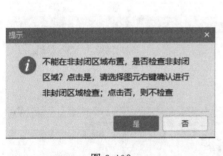

图 3-408

图 3-409

图 3-410

　　（3）屋面工程，根据图纸内容，屋面做法有如下三种类型（表 3-27）。

表 3-27　屋面做法表

屋面 1	屋面 2	屋面 3
1. 40 厚 C20 细石混凝土随捣随抹（内配 φ4@150 双向）； 2. 3＋3 厚 SBS 防水卷材，翻起 500 高； 3. 50 聚苯乙烯泡沫保温板； 4. 20 厚 1∶3 水泥砂浆找平层； 5. 最薄 30 厚泡沫混凝土找坡； 6. 现浇钢筋混凝土板，表面清扫干净	1. 3＋3 厚 SBS 防水卷材，翻起 500 高； 2. 50 聚苯乙烯泡沫保温板； 3. 20 厚 1∶3 水泥砂浆找平层； 4. 最薄 30 厚泡沫混凝土找坡； 5. 现浇钢筋混凝土板，表面清扫干净	1. 20 厚 1∶2 水泥砂浆保护层； 2. 1.5 厚聚氨酯防水涂膜一道； 3. 20 厚 1∶3 水泥砂浆找平层； 4. 最薄 30 厚泡沫混凝土找坡； 5. 现浇钢筋混凝土板，表面清扫干净

　　在"建模"模块下，切换至屋顶层，双击"通用做法"下的"定义"，新建构件"屋面 1""屋面 2"和"屋面 3"，根据图纸给定的屋面做法，分别套用做法，具体流程与装修做法套用相同，这里不做过多赘述，如图 3-411～图 3-413 所示。需要注意检查工程量表达式是否正确。

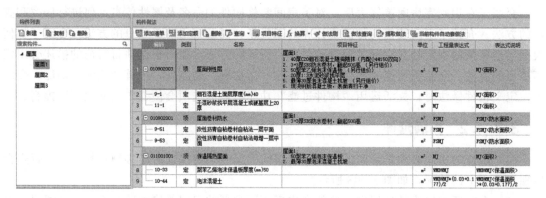

图 3-411

图 3-412

图 3-413

完成定义后，在"图纸管理"界面，选中屋顶层平面图，可采用"点"绘制，分别绘制"屋面 1"和"屋面 2"，左键选择，右键确认，点击"设置防水卷边"，分别选中"屋面 1"和"屋面 2"，右键确认，弹出对话框，如图 3-414，设置卷边高度为"500"，点击"确定"。"屋面 3"可采用"智能布置"下的"现浇板"绘制。完成后如图 3-415 所示。

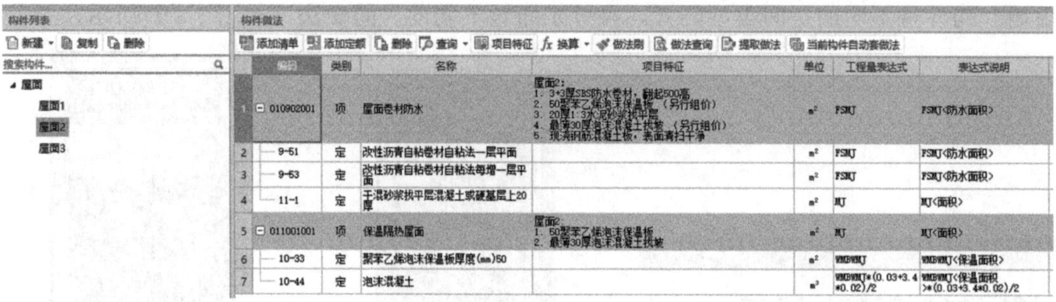

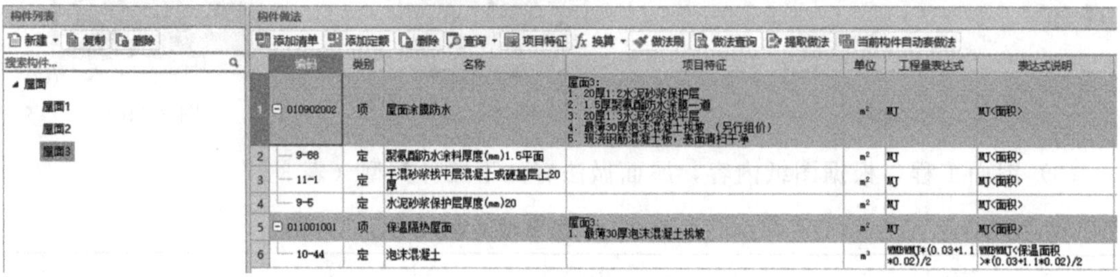

图 3-414

图 3-415

工程量汇总计算并查看图元工程量如图 3-416 所示。

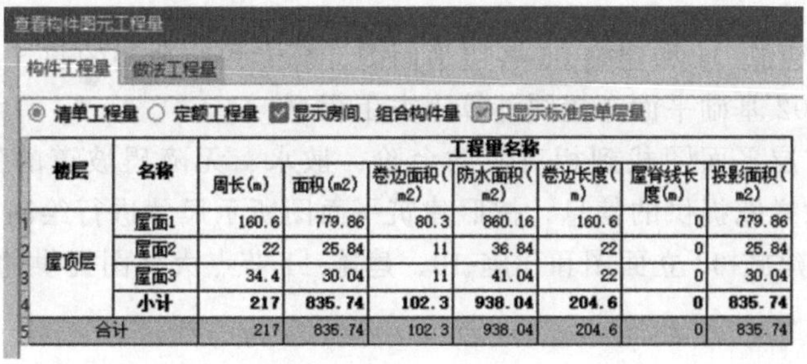

	楼层	名称	工程量名称						
			周长(m)	面积(m2)	卷边面积(m2)	防水面积(m2)	卷边长度(m)	屋脊线长度(m)	投影面积(m2)
1	屋顶层	屋面1	160.6	779.86	80.3	860.16	160.6	0	779.86
2		屋面2	22	25.84	11	36.84	22	0	25.84
3		屋面3	34.4	30.04	11	41.04	22	0	30.04
4		**小计**	**217**	**835.74**	**102.3**	**938.04**	**204.6**	**0**	**835.74**
5	合计		217	835.74	102.3	938.04	204.6	0	835.74

图 3-416

3.7.5　思考与练习

① 识别装修表的方式有几种？

② 如何识别房间装修表？

③ 如何修改房间名称？

④ 楼梯间房间应如何建立？建立时应注意哪些问题？

⑤ 识别房间的步骤和操作流程有哪几步？

3.8　BIM 零星构件工程计量

学习目标

1. 能够正确定义并绘制台阶、散水、无障碍坡道、栏杆扶手、建筑面积、平整场地（土方工程）等构件，计算工程量；

2. 能够正确套用以上构件的清单项目和定额子目。

学习要求

1. 了解台阶、散水、无障碍坡道、栏杆扶手、建筑面积、平整场地等零星构件的施工工艺；

2. 熟悉台阶、散水、无障碍坡道、栏杆扶手、建筑面积、平整场地等零星构件清单及定额计算规则；

3. 能从图纸读取零星构件与计量有关的图纸信息。

3.8.1　任务说明

① 完成案例《BIM 算量一图一练》专用宿舍楼图纸中台阶、散水、无障碍坡道、栏杆扶手、建筑面积、平整场地等零星构件的工程量计算。

② 完成专用宿舍楼台阶、散水、无障碍坡道、栏杆扶手、建筑面积、平整场地等零星构件的清单项目和定额子目套用。

3.8.2　任务分析

根据建施-03、建施-04 和建施-05 各层平面图计算专用宿舍楼的建筑面积。根据建施-03一层平面图和结施-02 基础平面布置图计算土方工程量。

根据建施-03 首层平面图找到相对应的台阶、散水、无障碍坡道的位置，并根据建施-10、建施-11 节点大样图提供的信息，按照建筑平面图所示尺寸进行绘制。

根据建施-06、建施-07 立面图和建施-10、建施-11 节点大样图提供的信息，计算出栏杆和扶手的工程量。

3.8.3　任务实施

3.8.3.1　基础知识

（1）零星构件的种类　零星构件这里主要介绍台阶、散水、无障碍坡道、栏杆扶手、建筑面积、平整场地等零星构件，具体的区分如下。

① 台阶：是设在建筑物出入口的辅助配件，用来解决建筑物室内外的高差问题，一般建筑物多采用台阶，如图 3-417 所示。

② 散水：指在建筑物周围铺的用以防止雨水渗入基础的保护层。为了保护墙基不受雨水侵蚀，常在外墙四周将地面做成向外倾斜的坡面，以便将屋面的雨水排至远处，称为散水，这是保护房屋基础的有效措施之一，如图 3-418 所示。

图 3-417

图 3-418

③ 无障碍坡道：在建筑的入口、室内走道及室外人行通道的地面有高低差和台阶时，必须设符合轮椅通行的坡道，如图 3-419 所示。

④ 栏杆扶手：是在建筑物上的一种具有保护性并且是整体起到拦隔作用的构筑物，一般是垂直的，如图 3-420 所示。

图 3-419

图 3-420

⑤ 建筑面积：是指建筑物水平面面积，即外墙勒脚以上各层水平投影面积的总和，如图 3-421 所示。

⑥ 平整场地：是指室外设计地坪与自然地坪平均厚度在±0.3m 以内的就地挖、填、找平，如图 3-422 所示。

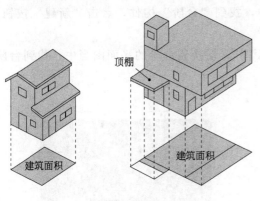

图 3-421

图 3-422

（2）工程量清单和定额计算规则

① 清单计算规则见表 3-28。

表 3-28　其他构件清单计算规则

编号	项目名称	计量单位	计算规则
010507005	扶手、压顶	m/m³	① 按设计图示的中心线延长米计算； ② 按设计图示尺寸以体积计算
011702025	其他现浇构件模板	m²	按模板与现浇混凝土构件的接触面积计算
010507001	散水、坡道	m²	按设计图纸尺寸以水平投影面积计算。不扣除单个≤0.3m² 的孔洞所占面积
010507004	台阶混凝土	m²	按设计图纸尺寸以水平投影面积计算（包括最上部踏步边沿加 300mm）
011107004	台阶整体面层	m²	
011702027	台阶模板	m²	按设计图纸尺寸以水平投影面积计算，两侧端头不再计算模板面积
010101001	平整场地	m²	按设计图纸尺寸以建筑物首层建筑面积计算

② 定额计算规则见表 3-29。

表 3-29　其他构件定额计算规则

编号	项目名称	计量单位	计算规则
17-179	墙脚护坡混凝土面	m²	按外墙中心线乘以宽度计算，不扣除每个长度在 5m 以内的踏步或斜坡
17-189	坡道	m³	台阶及防滑坡道按水平投影面积计算，如台阶与平台相连时，平台面积在 10m² 以内时按台阶计算，平台面积在 10m² 以上时，平台按楼地面工程计算套用相应定额，工程量以台阶最上一级 300mm 处为分界
17-187	混凝土台阶	m³	
5-27	扶手、压顶	m³	按设计图示尺寸以体积计算

3.8.3.2 零星构件绘制及做法套用

（1）台阶　专用宿舍楼工程台阶的布置需要按照首层建筑平面图进行精确绘制。

1）台阶的绘制

① 切换到左侧导航栏"其它"构件页签中，找到"台阶"构件，点击"新建"按钮，如图 3-423 所示。

② 点击"图纸管理"，双击"首层建筑平面图"，切换到台阶的平面图当中，找到台阶的位置信息，如图 3-424 所示。

图 3-423

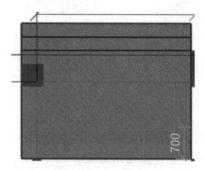

图 3-424

③ 点击软件工具栏上方的"直线"命令，按照台阶的边线直接进行绘制，绘制完成之后效果如图 3-425 所示。

④ 点击"设置踏步边"，按照下方状态栏提示"按鼠标左键拾取踏步边，右键确认"，会弹出"设置踏步边"对话框，输入对应的踏步个数和踏步宽度，如图 3-426 所示；点击"确定"即可布置成功，如图 3-427 所示。

图 3-425

图 3-426

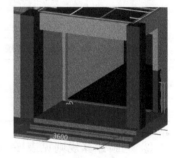

图 3-427

2）做法套用　台阶构件做法套用跟前面的框架柱、梁的方法是一致的，这里不再做过多赘述，套取结果如图 3-428 所示。

⊟ 010507004001	项	台阶	1. 20厚1:3水泥砂浆找平层（另行组价） 2. 纯水泥浆一道（另行组价） 3. 60厚C15混凝土,台阶面向外坡1% 4. 80厚压实碎石 5. 素土夯实	m2	MJ	MJ<台阶整体水平投影面积>
— 17-187	定	台阶混凝土		m2	MJ	MJ<台阶整体水平投影面积>
— 4-87	定	碎石垫层干铺		m3	MJ*0.08	MJ<台阶整体水平投影面积>*0.08
⊟ 011107004001	项	水泥砂浆台阶面	1. 20厚1:3水泥砂浆找平层 2. 纯水泥浆一道	m2	MJ	MJ<台阶整体水平投影面积>
— 11-131	定	干混砂浆20厚		m2	MJ	MJ<台阶整体水平投影面积>

图 3-428

（2）散水

1）散水的绘制　结合建施-03、建施-10 可以从平面图、剖面图得到散水的信息，本层散水的宽度为 900mm，沿建筑物周围布置，具体的操作如下。

① 切换到软件左侧导航栏中"其它"构件页签下，找到"散水"构件，点击"新建"按钮，在下方属性编辑器中输入相应的属性值，如图 3-429 所示。

② 点击"图纸管理"，双击"首层建筑平面图"，切换到散水的平面图当中，找到散水边线的位置信息，如图 3-430 所示。

图 3-429

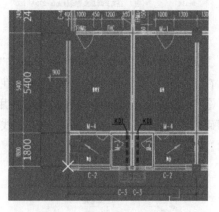

图 3-430

③ 点击软件工具栏上方的"智能布置"命令，选择"外墙外边线"，根据下方状态栏中的提示"按鼠标左键选择图元或拉框选择，右键确认"，左键拉框选择对应的首层平面图中的图元，右键确定，会弹出"设置散水宽度"对话框，如图 3-431 所示，输入散水宽度，点击"确定"即可完成散水构件的布置，如图 3-432 所示。

图 3-431

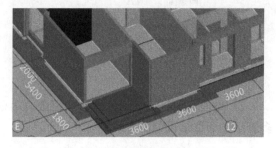

图 3-432

但需注意的是，散水构件在布置过程中可能会出现布置不上、提示未封闭等现象，出现这些现象有以下两种原因。

① 布置散水过程中墙体未封闭，存在不闭合区域，导致散水无法布置。

② 墙体属性类别不是外墙类别，散水构件是依附于外墙构件生成的，所以导致无法生成。

2）做法套用　散水构件做法套用跟前面的框架柱、梁的方法是一致的，这里不再做过多赘述，套取结果如图 3-433 所示。

（3）无障碍坡道

1）无障碍坡道的绘制　结合建施-03、建施-11，可以从平面图、剖面图得知坡道宽

1200mm，位于建筑物东侧入口。由于软件中未提供坡道构件，因而本工程采用现浇板构件绘制坡道，具体操作如下。

编码	类别	名称	项目特征	单位	工程量表达式	表达式说明
010507001001	项	散水	1. 70厚C15混凝土提浆抹光 2. 80厚压实碎石 3. 素土夯实 4. 散水每隔10m，设置一个伸缩缝，缝宽20mm，在房屋转角处也应设置伸缩缝，其缝与外墙成45°角内填沥青胶结料	m2	MJ	MJ〈面积〉
17-179	定	墙脚护坡混凝土面		m2	(46.8*2+16.8*2+0.6*4)*0.9	116.64
4-87	定	碎石垫层干铺		m3	MJ*0.08	MJ〈面积〉*0.08
9-114	定	沥青玛蹄脂嵌缝缝断面(mm2)30×150		m	TQCD+TQCD/10*0.9+1.27*4	TQCD〈贴墙长度〉+TQCD〈贴墙长度〉/10*0.9+1.27*4

图 3-433

① 切换到软件左侧导航栏中"其它"构件页签下，找到"板"构件，点击"新建"按钮，在下方属性编辑器中输入相应的属性值，如图 3-434 所示。

② 坡道属于面式构件，因此可以采用"直线"绘制、"点"绘制和"矩形"绘制。由于无障碍坡道在建筑物外侧，所以采用直线画法较方便。绘制完成后的无障碍坡道如图 3-435 所示。

图 3-434

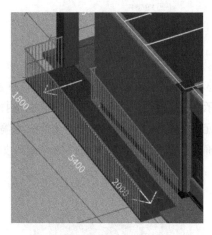

图 3-435

2）做法套取　坡道构件做法套用跟前面的框架柱、梁的方法是一致的，这里不再做过多赘述，套取结果如图 3-436 所示。

编码	类别	名称	项目特征	单位	工程量表达式	表达式说明
010607001	项	无障碍坡道	1. 20厚耐磨砂浆面层，表面每100mm划出横向纹道 2. 70厚C15混凝土垫层 3. 80厚碎石垫层 4. 素土夯实	m2	MJ	MJ〈面积〉
17-189	定	坡道		m2	MJ	MJ〈面积〉
5-1	定	垫层		m3	MJ*0.07	MJ〈面积〉*0.07
4-87	定	碎石垫层干铺		m3	MJ*0.07	MJ〈面积〉*0.07

图 3-436

（4）栏杆扶手

1）栏杆扶手的绘制　结合建施-07、建施-11，可以从立面图、剖面图得到栏杆扶手的尺寸信息，再根据图中栏杆扶手的详图信息完成构件的绘制。这里以空调板的栏杆扶手为例，其他楼梯栏杆扶手、窗扶手等与空调板栏杆扶手的方法一致，这里不再做过多赘述。具体的操作如下。

① 切换到软件左侧导航栏中"其它"构件页签下，找到"栏杆扶手"构件，点击"新建"按钮，在下方属性编辑器中输入相应的属性值，如图 3-437 所示。

② 切换到首层建筑平面图中，点击前面绘制好的空调板构件，这里以空调板的栏杆扶手为例进行绘制，具体的位置如图 3-438 所示。

③ 点击软件工具栏上方的"直线"命令，沿着空调板外围边线进行绘制，单击右键即可结束命令，完成之后如图 3-439 所示。

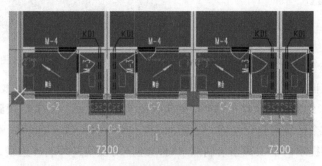

图 3-437　　　　　　　　　　　图 3-438

图 3-439

2）做法套取　栏杆扶手构件做法套用跟前面的框架柱、梁的方法是一致的，这里不再做过多赘述，套取结果如图 3-440 所示。

图 3-440

（5）建筑面积　建筑面积需根据《建筑工程建筑面积计算规范》（GB/T 50353—2013）计算。

1）建筑面积的绘制

① 切换到软件左侧导航栏中"其它"构件页签下，找到"建筑面积"构件，点击"新建"按钮，在下方属性编辑器中输入相应的属性值，如图 3-441 所示。

② 点击软件工具栏上方的"点"命令，点击对应的房间区域，软件会自动生成建筑面积的构件，如图 3-442 所示。

图 3-441

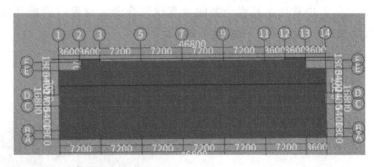

图 3-442

但需注意的是，建筑面积属于面式构件，因此可以"直线"绘制也可以"点"绘制。当选择"点"绘制时，软件自动搜寻建筑物的外墙外边线，如果能找到外墙外边线形成的封闭区域，则在这个区域内自动生成"建筑面积"；如果软件找不到外墙外边线围成的封闭区域，则会给出错误提示。本工程在绘制散水时已经自动校验过外墙外边线，所以这里采用"点"绘制。

2）做法套取　建筑面积做法套用跟前面的框架柱、梁是一致的，这里不再做过多赘述。

（6）平整场地

1）平整场地的绘制

① 切换到软件左侧导航栏中"其它"构件页签下，找到"平整场地"构件，点击"新建"按钮，在下方属性编辑器中输入相应的属性值，如图 3-443 所示。

② 点击软件工具栏上方的"智能布置"命令，选择下方的"外墙轴线"，软件会自动生成平整场地的构件，如图 3-444 所示。

图 3-443

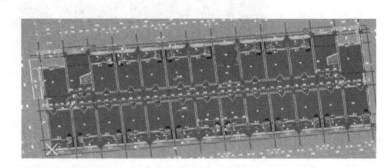

图 3-444

2）做法套取　平整场地构件做法套用跟前面的框架柱、梁的方法是一致的，这里不再做过多赘述，套取结果如图 3-445 所示。

图 3-445

3.8.3.3 工程量汇总计算及查量

工程量计算可在"工程量"模块下的"汇总"中调出,如图 3-446 所示。既可以通过"汇总计算"选择计算的工程量范围,如图 3-447 所示,也可以先选择要汇总的图元,再点击"汇总选中图元"。汇总计算结束之后出现如图 3-448 所示界面。

图 3-446   图 3-447   图 3-448

土建计算结果可以有两种查量方式,专用宿舍楼工程对于零星构件的查量方式跟前面的一致,所以这里不再做过多赘述,具体的工程量如下。

(1) 台阶构件工程量和做法工程量如图 3-449、图 3-450 所示。

			工程量名称					
楼层	混凝土强度等级	名称	台阶整体水平投影面积(m2)	体积(m3)	平台水平投影面积(m2)	踏步整体面层面积(m2)	踏步块料面层面积(m2)	踏步水平投影面积(m2)
1 首层	C20	TAIJ-1	21.7114	9.7701	21.7114	0	0	0
2		小计	21.7114	9.7701	21.7114	0	0	0
3	小计		21.7114	9.7701	21.7114	0	0	0
4	合计		21.7114	9.7701	21.7114	0	0	0

○ 清单工程量 ○ 定额工程量 ☑ 显示房间、组合构件量 ☑ 只显示标准层单层量

图元明细 2 (2)

	构件名称	位置
1	TAIJ-1	<1+1575,F-200>
2	TAIJ-1	<13+1600,F-200>

图 3-449

	编码	项目名称	单位	工程量	单价	合价
1	010507004	台阶	m2	21.7114		
2	17-187	台阶混凝土	10m2	2.17114	2190.56	4756.0124
3	4-87	碎石垫层干铺	10m3	0.17369	2352.17	408.5484
4	011107004	水泥砂浆台阶面	m2	21.7114		
5	11-131	干混砂浆20厚	100m2	0.217114	4747.2	1030.6836

图 3-450

(2) 散水构件工程量和做法工程量如图 3-451、图 3-452 所示。

构件工程量 | 做法工程量

◉ 清单工程量　○ 定额工程量　☑ 显示房间、组合构件量　☑ 只显示标准层单层量

楼层	混凝土强度等级	名称	工程量名称			
			面积(m2)	贴墙长度(m)	外围长度(m)	模板面积(m2)
1	首层	C20	散水	106.4189	118.74	121.4303	24.017
2			小计	106.4189	118.74	121.4303	24.017
3		小计		106.4189	118.74	121.4303	24.017
4	合计			106.4189	118.74	121.4303	24.017

图 3-451

构件工程量 | 做法工程量

	编码	项目名称	单位	工程量	单价	合价
1	010507001	散水	m2	106.4189		
2	17-179	墙脚护坡混凝土面	100m2	1.1664	7884.77	9196.7957
3	4-87	碎石垫层干铺	10m3	0.85135	2352.17	2002.5199
4	9-114	沥青玛蹄脂嵌缝断面(mm2)30×150	100m	1.345066	1287.99	1732.4316

图 3-452

（3）无障碍坡道构件工程量和做法工程量如图 3-453、图 3-454 所示。

构件工程量 | 做法工程量

◉ 清单工程量　○ 定额工程量　☑ 显示房间、组合构件量　☑ 只显示标准层单层量

楼层	混凝土强度等级	名称	工程量名称			
			面积(m2)	贴墙长度(m)	外围长度(m)	模板面积(m2)
1	首层	C20	无障碍坡道	10.1901	0.26	9.8	1.006
2			小计	10.1901	0.26	9.8	1.006
3		小计		10.1901	0.26	9.8	1.006
4	合计			10.1901	0.26	9.8	1.006

图元明细 1 (1)

	构件名称	位置
1	无障碍坡道	<1-745,E-1955>

图 3-453

构件工程量 | 做法工程量

	编码	项目名称	单位	工程量	单价	合价
1	010507001	无障碍坡道	m2	10.1901		
2	17-189	坡道	10m2	1.01901	1050.53	1070.5006
3	5-1	垫层	10m3	0.07133	4503.4	321.2275
4	4-87	碎石垫层干铺	10m3	0.07133	2352.17	167.7803
5	011503005	金属靠墙扶手	m	14.65		
6	15-92	不锈钢栏杆不锈钢扶手	10m	1.465	1346.76	1973.0034
7	010401012	零星砌砖	m3	5.0304		
8	4-15	混凝土实心砖零星砌体	10m3	0.50304	5019.37	2524.9439
9	4-87	碎石垫层干铺	10m3	0.03773	2352.17	88.7474

图 3-454

（4）栏杆扶手构件工程量和做法工程量如图 3-455 所示。

图 3-455

（5）建筑面积构件工程量和做法工程量如图 3-456 所示。

图 3-456

（6）平整场地构件工程量和做法工程量如图 3-457、图 3-458 所示。

图 3-457

编码	项目名称	单位	工程量	单价	合价
1 010101001001	平整场地	m2	781.735		
2 1-22	机械平整场地 ±30cm以内	1000m2	0.781735	363.76	284.3639

图 3-458

3.8.4　总结拓展

3.8.4.1　归纳总结

本节主要介绍了关于台阶、散水、栏杆扶手、平整场地、建筑面积、无障碍坡道的绘制以及做法的套取。需要在绘制过程中注意以下几点。

① 台阶绘制完成后，还需要根据实际图纸点击"设置踏步边"功能，设置台阶起始边；如果布置区域封闭，台阶也可以使用"点"绘制。

② 散水在布置过程中可以点击"智能布置"按钮，沿着外墙外边线自动生成散水构件，但需注意墙体的类别和区域是否封闭。

③ 栏杆扶手、建筑面积和平整场地都可以通过智能布置的方式完成快速布置，也可以结合手动绘制方式进行单独处理，根据不同的场景进行应用。

④ 无障碍坡道可以利用现浇板构件进行处理，根据图纸绘制完成后，再单独调整板的标高信息，即可布置无障碍坡道。

3.8.4.2　拓展延伸

① 台阶绘制过程可以将 CAD 底图导入进来，在图纸基础之上利用"直线"命令进行描图，相对来说比较方便、准确。

② 散水构件是依附于外墙构件进行快速布置的，一般布置不上时可以从区域是否是封闭的、墙体类别是否是外墙构件等方面考虑。

③ 对于建筑面积而言，当一层建筑面积计算规则不一样时，有几个区域就要建立几个建筑面积属性，可利用虚墙的方法分别进行绘制。

④ 对于屋面构件，需要在屋顶层进行绘制，直接点击左侧导航栏"屋面"构件，切换到软件菜单栏"智能布置"，直接按照现浇板进行生成即可，如图 3-459 所示，清单定额套取如图 3-460 所示。

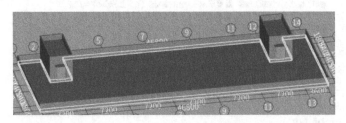

图 3-459

	编码	类别	名称	项目特征	单位	工程量表达式	表达式说明
1	⊟ 010902003	项	屋面刚性层	屋面1： 1. 40厚C20细石混凝土混捣随抹（内配Φ4@150双向） 2. 3+3厚SBS防水卷材，翻起500高（另行组价） 3. 50聚苯乙烯泡沫保温板（另行组价） 4. 20厚1:3水泥砂浆找平层 5. 最薄30厚泡沫混凝土找坡（另行组价） 6. 现浇钢筋混凝土板，表面清扫干净	m2	MJ	MJ〈面积〉
2	9-1	定	细石混凝土面层厚度(mm)40		m2	MJ	MJ〈面积〉
3	11-1	定	干混砂浆找平层混凝土或硬基层上20厚		m2	MJ	MJ〈面积〉
4	⊟ 010902001	项	屋面卷材防水	屋面1： 1. 3+3厚SBS防水卷材，翻起500高	m2	FSMJ	FSMJ〈防水面积〉
5	9-51	定	改性沥青自粘卷材自粘法一层平面		m2	FSMJ	FSMJ〈防水面积〉
6	9-53	定	改性沥青自粘卷材自粘法每增一层平面		m2	FSMJ	FSMJ〈防水面积〉
7	⊟ 011001001	项	保温隔热屋面	屋面1： 1、50聚苯乙烯泡沫保温板 2、最薄30厚泡沫混凝土找坡	m2	MJ	MJ〈面积〉
8	10-33	定	聚苯乙烯泡沫保温板厚度(mm)50		m2	WMBWMJ	WMBWMJ〈保温面积〉
9	10-44	定	泡沫混凝土		m3	WMBWMJ*(0.03+0.177)/2	WMBWMJ〈保温面积〉*(0.03+0.177)/2

图 3-460

3.8.5　思考与练习

① 智能布置散水的前提条件是什么？

② 台阶布置的流程是什么？需要注意的问题有哪些？

③ 平整场地和建筑面积布置的方式有哪几种？分别是什么？

④ 无障碍坡道布置的方法是什么？如何进行构件做法的套取？

⑤ 对于构件工程量的查询，方式有哪几种？

3.9　BIM 计量工程量报表输出

根据实际工程图纸，熟练导出钢筋、土建报表。

熟悉编制招标控制价需要的具体表格。

3.9.1　任务说明

结合《BIM 算量—图一练》专用宿舍楼工程，完成钢筋和土建工程量报表导出操作流程。

3.9.2　任务分析

① 钢筋工程量报表导出，首先需明确工程案例中哪些构件是需要计算钢筋工程量的，根据构件类型可以多维度汇总钢筋总量和明细量，然后将其导出到 Excel 表格中即可。

② 土建工程量报表导出，结合专用宿舍楼工程，提取出工程需要的表格（例如清单汇总表、清单定额汇总表、单方混凝土指标表等），然后将其导出到 Excel 表格中即可。

③ 对于钢筋和土建工程量报表，明确在软件中如何设置报表范围，以及快速进行构件工程量反查和修改。

3.9.3　任务实施

3.9.3.1　基础知识

（1）报表导出设置　构件的报表导出，是指将算量软件中的工程量导出到 Excel 表格中，然后对表进行修改，最终得出各项指标信息的一种操作。

（2）报表导出的作用

① 操作过程简单明了，直观呈现项目的各项报表信息。

② 在操作过程中可以实时地对工程的各项指标进行检查和校核。

③ 直观反映框架柱、混凝土、装修、门窗等材料用量以及各部位的钢筋和土建工程量明细。

④ 有利于对工程施工材料采购进行指导以及工程各项指标的分类、统计和汇总。

⑤ 有利于工程指标的存档，为以后进行类似工程的筹划、建造提供依据。

3.9.3.2 报表导出

下面结合专用宿舍楼案例工程介绍钢筋和土建工程量报表导出的基本流程：工程量汇总计算→报表查量。

（1）工程量汇总计算　前面工程案例模型绘制完成后，需在软件中进行构件工程量的汇总，才可以导出案例工程的钢筋和土建等报表，具体操作流程如下。

切换到软件菜单栏上方的"工程量"模块下，在"汇总"页签中，点击"汇总计算"按钮，会弹出汇总计算的窗口，如图 3-461 所示。勾选全部楼层，将"土建计算""钢筋计算"和"表格输入"打钩，点击"确定"按钮，即可进行楼层工程量的汇总计算，计算完成出现如图 3-462 所示界面。

图 3-461

图 3-462

（2）报表查量

① 切换到软件上方菜单栏"工程量"模块下，点击"查看报表"按钮，可以对报表直接进行预览，点击"报表"预览界面，如图 3-463 所示，在左侧模块导航栏中点击相应的表格，即可预览查询表格中的信息。

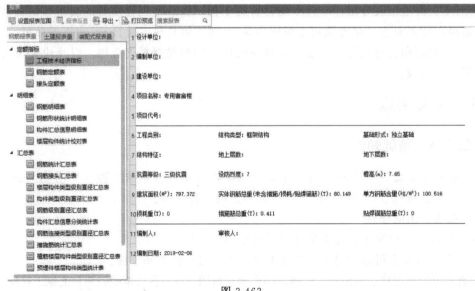

图 3-463

② 可以点击上方工具栏中"设置报表范围"按钮，弹出对应设置范围的窗口，如
图 3-464 所示，选择要导出的构件或楼层，直接点
击"确定"按钮，即可设置报表的范围。

③ 在软件左侧导航栏中可以切换"钢筋报表
量"和"土建报表量"页签，分别选择对应页签下
的报表，即可看到对应报表的数据信息，如
图 3-465、图 3-466 所示。或者可以点击工具栏上方
"打印预览"按钮，提前预览报表的导出样式，避免
报表打印出错。

图 3-464

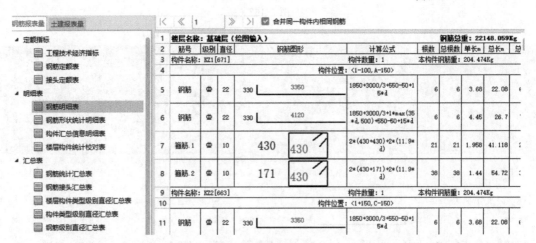

图 3-465

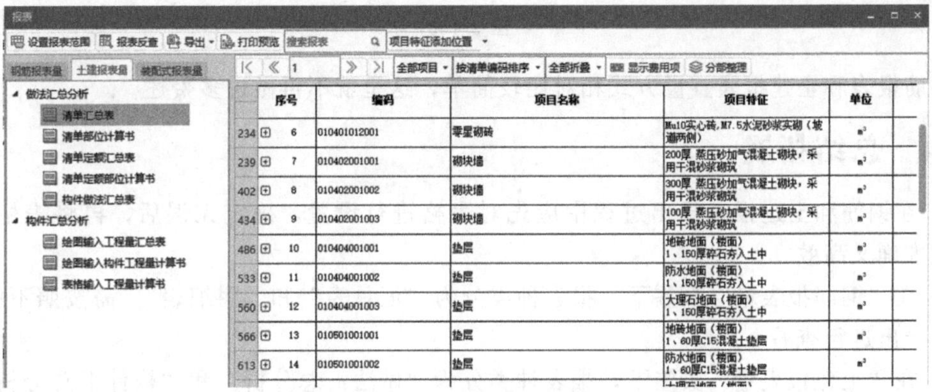

图 3-466

但需注意的是，在软件报表界面，可以对报表中的工程量数据进行反查，即通过在软件
工具栏上方的"报表反查"按钮，如图 3-467 所示。选择对应工程量列，可以直接双击定位
到对应的绘图区域，如图 3-468 所示，显示对应构件的工程量计算明细。

图 3-467

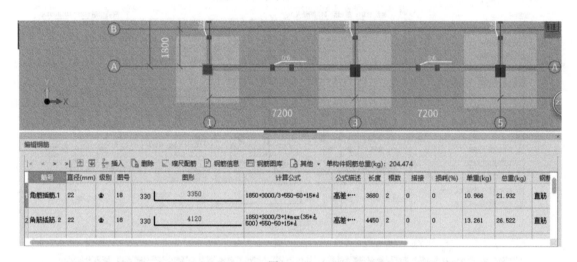

图 3-468

钢筋报表和土建报表查量方式相对比较简单，这里就不再做过多赘述。

3.9.4 总结拓展

① 在钢筋和土建报表导出过程中应先对表格进行设置，确定无误后，再将表格导出，这样既准确又高效。

② 在"钢筋报表量"页签下，报表种类分为"汇总表"和"明细表"，需按照不同的业务场景导出进行查看。

③ 在"土建报表量"页签下，报表种类分为"做法汇总分析"和"构件汇总分析"，一般建议在软件中按照工程量代码，套取对应的清单定额，这样相对比较准确。

3.9.5 案例工程结果报表

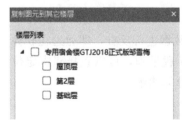

图 3-469

首层所有构件绘制完成后，可点击软件菜单栏上方的"复制到其它层"按钮，会弹出"复制图元到其它楼层"对话框，如图 3-469 所示，选择需要复制到的楼层后点击"确定"按钮，即可快速完成其他楼层构件绘制。对于在其他楼层存在不一样的构件，可根据图纸针对性地进行修改即可，如基础层的构件跟首层的构件。通过新建、复制等方法最终完成案例工程土建工程量的计算，土建工程结果报表见表 3-30，钢筋工程结果报表见表 3-31。

表 3-30　土建工程结果报表

序号	编码	项目名称	项目特征	单位	工程量明细	
					绘图输入	表格输入
实体项目						
1	010101003001	挖沟槽土方	人工挖三类土，挖土深度 1.5m 以内，地下常水位标高为 −2.0m，人工装土，人力车运土，运距 500m	m³	7.2186	
2	010101004001	挖基坑土方（干土）	人工挖三类土，挖土深度 1.55m，地下常水位标高为 −2.0m，人工装土，人力车运土，运距 500m	m³	1155.3133	
3	010101004002	挖基坑土方（湿土）	人工挖三类土，挖土深度 0.55m，地下常水位标高为 −2.0m，人工装土，人力车运土，运距 500m	m³	322.5318	
4	010103001001	回填方（房心回填）	素土夯实	m³	121.45	
5	010103001002	回填方（基础回填）	素土回填夯实	m³	1162.5069	
6	010401012001	零星砌砖	MU10 实心砖，M7.5 水泥砂浆实砌（坡道两侧）	m³	5.0304	
7	010402001001	砌块墙	200 厚蒸压砂加气混凝土砌块，采用干混砂浆砌筑	m³	423.1539	
8	010402001002	砌块墙	300 厚蒸压砂加气混凝土砌块，采用干混砂浆砌筑	m³	19.7695	
9	010402001003	砌块墙	100 厚蒸压砂加气混凝土砌块，采用干混砂浆砌筑	m³	18.7448	
10	010404001001	垫层	地砖地面 150 厚碎石夯入土中	m³	80.034	
11	010404001002	垫层	防水地面 150 厚碎石夯入土中	m³	9.1571	
12	010404001003	垫层	大理石地面 150 厚碎石夯入土中	m³	7.572	
13	010501001001	垫层	地砖地面 1.60 厚 C15 混凝土垫层	m³	32.0136	
14	010501001002	垫层	防水地面 1.60 厚 C15 混凝土垫层	m³	3.6624	
15	010501001003	垫层	大理石地面 1.60 厚 C15 混凝土垫层	m³	3.0288	
16	010501001004	垫层	C15 商品泵送混凝土垫层	m³	46.395	
17	010501003001	独立基础	C30 商品泵送混凝土独立基础	m³	238.3725	
18	010502001001	矩形柱	C30 现浇商品泵送混凝土矩形柱	m³	107.643	
19	010502002001	构造柱	C25 现浇商品泵送混凝土构造柱	m³	21.0135	
20	010503002001	矩形梁	C30 现浇商品泵送混凝土矩形梁	m³	192.0035	
21	010503004001	素混凝土防水翻边	C25 非泵送商品混凝土翻边	m³	0.7201	
22	010503005001	过梁	C25 非泵送商品混凝土过梁	m³	5.3712	
23	010505003001	平板	C30 现浇商品泵送混凝土平板	m³	142.7539	

序号	编码	项目名称	项目特征	单位	工程量明细	
					绘图输入	表格输入
24	010505008001	雨篷、悬挑板、阳台板	C25 商品泵送混凝土雨篷	m³	0.4998	
25	010505008002	空调板	C25 商品泵送混凝土空调板	m³	0.975	
26	010506001001	直形楼梯	C30 现浇商品泵送混凝土直行楼梯	m²	79.976	
27	010507001001	散水	1. 70 厚 C15 混凝土提浆抹光； 2. 80 厚压实碎石； 3. 素土夯实； 4. 散水每隔 10m，设置一个伸缩缝，缝宽 20mm，在房屋转角处也应设置伸缩缝，其缝与外墙成 45°角内填沥青胶结料	m²	106.4189	
28	010507001002	无障碍坡道	1. 20 厚耐磨砂浆面层，表面每 100mm 划出横向纹道； 2. 70 厚 C15 混凝土垫层； 3. 80 厚碎石垫层； 4. 素土夯实	m²	10.1901	
29	010507004001	台阶	1. 20 厚 1：3 水泥砂浆找平层（另行组价）； 2. 纯水泥浆一道（另行组价）； 3. 60 厚 C15 混凝土，台阶面向外坡 1%； 4. 80 厚压实碎石； 5. 素土夯实	m²	21.7114	
30	010507005001	扶手、压顶	C25 商品泵送混凝土 压顶	m³	6.392	
31	010801004001	木质防火门	乙级防火门	m²	10.5	
32	010802001001	金属（塑钢）门	塑钢平开门	m²	401.295	
33	010802001002	金属（塑钢）门	塑钢推拉门	m²	17.82	
34	010807001001	金属（塑钢、断桥）窗	塑钢平开窗，5＋9A＋5 的中空玻璃	m²	82.83	
35	010807001002	金属（塑钢、断桥）窗	塑钢推拉窗，5＋9A＋5 的中空玻璃	m²	229.425	
36	010807002001	金属防火窗	乙级防火窗	m²	4.32	
37	010902001001	屋面卷材防水	屋面 2： 1. 3＋3 厚 SBS 防水卷材，翻起 500mm 高； 2. 50 厚聚苯乙烯泡沫保温板（另行组价）； 3. 20 厚 1：3 水泥砂浆找平层； 4. 最薄 30 厚泡沫混凝土找坡（另行组价）； 5. 现浇钢筋混凝土板，表面清扫干净	m²	73.68	
38	010902001002	屋面卷材防水	屋面 1： 3＋3 厚 SBS 防水卷材，翻起 500mm 高	m²	860.16	

续表

序号	编码	项目名称	项目特征	单位	工程量明细	
					绘图输入	表格输入
39	010902002001	屋面涂膜防水	屋面3: 1. 20厚1:2水泥砂浆保护层; 2. 1.5厚聚氨酯防水涂膜一道; 3. 20厚1:3水泥砂浆找平层; 4. 最薄30厚泡沫混凝土找坡(另行组价); 5. 现浇钢筋混凝土板,表面清扫干净	m²	4.2	
40	010902003001	屋面刚性层	屋面1: 1. 40厚C20细石混凝土随捣随抹(内配φ4@150双向); 2. 3+3厚SBS防水卷材,翻起500mm高(另行组价); 3. 50厚聚苯乙烯泡沫保温板(另行组价); 4. 20厚1:3水泥砂浆找平层; 5. 最薄30厚泡沫混凝土找坡(另行组价); 6. 现浇钢筋混凝土板,表面清扫干净	m²	779.86	
41	010903002001	墙面涂膜防水	面砖防水墙面 1.0厚水泥基渗透结晶型防水涂料	m²	936.2876	
42	010904002001	楼(地)面涂膜防水	防水地面(楼面) 水泥基渗透结晶型防水涂料,周边上翻300mm	m²	201.297	
43	011001001001	保温隔热屋面	屋面3: 最薄30厚泡沫混凝土找坡	m²	4.2	
44	011001001002	保温隔热屋面	屋面2: 1. 50厚聚苯乙烯泡沫保温板; 2. 最薄30厚泡沫混凝土找坡	m²	51.68	
45	011001001003	保温隔热屋面	屋面1: 1. 50厚聚苯乙烯泡沫保温板; 2. 最薄30厚泡沫混凝土找坡	m²	779.86	
46	011001003001	保温隔热墙面	外墙2: 1. 8厚抗裂砂浆; 2. 热镀锌钢丝网	m²	189.41	71.18
47	011001003002	保温隔热墙面	外墙1: 1. 8厚抗裂砂浆; 2. 热镀锌钢丝网; 3. 30厚聚苯乙烯泡沫保温板; 4. 专用黏结层	m²	1143.8187	

序号	编码	项目名称	项目特征	单位	工程量明细	
					绘图输入	表格输入
48	011102001001	石材楼地面	大理石地面 1. 20 厚大理石石材； 2. 20 厚干混砂浆结合层，纯水泥浆擦缝； 3. 20 厚干混砂浆找平层； 4. 60 厚 C15 混凝土垫层（另行组价）； 5. 150 厚碎石夯入土中（另行组价）	m²	51.554	
49	011102003001	块料楼地面	防水地面（楼面） 1. 300×300 防滑地砖，纯水泥浆擦缝； 2. 20 厚干混砂浆结合层； 3. 水泥基渗透结晶型防水涂料，周边上翻 300（另行组价）； 4. 最薄处 30 厚 C20 细石混凝土找坡层抹平	m²	81.2945	
50	011102003002	块料楼地面	地砖地面（楼面） 1. 600×600 地砖，纯水泥浆擦缝； 2. 20 厚干混砂浆结合层； 3. 20 厚干混砂浆找平层	m²	583.1345	
51	011102003003	块料楼地面	地砖地面 1. 600×600 地砖，纯水泥浆擦缝； 2. 20 厚干混砂浆结合层； 3. 20 厚干混砂浆找平层； 4. 60 厚 C15 混凝土垫层（另行组价）； 5. 150 厚碎石夯入土中（另行组价）	m²	540.878	
52	011102003004	块料楼地面	防水地面 1. 300×300 防滑地砖，纯水泥浆擦缝； 2. 20 厚干混砂浆结合层； 3. 水泥基渗透结晶型防水涂料，周边上翻 300（另行组价）； 4. 最薄处 30 厚 C20 细石混凝土找坡层抹平； 5. 60 厚 C15 混凝土垫层（另行组价）； 6. 150 厚碎石夯入土中（另行组价）	m²	61.301	
53	011105002001	石材踢脚线	1. 花岗岩面层； 2. 1：2 的水泥砂浆结合层	m²	9.5516	
54	011105002002	石材踢脚线	大理石踢脚（100 高） 1. 10～15 厚大理石石材板（涂防污剂），纯水泥浆擦缝； 2. 15 厚干混砂浆结合层	m²	3.333	

序号	编码	项目名称	项目特征	单位	工程量明细	
					绘图输入	表格输入
55	011105003001	块料踢脚线	地砖踢脚（100 高） 1. 10～15 厚地砖，纯水泥浆擦缝； 2. 15 厚干混泥砂浆打底	m²	100.5905	
56	011106001001	石材楼梯面层	1. 花岗岩面层； 2. 1∶2 的水泥砂浆结合层； 3. 防滑铜条	m²	79.976	
57	011107004001	水泥砂浆台阶面	1. 20 厚 1∶3 水泥砂浆找平层； 2. 纯水泥浆一道	m²	21.7114	
58	011201001001	墙面一般抹灰	白色乳胶漆墙面 20 厚干混砂浆找平	m²	4021.6155	
59	011201001002	墙面一般抹灰	外墙 2： 部位：女儿墙内侧、压顶、翻口等 1. 外墙防水弹性涂料（另行组价）； 2. 8 厚抗裂砂浆（另行组价）； 3. 热镀锌钢丝网（另行组价）； 4. 外墙 20 厚干混砂浆找平； 5. 素水泥浆一道（有 107 胶）	m²	189.41	71.18
60	011204003001	块料墙面	外墙 1： 1. 瓷质外墙砖 45×95； 2. 6 厚干混砂浆黏结层； 3. 15 厚干混砂浆打底抹灰； 4. 8 厚抗裂砂浆（另行组价）； 5. 热镀锌钢丝网（另行组价）； 6. 30 厚聚苯乙烯泡沫保温板（另行组价）； 7. 专用黏结层（另行组价）； 8. 专用界面剂一道	m²	1143.8187	
61	011204003002	块料墙面	面砖防水墙面 1. 白水泥擦缝； 2. 152×152 墙面瓷砖（粘贴前墙砖充分水湿）； 3. 4 厚强力胶粉泥黏结层，揉挤压实； 4. 1.0 厚水泥基渗透结晶型防水涂料（另行组价）； 5. 15 厚 1∶3 干混砂浆打底压实抹平	m²	936.2876	
62	011301001001	天棚抹灰	白色乳胶漆墙面 15 厚干混砂浆抹灰找平	m²	1224.5344	63.11

续表

序号	编码	项目名称	项目特征	单位	工程量明细	
					绘图输入	表格输入
63	011302001001	吊顶天棚	吊顶天棚 1. 铝合金方板面层； 2. 铝合金中龙骨⊥32×24×1.2，中距等于板材宽度； 3. 轻钢大龙骨 60×30×1.5（吊点附吊挂），中距 900； 4. 铝合金横撑⊥32×24×1.2，中距等于板材宽度； 5. A8 钢筋吊杆，双向吊点，中距 900	m²	141.545	
64	011406001001	抹灰面油漆	白色乳胶漆墙面 1. 白色乳胶漆两遍； 2. 批刮腻子两遍； 3. 20厚干混砂浆找平（另行组价）	m²	4059.5282	
65	011406001002	抹灰面油漆	白色乳胶漆墙面 1. 白色乳胶漆两遍； 2. 批刮腻子两遍； 3. 15厚干混砂浆抹灰找平（另行组价）	m²	1224.5344	63.11
66	011407001001	墙面喷刷涂料	外墙2： 外墙防水弹性涂料	m²	189.41	28
67	011503001001	金属扶手、栏杆、栏板	不锈钢扶手栏杆	m	34.5992	
68	011503001002	金属扶手、栏杆、栏板	空调板护栏	m	28	
69	011503005001	金属靠墙扶手	不锈钢护窗栏杆	m	91.5	
70	011503005002	金属靠墙扶手	无障碍坡道不锈钢管栏杆	m	14.65	
措施项目						
1	011702001001	基础	独立基础 复合木模	m²	250.45	
2	011702001002	基础	垫层 复合木模	m²	41.96	
3	011702002001	矩形柱	矩形柱复合木模，层高 3.6m	m²	750.6867	
4	011702003001	构造柱	复合木模，层高 3.6m	m²	199.3386	
5	011702006001	矩形梁	矩形梁复合模板，层高 3.6m	m²	1699.862	
6	011702008001	素混凝土防水翻边	素混凝土翻边 复合木模	m²	16.409	
7	011702009001	过梁	过梁 复合木模	m²	91.7164	
8	011702016001	平板	平板 复合模板，层高 3.6m	m²	1427.5358	
9	011702023001	雨篷、悬挑板、阳台板	雨篷 复合木模	m²	4.1648	
10	011702023002	空调板	空调板 复合木模	m²	9.75	
11	011702024001	楼梯	直行楼梯 复合木模	m²	79.976	
12	011702028001	扶手	压顶 复合木模	m²	63.92	

注：本表中，未注明的尺寸单位为 mm。

表3-31　钢筋工程结果报表

楼层名称	构件类型	钢筋总重/kg	HPB300		HRB400								
			6	6	8	10	12	14	16	18	20	22	25
基础层	柱	7596.469				1427.71	1515.394		48.916	1019.64	1225.182	1526.301	833.326
	梁	7989.265	172.148		2150.956		1244.66	20.184	177.396	1272.834	1715.524	1204.743	30.82
	独立基础	6847.78			63.251		391.46	3752.706	2235.168				
	合计	22433.514	172.148		2214.207	1832.905	3151.514	3772.89	2461.48	2292.474	2940.706	2731.044	864.146
首层	柱	6214.618			2575.912				39.184	882.88	1010.378	1065.624	640.64
	构造柱	646.36		158.208									
	砌体加筋	764.454	764.454										
	过梁	771.834		108.684			663.15						
	梁	14357.936	179.908		2149.518		1244.164		177.396	1463.538	7021.432	1880.339	241.641
	现浇板	5824.599		443.315	4450.973		930.311						
	其他	787.652			235.776	139.36	331.488	21.876	59.152				
	合计	29367.453	944.362	710.207	9412.179	627.512	3169.113	21.876	275.732	2346.418	8031.81	2945.963	882.281
二层	柱	5410.726			2488.082	486.416			415.35	811.712	1318.822	376.76	
	构造柱	644.624		158.208									
	砌体加筋	801.643	801.643										
	过梁	771.781		109.747			662.034						
	梁	11012.48	176.53		1842.798		1244.66			2817.966	4789.192		141.334
	现浇板	7917.969		259.59	7136.366		522.013						
	合计	26559.223	978.173	527.545	11467.246	486.416	2428.707		415.35	3629.678	6108.014	376.76	141.334

续表

楼层名称	构件类型	钢筋总重/kg	HPB300	HRB400										
			6	6	8	10	12	14	16	18	20	22	25
屋顶层	柱	1311.325			645.627				35.268	117.24	513.19		
	构造柱	364.84		79.928		284.912							
	砌体加筋	269.512	269.512										
	过梁	20.88		3.3			17.58						
	梁	855.903	20.592		205.222		144.668	168.263	71.698	245.46			
	圈梁	824.62		173.452			651.168						
	现浇板	511.739			511.739							·	
	其他	10.894		3.766	7.128								
	合计	4169.713	290.104	260.446	1369.716	284.912	813.416	168.263	106.966	362.7	513.19		
全部层汇总	柱	20533.138			5709.621	1427.71	1515.394		538.718	2831.472	4067.572	2968.685	1473.966
	构造柱	1655.824		396.344		1259.48							
	砌体加筋	1835.609	1835.609										
	过梁	1564.495		221.731			1342.764						
	梁	34215.584	549.178	6348.494			3878.152	188.447	426.49	5799.798	13526.148	3085.082	413.795
	圈梁	824.62		173.452			651.168						
	现浇板	14254.307		702.905	12099.078		1452.324						
	独立基础	6847.78			63.251	405.195	391.46	3752.706	2235.168				
	其他	798.546		3.766	242.904	139.36	331.488	21.876	59.152				
	合计	82529.903	2384.787	1498.198	24463.348	3231.745	9562.75	3963.029	3259.528	8631.27	17593.72	6053.767	1887.761

但需要注意的是：

① 在进行其他楼层复制过程中，需要选中全部绘制的构件进行复制，必须在软件下方状态栏中点击打开"跨图层选择"按钮，才可以选中全部的构件一起进行快速复制；

② 楼层图元复制成功后，还需对其他楼层的构件进行信息校核，可以采用手动绘制命令进行局部的修改，以保证构件信息的正确性；

③ 可利用算量模型交互插件 GFC 实现将 Revit 三维模型中的主体、基础、装修、零星等构件一键导入土建计量平台 GTJ2018 中，构件导入率可以达到 100％。

3.9.6　思考与练习

① 报表导出基本流程是什么？

② 软件中如何进行钢筋、土建报表范围的设置？

③ 分别介绍钢筋和土建的表格导出的方式有哪些。

④ 阐述报表如何进行汇总计算。

第4章

BIM工程计价案例实务

4.1 编制招标控制价前准备

1. 了解编制招标控制价的程序及要求；
2. 能够结合具体案例工程，正确运用所学的知识做好编制招标控制价前的准备工作。

学习要求

1. 了解招标工程的工程概况及招标范围；
2. 熟悉招标控制价编制依据；
3. 掌握招标控制价编制要求；
4. 掌握招标控制价核心文件——工程量清单计价报表的组成。

4.1.1 任务说明

做好案例《BIM算量一图一练》专用宿舍楼工程招标控制价编制前的准备工作。

4.1.2 任务分析

编制招标控制价前，需要确定什么是招标控制价、招标控制价的组成、阅读招标文件条款等，从中了解本案例工程的工程概况及具体的编制要求、编制依据。

4.1.3 任务实施

4.1.3.1 招标控制价的概念及组成

（1）招标控制价的概念　招标控制价是招标人根据国家或省级、行业建设主管部门颁发的有关计价依据和办法，以及拟定的招标文件、市场行情，结合工程具体情况编制的招标工程的最高投标限价。

（2）招标控制价的组成

1）招标控制价文件包含的报表　样表参见《建设工程工程量清单计价规范》（GB 50500—2013）。

① 封面：封-2。

② 扉页：扉-02。

③ 总说明：表-01。

④ 单项工程招标价汇总表：表-03。

⑤ 单位工程招标控制价汇总表：表-04。

⑥ 分部分项工程和单价措施项目清单与计价表：表-08。

⑦ 综合单价分析表：表-09。

⑧ 总价措施项目清单与计价表：表-11。

⑨ 其他项目清单与计价汇总表：表-12。

⑩ 暂列金额明细表：表-12-1。

⑪ 材料（工程设备）暂估单价及调整表：表-12-2。

⑫ 专业工程暂估价及结算表：表-12-3。

⑬ 计日工表：表-12-4。

⑭ 总承包服务费计价表：表-12-5。

⑮ 规费、税金项目计价表：表-13。

⑯ 单位工程人材机汇总表。

⑰ 主要材料价格表。

2）单项工程招标控制价包含的费用（表4-1）

表 4-1　单项工程招标控制价汇总表

工程名称：　　　　　　　　　　　　　　　　　　　　　　　　　　　　　　　　　第1页　共1页

序号	单位工程名称	金额/元	其中					占造价比例/%	建筑面积/m²	单方造价/元
			分部分项合计/元	措施项目合计/元	其他项目合计/元	规费/元	税金/元			
	合计									

注：本表适用于单项工程招标控制价或投标报价的汇总。

3）单位工程招标控制价包含的费用（表4-2）

表 4-2　单位工程招标控制价汇总表

工程名称：　　　　　　　　　　　　　　　　　　　　　　　　　　　　　　　　　第1页　共1页

序号	汇总内容	金额/元	其中：暂估价/元
1	分部分项工程		
	其中：弃土或渣土运输和消纳费		
2	措施项目		
2.1	其中：安全文明施工费		
2.2	其中：施工垃圾场外运输和消纳费		

续表

序号	汇总内容	金额/元	其中：暂估价/元
3	其他项目		
3.1	其中：暂列金额（不包括计日工）		
3.2	其中：专业工程暂估价		
3.3	其中：计日工		
3.4	其中：总承包服务费		
4	规费		
5	税金		
	招标控制价合计＝1＋2＋3＋4＋5		

注：暂估价包括分部分项工程中的暂估价和专业工程工程暂估价。

4.1.3.2　招标宿舍楼工程的工程概况及招标范围

（1）工程概况　《BIM算量一图一练》专用宿舍楼工程是浙江省杭州市某现浇钢筋混凝土框架结构专用宿舍楼工程，合同计划工期为2020年9月1日至2020年12月27日。总建筑面积为1655.54m²，基底面积为797.37m²，建筑高度为7.650m，地上主体为两层，室内外高差为0.45m。地下常水位标高假定为－2.0m。土方使用人工开挖，就近堆放，自然放坡，人力车运土，运距500m。

（2）招标范围　建筑施工图全部内容。质量标准为合格，工地标准按市级标准化工地标准。

4.1.3.3　招标控制价编制依据

① 国家、浙江省工程建设行政主管部门颁发的法律、法规及有关规定，现行《建设工程工程量清单计价规范》（GB 50500—2013）、《房屋建筑与装饰工程工程量计算规范》（GB 50854—2013）；

②《浙江省房屋建筑与装饰工程预算定额》（2018版）及配套解释、相关规定；

③ 工程项目拟定的招标文件、答疑文件、澄清和补充文件以及有关会议纪要；

④ 施工现场情况、工程特点、常规或类似的施工方案；

⑤ 浙江省杭州市"工程造价信息"2020年6月份公布确定的人、材、机的价格；

⑥ 本工程有关的技术标准和质量验收规范等；

⑦ 工程项目地质勘查报告以及设计文件；

⑧ 施工期间有关风险因素和其他相关资料。

4.1.3.4　招标控制价编制要求

① 暂列金额。本工程的暂列金额为除税金额15万元。

② 安装工程、设计说明及图纸未提及工作内容暂不考虑在编制范围内。

③ 创市级标准化工地。

④ 最高投标限价的基准期为2020年6月。

⑤ 甲供材不含税单价一览表（表4-3）。

表 4-3　甲供材不含税单价一览表

序 号	名　称	规格型号	单位	单价/元
1	C15 非泵送商品混凝土	最大粒径 20mm	m³	530
2	C20 非泵送商品混凝土	最大粒径 20mm	m³	540
3	C25 非泵送商品混凝土	最大粒径 20mm	m³	555
4	C30 泵送商品混凝土	最大粒径 20mm	m³	600

⑥ 暂估价材料不含税价表（表 4-4）。

表 4-4　暂估价材料不含税价表

序号	名　称	规格型号	单位	单价/元
1	花岗岩板		m²	180
2	大理石板		m²	200
3	抛光砖	600mm×600mm	m²	60
4	防滑地砖	300mm×300mm	m²	42
5	内墙瓷砖	152mm×152mm	m²	40
6	外墙面砖	45mm×95mm	m²	45
7	塑钢平开窗		m²	360
8	塑钢平开门		m²	400
9	塑钢推拉窗门		m²	320
	塑钢推拉窗		m²	280
10	木质防火门（乙级）		m²	450
11	防火窗（乙级）		m²	600
	PVC 塑料推拉纱窗扇		m²	80

⑦ 计日工表（表 4-5）。

表 4-5　计日工表（不含税价格）

序号	名　称	工程量	单位	单价/元	备注
1	人工				
	木 工	10	工 日	244	
	钢筋工	10	工 日	232	
2	材 料				
	黄砂（中粗）	1	m³	153	
	水 泥	5	m³	517	
3	施工机械				
	载重汽车	1	台班	1000	

4.1.4　归纳总结

做好招标控制价编制前的准备工作需要明确招标方的想法和意图；需亲临施工现场实地考察，了解拟建建筑物所处位置地上地下、周边情况；研读招标文件；了解工程概况；了解当地各种相关政策规定，做好编制依据准备以及编制招标控制价所需各种软件准备。

4.2 编制招标控制价

 学习目标

1. 具备相应的招投标理论知识；
2. 能够结合具体工程，正确编制招标控制价。

 学习要求

1. 了解算量软件导入计价软件的基本流程；
2. 熟悉措施费、其他费用的构成；
3. 掌握清单综合单价的构成及组价、调价方法；
4. 掌握计价软件的常用功能；
5. 能正确运用计价软件完成招标控制价的编制。

4.2.1 新建招标项目结构

4.2.1.1 任务说明

结合案例《BIM算量—图—练》专用宿舍楼工程，运用计价软件创建招标项目结构，为计量软件工程量的导入奠定基础。

4.2.1.2 任务分析

编制招标工程的招标控制价，采取2018年擎洲广达云计价软件展开工程计价文件编制。该计价包括编制、调价、报表、招投标四大模块，目前浙江地区建设项目计价较广泛地运用该软件协助完成，需要根据建设工程项目的划分原则，结合宿舍楼工程，按照软件操作的指引完成工程项目结构的创建。该招标项目的招标范围为宿舍楼工程的房屋建筑与装饰工程，属于一个建设项目。因此需要创建包含建设项目、单项工程和单位工程的三级项目结构。

4.2.1.3 任务实施

（1）新建项目 打开擎洲广达云计价软件，在软件起始界面点击"新建工程文件"，跳出新建文件窗口，选择正确的工程模板后双击鼠标左键或点击"确定"按钮，如图4-1所示。

（2）新建项目结构 软件弹出"项目结构设置"对话框，在这里增加单位工程、专业工程，在专业工程节点选择专业类型。同时填写单位、专业节点的名称，用于报表上工程名称的导出，填写完成之后点击"确定"按钮，如图4-2所示。

如果想修改项目、单位工程、专业工程的名称，通过双击修改即可。

（3）取费设置 在项目三级结构建立之后进行所有费率的设置。点击"费率设置"页签，在弹出的界面中按照造价编制的要求，直接输入或双击选择，对本工程的相关费用进行设置，包括管理费、利润、组织措施费、规费、税金等，如图4-3所示。

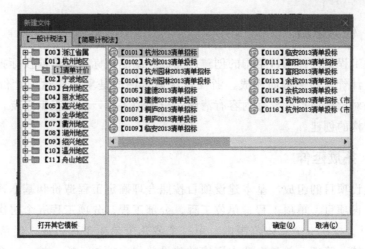

图 4-1

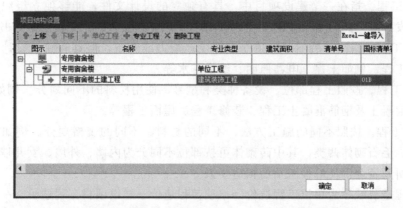

图 4-2

图 4-3

4.2.1.4 任务总结

专用宿舍楼工程招投标项目结构的创建已完成。编制招标控制价或投标报价时，造价人员通常使用行业计价软件来协助完成，浙江地区最常用的是擎洲广达云计价和品茗计价软件。首先需要先对招标项目、招标内容有清晰、全面地了解，然后根据需要，在软件操作指引下完成项目结构的创建。

4.2.1.5 拓展延伸

(1) 基本建设项目的组成　基本建设项目按照合理确定工程造价和基本建设管理工作的要求，划分为建设项目、单项工程、单位工程、分部工程、分项工程五个层次。

① 建设项目。指在一个总体范围内，由一个或几个单项工程组成，经济上实行独立核算，行政上实行统一管理，并具有法人资格的建设单位。例如一所学校、一个工厂等。

② 单项工程。指在一个建设项目中，具有独立的设计文件，能够独立组织施工，竣工后可以独立发挥生产能力或效益的工程。例如一所学校的教学楼、实验楼、图书馆等。

③ 单位工程。指竣工后不可以独立发挥生产能力或效益，但具有独立设计，能够独立组织施工的工程。例如土建、电器照明、给水排水等。

④ 分部工程。按照工程部位、设备种类和型号、使用材料的不同划分。例如基础工程、砖石工程、混凝土及钢筋混凝土工程、装修工程、屋面工程等。

⑤ 分项工程。按照不同的施工方法、不同的材料、不同的规格划分。例如砖石工程可分为砖砌体、毛石砌体两类，其中砖砌体可按部位不同分为内墙、外墙、女儿墙。分项工程是计算工、料及资金消耗的最基本的构造要素。

确定工程造价顺序为单位工程造价→单项工程造价→建设项目工程造价。一般最小单位是以单位工程为编制对象来确定工程造价。

(2) 营业税改征增值税概述　营业税改征增值税（以下简称"营改增"）是指以前缴纳营业税的应税项目改成缴纳增值税，增值税只对产品或者服务的增值部分纳税，减少了重复纳税的环节，是党中央、国务院根据经济社会发展新形势，从深化改革的总体部署出发做出的重要决策，目的是加快财税体制改革、进一步减轻企业赋税，调动各方积极性，促进服务业尤其是科技等高端服务业的发展，促进产业和消费升级、培育新动能、深化供给侧结构性改革。

"营改增"在全国的推行，大致经历了以下阶段。

2011年，经国务院批准，财政部、国家税务总局联合下发营业税改增值税试点方案。从2012年1月1日起，在上海交通运输业和部分现代服务业开展营业税改征增值税试点。自2012年8月1日起至年底，国务院将"营改增"试点扩大至8省市；2013年8月1日，"营改增"范围已推广到全国试行，广播影视服务业也纳入试点范围；2014年1月1日起，将铁路运输和邮政服务业纳入营业税改征增值税试点，至此交通运输业已全部纳入"营改增"范围。2016年3月18日召开的国务院常务会议决定，自2016年5月1日起，中国将全面推开"营改增"试点，将建筑业、房地产业、金融业、生活服务业全部纳入"营改增"试点。至此，营业税退出历史舞台，增值税制度更加规范。这是自1994年分税制改革以来，财税体制的又一次深刻变革。

"营改增"后对工程造价的计算和确定发生的主要影响有以下几个方面。

① 两种身份。分为一般纳税人和小规模纳税人。

一般纳税人是指应税行为的年应征增值税销售额（以下简称"年应税销售额"）超过财政部和国家税务总局规定标准的纳税人，一般纳税人应健全会计核算、能够准确提供税务资料、并向主管税务机关进行一般纳税人资格登记。

小规模纳税人是指应税行为的年应征增值税销售额未超过规定标准的纳税人。年应税销售额超过规定标准的其他个人不属于小规模纳税人。年应税销售额超过规定标准但不经常发生应税行为的单位和个体工商户可选择按照小规模纳税人纳税。

② 两种计税方法。分为一般计税方法和简易计税方法。

a. 一般计税方法。一般计税方法的应纳税额是指当期销售额抵扣当期进项税额后的余额。

应纳税额计算公式：

$$应纳税额＝当期销项税额－当期进项税额$$

销项税额是指纳税人发生纳税行为按照销售额和增值税税率计算并收取的增值税额。销项税额计算公式：

$$销项税额＝销售额×税率$$

进项税额是指纳税人购进货物、加工修理修配劳务、无形资产或者不动产，支付或者负担的增值税额。

b. 简易计税方法。简易计税方法的应纳税额是指按照销售额和增值税征收率计算的增值税额，其不得抵扣进项税额。

应纳税额计算公式：

$$应纳税额＝销售额×征收率$$

③ 税率和征收率。按照《财政部国家税务总局关于全面推开营业税改征增值税试点的通知》（财税〔2016〕36号）附件一《营业税改征增值税试点实施办法》第十五条、《财政部税务总局海关总署关于深化增值税改革有关政策的公告》（财政部税务总局海关总署公告2019年第39号）、《关于增值税调整后我省建设工程计价依据增值税税率及有关计价调整的通知》（浙建建发〔2019〕92号），增值税税率分为以下几种。

a. 纳税人发生应税行为，除特别规定外，税率为6%；

b. 提供交通运输、邮政、基础电信、建筑、不动产租赁服务，销售不动产，转让土地使用权，税率为9%；

c. 提供有形动产租赁服务，税率为13%；

d. 境内单位和个人发生的跨境应税行为，税率为零。具体范围由财政部和国家税务总局另行规定。

《营业税改征增值税试点实施办法》第十六条规定增值税征收率为3%，财政部和国家税务总局另有规定的除外。

④ 计价依据调整原则。

a. 建筑业"营改增"后，工程造价按"价税分离"计价规则计算，具体要素价格适用增值税，税率执行财税部门的相关规定。税前工程造价为人工费、材料费、施工机具使用费、企业管理费、利润和规费之和，各费用项目均以不包含增值税（可抵扣进项税额）的价格进行计算。

b. 企业管理费包括预算定额的原组成内容，城市维护建设税、教育费附加以及地方教育费附加，"营改增"增加的管理费用等。

c. 建筑安装工程费用的税金是指国家税法规定应计入建筑安装工程造价内的增值税销项税额。

⑤ 工程项目计税方式的选择。

a. 一般计税方式。一般纳税人在"建筑工程施工许可证"注明的开工日期或未取得"建筑工程施工许可证"的建筑工程承包合同注明的开工日期（以下简称"开工日期"）应为在 2016 年 5 月 1 日（含）之后的房屋建筑和市政基础设施工程（以下简称"建筑工程"）。

b. 简易计税方式。

（a）一般纳税人以清包工方式提供的建筑服务，可以选择适用简易计税方式。

以清包工方式提供建筑劳务，是指施工方不采购建筑工程所需的材料或只采购辅助材料，并收取人工费、管理费或者其他费用的建筑服务。

（b）一般纳税人为甲供工程提供的建筑服务，可以选择适用简易计税方法计税。甲供工程是指全部或部分设备、材料、劳力由工程发包方自行采购的建筑工程。

（c）一般纳税人为建筑工程老项目提供的建筑服务，可以选择使用简易计税方法计税。建筑工程老项目是指以下几种情况："建筑工程施工许可证"注明的开工日期在 2016 年 4 月 30 日前的建筑工程项目；未取得《建筑工程施工许可证》的，建筑工程承包合同注明的开工日期在 2016 年 4 月 30 日前的建筑工程项目。

4.2.2　导入 BIM 土建计量工程文件

4.2.2.1　任务说明

结合专用宿舍楼案例工程，将算量文件导入到计价软件，并对导入清单进行初步整理，添加钢筋工程清单及相应的钢筋工程量。

4.2.2.2　任务分析

将 BIM 土建计量与计价软件进行对接，将土建计量软件计算得出的工程量、项目编码、项目名称、项目特征、计量单位等数据导入到计价软件中。

4.2.2.3　任务实施

在"数据接口"下拉菜单中选择"导入广联达算量接口文件"，如图 4-4 所示，在弹出的"导入广联达算量清单定额"对话框中，找到计量文件所在的位置，单击"导入"，导入广联达 GTJ2018 算量文件，如图 4-5 所示，完成土建计量文件的导入，如图 4-6 所示。

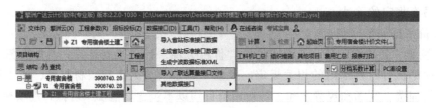

图 4-4

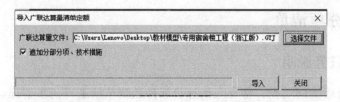

图 4-5

序号	特符	图示	编号	名称	项目特征	单位	工程量计算式	工程量	综合单价	合价
				默认分部				1	1971935.6	1971935.6
1			010101003001	挖沟槽土方	人工挖三类土, 挖土深度1.5m以内, 地下常水位标高-2.0m, 弃土运距按5km考虑。	m3	7.2186	7.22	31.49	227.36
		▶	1-5	挖地槽、地坑深1.5m以内三类土		100m3	0.072186	0.072	3150	227.39
2			010101004001	挖基坑土方 (干土)	人工挖三类土, 挖土深度1.55m, 地下常水位标高为-2.0m, 弃土运距按5km考虑。	m3	1155.3133	1155.31	37.7	43555.19
			1-6	挖地槽、地坑深3m以内三类土		100m3	11.553133	11.553	3770	43555.31
3			010101004002	挖基坑土方 (湿土)	人工挖三类土, 挖土深度0.65m, 地下常水位标高为-2.0m, 弃土运距按5km考虑。	m3	322.5318	322.53	44.8	14449.34
		▶	1-6	挖地槽、地坑深3m以内三类土		100m3	3.225318	3.225	3770	12159.45
		▶	1-96	湿土排水		100m3	3.225318	3.225	709.46	2288.23
4			010103001001	回填方 (房心回填)	素土夯实	m3	121.45	121.45	12.23	1485.33
			1-80	人工就地回填土夯实		100m3	1.2145	1.215	1222.95	1485.27
5			010103001002	回填方 (基础回填)	素土回填夯实	m3	1162.5069	1162.51	12.22	14205.87
			1-80	人工就地回填土夯实		100m3	11.625069	11.625	1222.95	14216.88
6			010402001001	砌块墙	200厚, 蒸压砂加气混凝土砌块, 采用干混砂浆砌筑	m3	422.9463	422.95	367.24	155324.16
		▶	4-62	蒸压加气混凝土砌块墙厚(mm以内)200 砂浆		10m3	42.2696	42.27	3674.62	155324.72
7			010402001002	砌块墙	300厚, 蒸压砂加气混凝土砌块, 采用干混砂浆砌筑	m3	19.6066	19.61	360.51	7069.6
		▶	4-64	蒸压加气混凝土砌块墙厚(mm以内)300 砂浆		10m3	1.96065	1.961	3605.77	7069.65

图 4-6

4.2.2.4 拓展延伸

工程量清单是表现拟建工程的分部分项工程项目、措施项目、其他项目、规费项目和税金项目的名称和相应数量等的明细清单。

工程量清单依据招标文件规定、施工设计图纸、计价规范 (规则) 计算分部分项工程量, 并列在清单上作为招标文件的组成部分, 可提供编制标底和供投标单位填报单价。

工程量清单是工程量清单计价的基础, 是编制招标标底 (招标控制价、招标最高限价)、投标报价、计算工程量、调整工程量、支付工程款、调整合同价款、办理竣工结算以及工程索赔等的依据。

分部分项工程量清单由构成工程实体的分部分项项目组成, 分部分项工程量清单应包括项目编码、项目名称 (项目特征)、计量单位和工程数量。分部分项工程量清单应根据附录 "实体项目" 中规定的项目编码、项目名称、项目特征、计量单位和工程量计算规则 (五个要素) 进行编制。

4.2.3 分部分项清单

4.2.3.1 任务说明

结合专用宿舍楼案例工程，将导入到计价软件的清单项进行初步整理，完善项目特征描述，添加钢筋工程清单及相应的钢筋工程量。

4.2.3.2 任务分析

需要根据现行《房屋建筑与装饰工程工程量计算规范》（GB 50854—2013）的规定及顺序对分部分项清单进行整理，完善项目特征的描述，使其能满足工程计价的需要，对分部分项工程清单中每一个清单项套用的定额子目进行检查、斟酌、确认，无误后结合清单的项目特征对照分析是否需要进行换算。如果需要，进行相应换算，最后进行分部整理。

根据《浙江省房屋建筑与装饰工程预算定额》（2018 版）中钢筋工程计量与计价的要求，将算量文件中的钢筋依据圆钢和螺纹钢并按照不同直径分别进行工程量统计，然后在计价文件中增加钢筋工程的清单项。

4.2.3.3 任务实施

（1）项目特征描述 项目特征描述主要有以下三种方法。

① BIM 土建计量软件中已包含项目特征描述的，软件默认将其全部导入到擎洲广达云计价软件中来。

② 选择清单项，在"项目特征"界面可以进行添加或修改来完善项目特征，如图 4-7 所示。

③ 直接双击"项目特征"对话框，进行修改或添加，如图 4-8 所示。

图 4-7

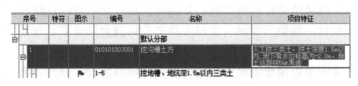

图 4-8

（2）补充清单项 完善分部分项清单，将项目特征补充完整。这里主要介绍以下两种方法。

方法一：单击"插入行"，如图 4-9 所示。在左侧选择需要插入的清单并勾选对应的组合子目。如图 4-10 所示。

图 4-9

图 4-10

方法二：单击右键选择"插入行"，如图 4-11 所示。在左侧选择需要插入的清单并勾选对应的组合子目。如图 4-10 所示。

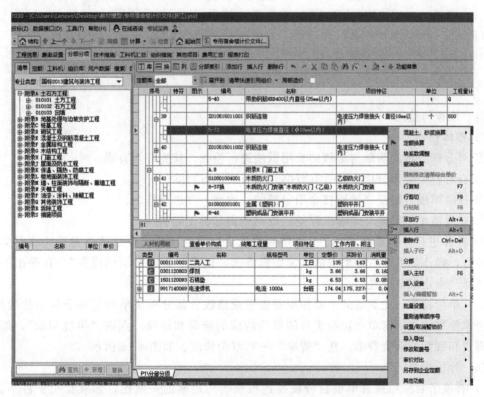

图 4-11

（3）添加、整理钢筋工程清单项

① 结合《浙江省房屋建筑与装饰工程预算定额》（2018 版）计量要求，根据《房屋建筑与装饰工程工程量计算规范》（GB 50854—2013）添加钢筋工程清单项，根据不同直径分别列项，如图 4-12 所示。

序号	特符	图示	编号	名称	项目特征	单位	工程量计算式	工程量	综合单价	合价
30			010515001002	现浇构件钢筋	带肋钢筋HRB400，直径8mm	t	24.463	24.463	4511.24	110358.46
31			010515001003	现浇构件钢筋	带肋钢筋HRB400，直径10mm	t	3.232	3.232	4474.52	14461.65
32			010515001004	现浇构件钢筋	带肋钢筋HRB400，直径12mm	t	9.563	9.563	4442.01	42478.94
33			010515001005	现浇构件钢筋	带肋钢筋HRB400，直径14mm	t	3.963	3.963	4405.11	17457.45
34			010515001006	现浇构件钢筋	带肋钢筋HRB400，直径16mm	t	3.26	3.26	4349.76	14180.22
35			010515001007	现浇构件钢筋	带肋钢筋HRB400，直径18mm	t	8.631	8.631	4331.31	37383.54
36			010515001008	现浇构件钢筋	带肋钢筋HRB400，直径20mm	t	17.594	17.594	4101.43	72160.56
37			010515001009	现浇构件钢筋	带肋钢筋HRB400，直径22mm	t	6.054	6.054	4101.43	24830.06
38			010515001010	现浇构件钢筋	带肋钢筋HRB400，直径25mm	t	1.888	1.888	4147.55	7830.57

图 4-12

② 根据《浙江省房屋建筑与装饰工程预算定额》（2018 版）钢筋工程计价的要求，将钢筋工程清单项按照制作和安装进行组价，如图 4-13 所示。涉及换算内容见计价换算内容分析。

序号	特符	图示	编号	名称	项目特征	单位	工程量计算式	工程量	综合单价	合价
29			010515001010	现浇构件钢筋	带肋钢筋HRB400，直径8mm	t	24.43	24.43	4441.88	108515.13
			5-38换	带肋钢筋HRB400以内直径（10mm以内）~热轧带肋钢筋HRB400 Φ8		Q		24.43	4441.88	108515.13
30			010515001001	现浇构件钢筋	带肋钢筋HRB400，直径10mm	t	3.325	3.325	4449.02	14792.99
			5-38	带肋钢筋HRB400以内直径（10mm以内）		t	Q	3.325	4449.02	14792.99
31			010515001002	现浇构件钢筋	带肋钢筋HRB400，直径12mm	t	9.486	9.486	4377.43	41524.3
			5-39换	带肋钢筋HRB400以内直径（18mm以内）~热轧带肋钢筋HRB400 Φ12		t	Q	9.486	4377.43	41524.3

图 4-13

（4）检查与整理

1）整体检查。

① 对分部分项的清单与定额的套用做法进行检查，核查是否有误。

② 查看整个分部分项中是否有空格，如有要进行删除。

③ 按清单项目特征描述校核套用定额的一致性，并进行修改。

④ 查看清单工程量与定额工程量的数据差别是否正确。

2）整体进行分部整理。对于分部整理完成后出现的"补充分章节位置至应该归类的分部"警告，操作如下：右键单击清单项编辑界面，选择"页面显示列设置"，在弹出的对话框中选择"指定章节位置"。

（5）单价构成　此页签的主要作用是查看或修改分部分项清单和定额子目单价的构成，也适合单价措施项目清单和定额子目的单价构成的查看和修改，点击"单价构成"，如要修改管理费和利润的取费费率，在"费率"一列双击修改。如图 4-14 所示。

（6）计价换算

1）替换子目。根据清单项目特征描述校核套用定额的一致性，如果套用子目不合适，可单击"定额"，选择相应子目双击进行"替换"，如图 4-15 所示。

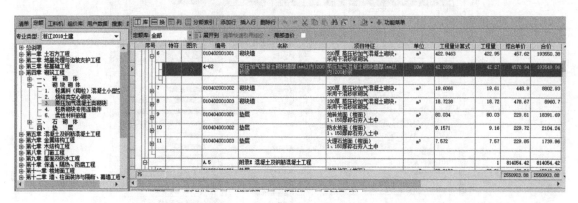

序号	变量	名称	表达式	费率	值	小数位	说明	别名
1	人工费	人工费	[!人工费]		587.3	2		
2	材料费	材料费	[!材料费]+[!主材费]+[!设备费]		3695.73	2		
3	主材费	其中主材费	[!主材费]		0	2		
4	设备费	其中设备费	[!设备费]		0	2		
5	机械费	机械费	[!机械费]		23.49	2		
6	A金额	管理费	([!定额人工费]+[!定额机械费])*费率	16.57%	95.71	2		
7	B金额	利润	([!定额人工费]+[!定额机械费])*费率	8.10%	46.79	2		
8	C金额	风险费	([!定额人工费]+[!定额机械费])*费率	[!t3]%	0	2		
9	综合单价	综合价	[!人工费]+[!材料费]+[!机械费]+[!A金额]+[!		4449.02	2		

图 4-14

2）子目换算。按清单描述进行子目换算时，主要包括以下几个方面的换算。

① 定额说明系数、定额增减换算。输入任意一个定额子目，软件会弹出如图 4-16 所示的对话框，根据换算条件直接在"定额系数增减"下方对应位置打钩即可。如果子目需要整体或单独（人工、机械、材料）调整系数的直接输入对应系数即可。

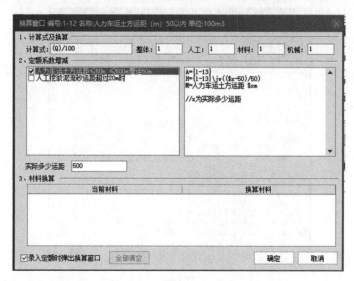

图 4-16

② 换算混凝土、砂浆强度等级时，方法如下。

a. 混凝土或砂浆强度等级换算。选择要换算的子目单击右键进行换算，如果是同种类型的混凝土，直接换算即可，如图 4-17 所示。如果不是同种类型的混凝土或砂浆，则选择"其他混凝土换算"或"其他砂浆换算"，进行类别和强度等级的选择即可。如图 4-18 所示。

图 4-17

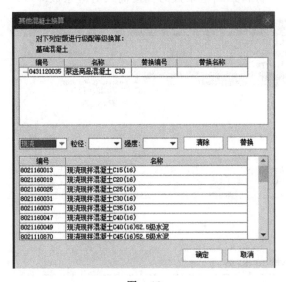

图 4-18

b. 材料替换。当项目特征中要求的材料与子目相对应人材机材料不相符时，需要对材料进行替换。在对应子目的人材机明细操作界面中，直接输入要替换的材料即可，如

图 4-19 所示。

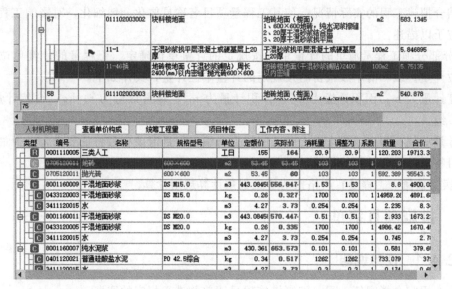

图 4-19

4.2.3.4　任务总结

分部分项工程和单价措施项目清单与计价表见本书配套电子资源。

4.2.3.5　拓展延伸

（1）软件操作延伸　在所有清单补充完整之后，可运用"锁定清单"功能对所有清单项进行锁定，锁定之后的清单项将不能再进行添加和删除等操作。若要进行修改，需先对清单项进行解锁。具体操作是，点击菜单栏"工程参数"按钮，在下拉菜单中将"锁清单"打钩，如图 4-20 所示。

（2）业务理论延伸　工程量清单五要素的确定方法如下。

① 分部分项工程量清单项目按规定编码。分部分项工程量清单项目编码以五级设置，用 12 位数字表示，前 9 位全国统一，不得变动；后 3 位是清单项目名称顺序码，由清单编制人设置，同一招标工程的项目编码不得有重码。

② 分部分项工程量清单的项目名称与项目特征应结合拟建工程的实际情况确定。项目名称原则上以形成工程实体命名。分部分项工程量清单项目名称的设置应考虑三个因素：一是计算规范中的项目名称；二是计算规范中的项目特征；三是拟建工程的实际情况（计算规范中的工作内容）。

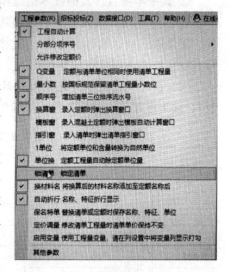

图 4-20

项目特征是构成分部分项工程量清单项目、措施项目自身价值的本质特征。分部分项工程量清单项目特征应按《房屋建筑与装饰工程工程量计算规范》（GB 50854—2013）中规定的项目特征，考虑该项目的规格、型号、材质等特征要求，结合拟建工程的实际情况，使其工程量项目名称具体化、精细化，对影响工程造价的因素都应予以描述。

③ 分部分项工程量清单的计量单位按规定的计量单位确定。工程量的计量单位均采用基本单位计量。编制清单或报价时按规定的计量单位计量，具体如下。

长度计量为 m；面积计量为 m^2；体积计量为 m^3；重量计量为 t、kg；自然计量为台、套、个、组。

当计量单位有两个或两个以上时，应根据所编工程量清单项目特征要求，选择最适宜表现该项目特征并方便计量的单位。

④ 实物数量（工程量）严格按清单工程量计算规则计算。

4.2.4 措施项目清单

4.2.4.1 任务说明

结合专用宿舍楼案例工程，编制措施项目清单并进行相应的取费。

4.2.4.2 任务分析

项目所在地为浙江，首先明确本项目需要计取哪几项措施项目费，明确其是单价措施项目还是总价措施项目，是按计量还是按计项的方法计取，然后确定浙江地区措施项目费用计取的相关规定，最后确定其计费基数和费率

4.2.4.3 任务实施

（1）结合浙江地区的相关规定，明确本项目需要计取的措施项目费
① 措施项目包括组织措施和技术措施项目。
② 其中本项目涉及的技术措施项目有：脚手架搭拆费、垂直运输费、模板费用。
③ 其中本项目涉及的组织措施项目有：安全文明施工费（包括环境保护费、文明施工费、安全施工费、临时设施费），这个是必须计取的。其他措施项目假定本工程未发生。实际有发生按实际项目计取即可。
（2）浙江地区组织措施项目费计取的标准　根据《浙江省建设工程计价规则》（2018版），按房屋建筑与装饰工程施工组织措施项目费的费率按以下标准计取（表4-6）。

表 4-6　房屋建筑与装饰工程施工组织措施项目费费率

定额编号	项目名称		计算基数	费率/%					
				一般计税			简易计税		
				下限	中值	上限	下限	中值	上限
A3	施工组织措施项目费								
A3-1	安全文明施工基本费								
A3-1-1	其中	非市区工程	人工费＋机械费	7.14	7.93	8.72	7.37	8.19	9.01
A3-1-2		市区工程		8.57	9.52	10.47	8.84	9.82	10.80
A3-2	标化工地增加费								

续表

定额编号	项目名称		计算基数	费率/%					
				一般计税			简易计税		
				下限	中值	上限	下限	中值	上限
A3-2-1	其中	非市区工程	人工费+机械费	1.27	1.49	1.79	1.31	1.54	1.85
A3-2-2		市区工程		1.54	1.81	2.17	1.58	1.86	2.23
A3-3	提前竣工增加费								
A3-3-1	其中	缩短工期比例10%以内	人工费+机械费	0.01	0.52	1.03	0.01	0.54	1.07
A3-3-2		缩短工期比例20%以内		1.03	1.29	1.55	1.07	1.33	1.59
A3-3-3		缩短工期比例30%以内		1.55	1.79	2.03	1.59	1.85	2.11
A3-4	二次搬运费		人工费+机械费	0.40	0.50	0.60	0.42	0.52	0.62
A3-5	冬雨季施工增加费		人工费+机械费	0.06	0.11	0.16	0.07	0.12	0.17

（3）利用计价软件编制措施项目费　费率输入方法如下。在"费率设置"页面直接输入费率或选择，如图 4-21、图 4-22 所示。

图 4-21　　　　　　　　　　　图 4-22

4.2.4.4　任务总结

组织措施与技术措施相关报表信息详见本书配套电子资源。

4.2.4.5　拓展延伸

（1）软件操作延伸　造价人员要时刻关注信息动态，保证按照最新的费率进行调整。

（2）业务理论延伸　措施项目费是指为完成建筑工程施工，按照安全操作规程、文明施工规定的要求，发生于该工程施工前和施工过程中用作技术、生活、安全、环境保护等方面的各项费用，由施工技术措施项目费和施工组织措施项目费构成，包括人工费、材料费、机械费和企业管理费、利润。

1）施工技术措施项目费

① 通用施工技术措施项目费：

a. 大型机械设备进出场及安拆费：是指机械整体或分体自停放场地运至施工现场或由一个施工地点运至另一个施工地点所发生的机械进出场运输、转移（含运输、装卸、辅助材料、架线等）费用及机械在施工现场进行安装、拆卸所需的人工费、材料费、机械费、试运转费和安装所需的辅助设施的费用。

b. 脚手架工程费：是指施工需要的各种脚手架搭、拆、运输的费用以及脚手架购置费的摊销（或租赁）费用。

② 专业工程施工技术措施项目费：是指根据现行国家各专业工程工程量计算规范（以下简称"计量规范"）或浙江省各专业工程计价定额（以下简称"专业定额"）及有关规定，列入各专业工程措施项目的属于施工技术措施的费用。

③ 其他施工技术措施项目费：是指根据各专业工程特点补充的施工技术措施项目的费用。施工技术措施项目按实施要求划分，可分为施工技术常规措施项目和施工技术专项措施项目。其中，施工技术专项措施项目是指根据设计或建设主管部门的规定，需由承包人提出专项方案并经论证批准后方能实施的施工技术措施项目，如深基坑支护、高支模承重架、大型施工机械设备基础等。

2）施工组织措施项目费

① 安全文明施工费：是指按照国家现行的建筑施工安全、施工现场环境与卫生标准、大气污染防治及城市建筑工地、道路扬尘管理要求等有关规定，购置和更新施工安全防护用具及设施、改善安全生产条件和作业环境、防治施工现场扬尘污染所需的费用。安全文明施工费内容包括：

a. 环境保护费：是指施工现场为达到环保部门要求所需要的包括施工现场扬尘污染防治、治理在内的各项费用。

b. 文明施工费：是指施工现场文明施工所需要的各项费用，一般包括施工现场的标牌设置，施工现场地面硬化，现场周边设立围护设施，现场安全保卫及保持场貌、场容整洁等发生的费用。

c. 安全施工费：是指施工现场安全施工所需要的各项费用，一般包括安全防护用具和服装，施工现场的安全警示、消防设施和灭火器材，安全教育培训，安全检查及编制安全措施方案等发生的费用。

d. 临时设施费：是指施工企业为进行建筑工程施工所必须搭设的生活和生产用的临时建筑物、构筑其他临时设施等发生的费用。临时设施包括：临时宿舍、文化福利及公用事业房屋与构筑物、仓库办公室、加工厂（场）以及在规定范围内道路、水、电、管线等临时设施和小型临时设施。临时设施费用包括临时设施的搭设、维修、拆除费或摊销费。

安全文明施工费以实施标准划分，可分为安全文明施工基本费和创建安全文明施工标准化工地增加费（以下简称"标化工地增加费"）。

② 提前竣工增加费：是指因缩短工期要求发生的施工增加费，包括赶工所需发生的夜

间施工增加费、周转材料加大投入量和资金、劳动力集中投入等所增加的费用。

③ 二次搬运费：是指因施工场地条件限制而发生的材料、构配件、半成品等一次运输不能到达堆放地点，必须进行二次或多次搬运所发生的费用。

④ 冬雨季施工增加费：是指在冬季或雨季施工需增加的临时设施、防滑、排除雨雪，人工及施工机械效率降低等费用。

⑤ 行车、行人干扰增加费：是指边施工边维持行人与车辆通行的市政、城市轨道交通、园林绿化等市政基础设施工程及相应养护维修工程受行车、行人干扰影响而降低工效等所增加的费用。

4.2.5　其他项目清单

4.2.5.1　任务说明

结合《BIM 算量一图一练》专用宿舍楼案例工程，编制其他项目清单费用。

4.2.5.2　任务分析

编制暂列金额、专业工程暂估价及计日工费用。根据招标文件所述编制其他项目清单：按本工程控制价编制要求，本工程暂列金额为 15 万元。

4.2.5.3　任务实施

① 在"其他项目"页签下"暂列金额明细表"中，"其他暂列金额"添加金额为 150000元。如图 4-23 所示。

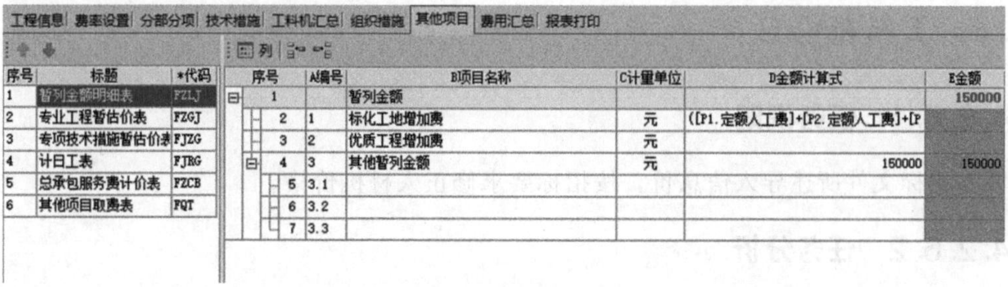

图 4-23

② 在"其他项目"页签下"计日工表"中，按招标文件要求，添加人工、材料、机械等费用。如图 4-24 所示。

4.2.5.4　任务总结

暂列金和计日工表相关报表详见本书配套电子资源。

4.2.5.5　拓展延伸

① 暂列金额指建设单位在工程量清单中暂定并包括在工程合同价款中的一笔款项。用于施工合同签订时尚未确定或者不可预见的所需材料、工程设备、服务的采购，施工中可能发生的工程变更、合同约定调整因素出现时的工程价款调整以及发生的索赔、现场签证确认等的费用。

工程信息 | 费率设置 | 分部分项 | 技术措施 | 工料机汇总 | 组织措施 | 其他项目 | 费用汇总 | 报表打印

序号	标题	*代码
1	暂列金额明细表	FZLJ
2	专业工程暂估价表	FZGJ
3	专项技术措施暂估价表	FJZG
4	计日工表	FJRG
5	总承包服务费计价表	FZCB
6	其他项目取费表	FQT

序号	A打印编号	B项目名称	C单位	D暂定数量	E综合单价	G金额计算式	H合价	I备注	打印
1		一 人工		0	0		4760		✓
2	1	木工		10	244	[D2]*[E2]	2440		✓
3	2	钢筋工		10	232	[D3]*[E3]	2320		✓
4	3			0	0	[D4]*[E4]			✓
5	4			0	0	[D5]*[E5]			✓
6		人工小计		0	0	[H1]	4760		✓
7		二 材料		0	0		2738		✓
8	1	黄砂（净砂）		1	153	[D8]*[E8]	153		✓
9	2	水泥		5	517	[D9]*[E9]	2585		✓
10	3			0	0	[D10]*[E10]			✓
11	4			0	0	[D11]*[E11]			✓
12		材料小计		0	0	[H7]	2738		✓
13		三 施工机械		0	0		1000		✓
14	1	载重汽车		1	1000	[D14]*[E14]	1000		✓
15	2			0	0	[D15]*[E15]			✓
16	3			0	0	[D16]*[E16]			✓
17	4			0	0	[D17]*[E17]			✓
18		施工机械小计		0	0	[H13]	1000		✓
19		总计		0	0	[H6]+[H12]+[H18]	8498		☐

图 4-24

暂列金额一般可按税前造价的 5% 计算。工程结算时，暂列金额应予以取消，另根据工程实际发生项目增加费用。

② 计日工指在施工过程中，施工企业完成建设单位提出的施工图纸以外的零星项目或工作所需的费用。

③ 总承包服务费指总承包人为配合、协调建设单位进行的专业工程发包，对建设单位自行采购的材料、工程设备等进行保管以及施工现场管理、竣工资料汇总整理等服务所需的费用。

4.2.6 工料机汇总

4.2.6.1 任务说明

根据招标文件所述导入信息价，按招标要求修正人材机价格。

4.2.6.2 任务分析

按照招标文件规定，本工程最高投标限价的基准期为 2020 年 6 月，因此除暂估材料及甲供材料外，人、材、机价格按"浙江省杭州市 2020 年 6 月工程造价信息价"取定；同时根据招标文件，编制甲供材料及暂估材料。

4.2.6.3 任务实施

（1）在"工料机汇总"界面下，点击"信息价"下载对应市区月份信息价，如图 4-25 所示。

图 4-25

（2）复制或双击载入对应信息价，如图 4-26 所示。

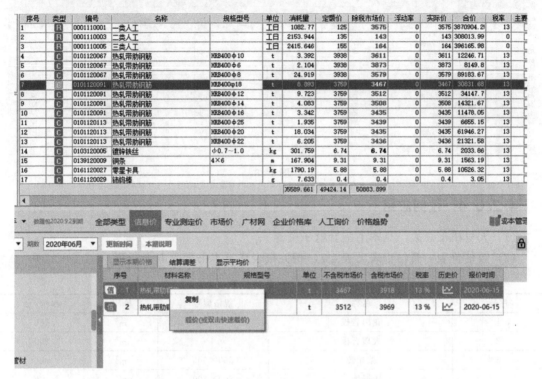

序号	类型	编号	名称	规格型号	单位	消耗量	定额价	除税市场价	浮动率	实际价	合价	税率	主要
1	R	0001110001	一类人工		工日	1082.77	125	3575	0	3575	3870904.2	13	
2	R	0001110003	二类人工		工日	2153.944	135	143	0	143	308013.99	13	
3	R	0001110005	三类人工		工日	2415.646	155	164	0	164	396165.98	0	
4	C	0101120067	热轧带肋钢筋	HRB400φ10	t	3.392	3938	3611	0	3611	12246.71	13	
5	C	0101120067	热轧带肋钢筋	HRB400φ6	t	2.104	3938	3873	0	3873	8149.8	13	
6	C	0101120067	热轧带肋钢筋	HRB400φ8	t	24.919	3938	3579	0	3579	89183.67	13	
7	C	0101120091	热轧带肋钢筋	HRB400φ18	t	8.893	3759	3467	0	3467	30831.68	13	
8	C	0101120091	热轧带肋钢筋	HRB400φ12	t	9.723	3759	3512	0	3512	34147.7	13	
9	C	0101120091	热轧带肋钢筋	HRB400φ14	t	4.083	3759	3508	0	3508	14321.67	13	
10	C	0101120091	热轧带肋钢筋	HRB400φ16	t	3.342	3759	3435	0	3435	11478.05	13	
11	C	0101120113	热轧带肋钢筋	HRB400φ25	t	1.935	3759	3439	0	3439	6655.15	13	
12	C	0101120113	热轧带肋钢筋	HRB400φ20	t	18.034	3759	3435	0	3435	61946.27	13	
13	C	0101120113	热轧带肋钢筋	HRB400φ22	t	6.205	3759	3436	0	3436	21321.58	13	
14	C	0103120005	镀锌铁丝	φ0.7~1.0	kg	301.759	6.74	6.74	0	6.74	2033.86	13	
15	C	0139120009	钢锯	4×6	m	167.904	9.31	9.31	0	9.31	1563.19	13	
16	C	0161120027	零星卡具		kg	1790.19	5.88	5.88	0	5.88	10526.32	13	
17	C	0161120029	铸铁棒		g	7.633	0.4	0.4	0	0.4	3.05	13	
						5589.661	49424.14	50883.899					

图 4-26

（3）按照招标文件的要求，选中甲供材料行，鼠标右键点击"设置/取消甲供"即完成甲供材料设置。材料设置为甲供后，默认体现在费用表中。如图 4-27 所示。

图 4-27

（4）按照招标文件要求，对于暂估材料表中要求的暂估材料，可以在"工料机汇总"中将"暂定材料"选中打钩，如图 4-28 所示。

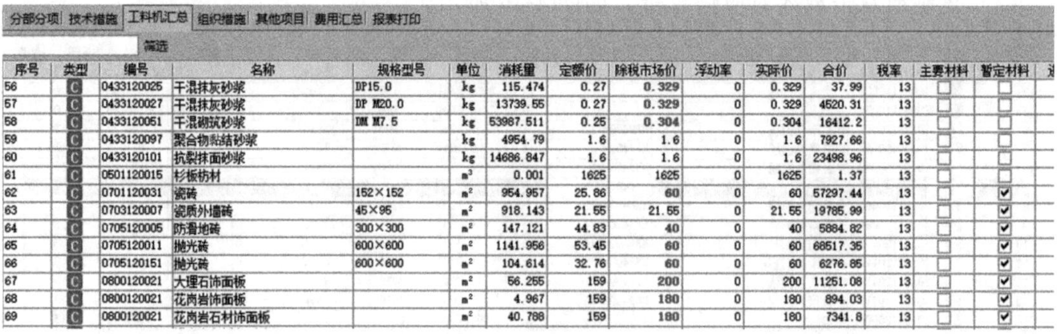

分部分项 技术措施 工料机汇总 组织措施 其他项目 费用汇总 报表打印

筛选

序号	类型	编号	名称	规格型号	单位	消耗量	定额价	除税市场价	浮动率	实际价	合价	税率	主要材料	暂定材料
56	C	0433120025	干混抹灰砂浆	DP15.0	kg	115.474	0.27	0.329	0	0.329	37.99	13	☐	☐
57	C	0433120027	干混抹灰砂浆	DP M20.0	kg	13739.55	0.27	0.329	0	0.329	4520.31	13	☐	☐
58	C	0433120051	干混砌筑砂浆	DM M7.5	kg	53987.511	0.25	0.304	0	0.304	16412.2	13	☐	☐
59	C	0433120097	聚合物粘结砂浆		kg	4954.79	1.6	1.6	0	1.6	7927.66	13	☐	☐
60	C	0433120101	抗裂抹面砂浆		kg	14686.847	1.6	1.6	0	1.6	23498.96	13	☐	☐
61	C	0501120015	杉板枋材		m^3	0.001	1625	1625	0	1625	1.37	13	☐	☐
62	C	0701120031	瓷砖	152×152	m^2	954.957	25.86	60	0	60	57297.44	13	☐	☑
63	C	0703120007	瓷质外墙砖	45×95	m^2	918.143	21.55	21.55	0	21.55	19785.99	13	☐	☑
64	C	0705120005	防滑地砖	300×300	m^2	147.121	44.83	40	0	40	5884.82	13	☐	☑
65	C	0705120011	抛光砖	600×600	m^2	1141.956	53.45	60	0	60	68517.35	13	☐	☑
66	C	0705120151	抛光砖	600×600	m^2	104.614	32.76	60	0	60	6276.85	13	☐	☑
67	C	0800120021	大理石饰面板		m^2	56.255	159	200	0	200	11251.08	13	☐	☑
68	C	0800120021	花岗岩饰面板		m^2	4.967	159	180	0	180	894.03	13	☐	☑
69	C	0800120021	花岗岩石材饰面板		m^2	40.788	159	180	0	180	7341.8	13	☐	☑

图 4-28

4.2.6.4 任务总结

（1）人材机汇总表　见本书配套电子资源。

（2）暂估价表　暂估价表见表 4-7，相关报表详见本书配套电子资源。

表 4-7　暂估价表

序号	名称	规格型号	单位	单价/元
1	花岗岩板		m^2	180
2	大理石板		m^2	200
3	抛光砖	600×600	m^2	60
4	防滑地砖	300×300	m^2	42
5	内墙瓷砖	152×152	m^2	40
6	外墙面砖	45×95	m^2	45
7	塑钢平开窗		m^2	360
8	塑钢平开门		m^2	400
9	塑钢推拉窗门		m^2	320
	塑钢推拉窗		m^2	
10	木质防火门（乙级）		m^2	450
11	防火窗（乙级）		m^2	600
	PVC 塑料推拉纱窗扇		m^2	80

（3）甲供材料表　甲供材料表见表 4-8，相关报表详见本书配套电子资源。

表 4-8　甲供材料表

序号	名称	规格型号	单位	单价
1	C15 非泵送商品混凝土	最大粒径 20mm	m^3	530
2	C20 非泵送商品混凝土	最大粒径 20mm	m^3	540
3	C25 非泵送商品混凝土	最大粒径 20mm	m^3	555
4	C30 泵送商品混凝土	最大粒径 20mm	m^3	600

4.2.6.5 拓展延伸

（1）显示对应子目　对于“工料机汇总”中出现材料名称异常或数量异常的情况，可直接右键点击相应材料，选择“来源查看并换算”，在分部分项中对材料进行修改，如图 4-29 所示。

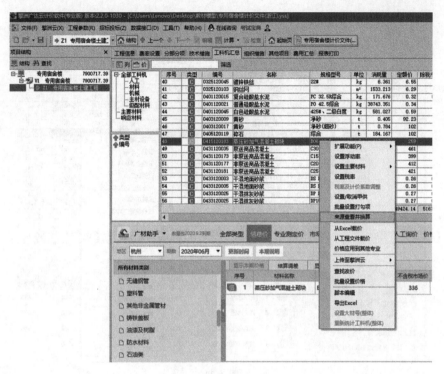

图 4-29

（2）市场价存档　对于同一个项目的多个标段，发包方会要求所有标段的材料价保持一致，在调整好一个标段的材料价后，可利用"导出 Excel"将此材料价运用到其他标段。如图 4-30 所示。

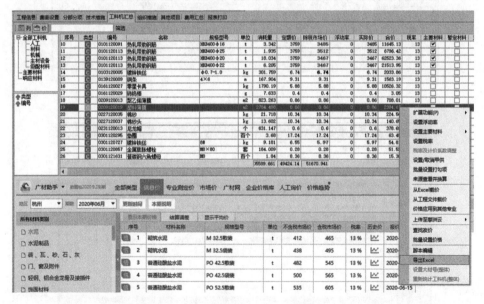

图 4-30

在其他标段的"工料机汇总"中使用该市场价文件时，可运用"从 Excel 载价"，此处选用已经保存好的 Excel 市场价文件，如图 4-31 所示。

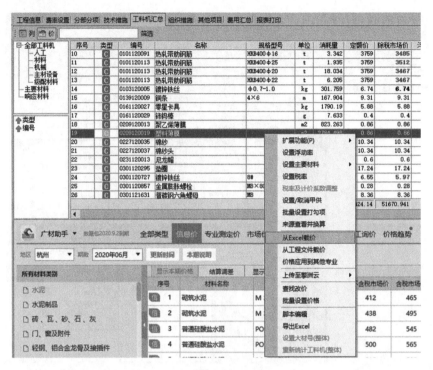

图 4-31

在导入 Excel 市场价文件时，先在如图 4-32 所示的对话框中选择匹配条件，再点击"打开 Excel 文件"，选择市场价文件，最后点击"打开"按钮。如图 4-33 所示。

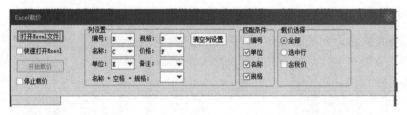

图 4-32

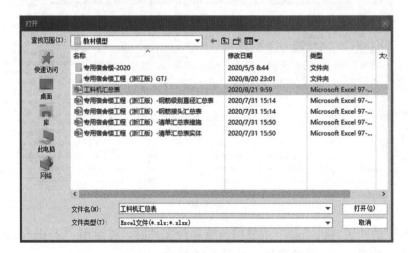

图 4-33

4.2.7　费用汇总

4.2.7.1　任务说明

根据招标文件所述内容和定额规定计取规费、税金，进行报表预览。

4.2.7.2　任务分析

根据需求载入专业费用文件模板，根据招标文件所述内容和定额规定计取规费、税金，选择招标方报表。

4.2.7.3　任务实施

（1）确定增值税税率　根据浙江省住房和城乡建设厅《关于增值税调整后我省建设工程计价依据增值税税率及有关计价调整的通知》（浙建建发〔2019〕92 号）中的规定，现对《浙江省建设工程计价依据》（2018 版）中的增值税税率及有关计价做如下调整：计算增值税销项税额时，增值税税率由 10% 调整为 9%。2019 年 4 月 1 日（含）以后开标或签订施工合同的建设工程项目，招标人或发包人应按照本通知执行。因而本工程增值税税率为 9%。

（2）确定企业管理费、利润费率　企业管理费、利润费率的确定按《浙江省建设工程计价规则》（2018 版）中的相关规定，见表 4-9、表 4-10。

表 4-9　房屋建筑与装饰工程企业管理费费率

定额编号	项目名称	计算基数	费率/%					
			一般计税			简易计税		
			下限	中值	上限	下限	中值	上限
A1	企业管理费							
A1-1	房屋建筑及构筑物工程	人工费+机械费	12.43	16.57	20.71	12.12	16.16	20.20
A1-2	单独装饰工程		11.37	15.16	18.95	11.15	14.86	18.57
A1-3	专业打桩、钢结构、幕墙及其他专业工程		10.12	13.49	16.86	9.92	13.22	16.52
A1-4	专业土石方工程		4.15	5.53	6.91	3.82	5.09	6.36

表 4-10　房屋建筑与装饰工程利润费率

定额编号	项目名称	计算基数	费率/%					
			一般计税			简易计税		
			下限	中值	上限	下限	中值	上限
A2	利润							
A2-1	房屋建筑及构筑物工程	人工费+机械费	6.08	8.10	10.12	5.93	7.90	9.87
A2-2	单独装饰工程		5.72	7.62	9.52	5.60	7.47	9.34
A2-3	专业打桩、钢结构、幕墙及其他专业工程		5.72	7.63	9.54	5.59	7.45	9.31
A2-4	专业土石方工程		2.03	2.70	3.37	1.87	2.49	3.11

编制招标控制价时，采用"国标清单计价"的工程，综合单价所含企业管理费、利润应以清单项目中的"定额人工费＋定额机械费"分别乘以企业管理费、利润的相应费率进行计算；采用"定额清单计价"的工程，综合单价所含企业管理费、利润应以定额项目中的"定额人工费＋定额机械费"分别乘以企业管理费、利润的相应费率进行计算。其中，企业管理费、利润费率应按相应施工取费费率的中值计取。

编制投标报价时，采用"国标清单计价"的工程，综合单价所含企业管理费、利润应以清单项目中的"人工费＋机械费"分别乘以企业管理费、利润的相应费率进行计算；采用"定额清单计价"的工程，综合单价所含企业管理费、利润应以定额项目中的"人工费＋机械费"分别乘以企业管理费、利润的相应费率进行计算。其中，企业管理费、利润费率可参考相应施工取费费率由企业自主确定。

编制竣工结算时，采用"国标清单计价"的工程，综合单价所含企业管理费、利润应以清单项目中依据已标价清单综合单价确定的"人工费＋机械费"分别乘以企业管理费、利润的相应费率进行计算；采用"定额清单计价"的工程，综合单价所含企业管理费、利润应以定额项目中依据已标价清单综合单价确定的"人工费＋机械费"分别乘以企业管理费、利润的相应费率进行计算。其中，企业管理费、利润费率按投标报价时的相应费率保持不变。

本工程编制的是招标控制价，所有费率取中值，企业管理费费率为16.57%，利润费率取8.1%。

（3）确定规费费率　根据《浙江省建设工程计价规则》（2018版）中表4.1.5取定，见表4-11。房屋建筑与装饰工程规费分一般计税模式和简易计税模式，本工程为一般计税模式，取25.78%。

表 4-11　房屋建筑与装饰工程规费费率

定额编号	项目名称	计算基数	费率/%	
			一般计税	简易计税
A5	规费			
A5-1	房屋建筑及构筑物工程	人工费＋机械费	25.78	25.15
A5-2	单独装饰工程		27.92	27.37
A5-3	专业打桩、钢结构、幕墙及其他专业工程		25.08	24.49
A5-4	专业土石方工程		12.62	11.65

（4）计价软件中输入费率　点击"费率设置"，选择或输入对应管理费、利润、规费的费率，如图4-34所示。

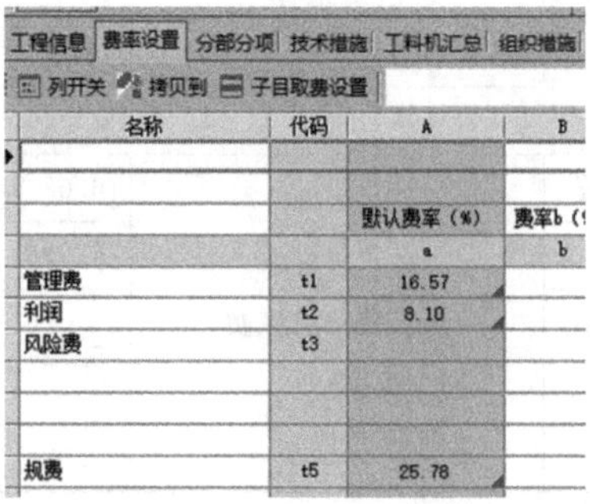

图 4-34

（5）检查、汇总计算　点击工具栏上"计算"，如图 4-35 所示，选择"检查结果"，弹出"文件检查"对话框，点击"开始检查"，如图 4-36 所示。检查后软件弹出检查结果，对错误或警告项目点击"双击查看"进行修改。如图 4-37 所示。

图 4-35

图 4-36

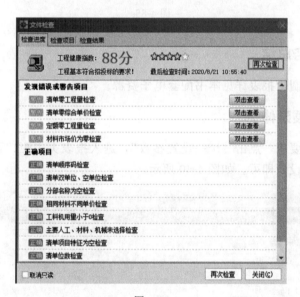

图 4-37

（6）报表预览　点击"报表打印"菜单，双击左边的报表名称预览报表，如图 4-38 所示，再点击"成套打印"，按实际需要选择导出报表，如图 4-39 所示。

图 4-38

图 4-39

4.2.7.4　任务总结

单位工程招标控制价报表详见本书配套电子资源。

4.2.7.5　拓展延伸

如对报表有特殊要求，点击"统一设置参数"，进入报表页边距、页脚、图标的设计界面，按实际需求进行设计即可。如图 4-40 所示。

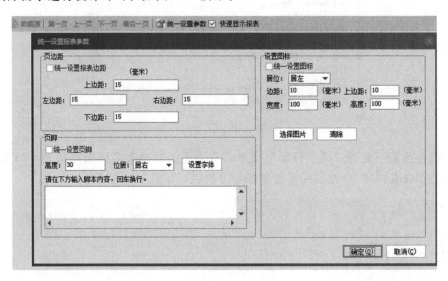

图 4-40

4.2.8　生成电子招标文件

4.2.8.1　任务说明

根据招标文件所述内容进行招标书自检并生成招标书。

4.2.8.2　任务分析

根据招标文件所述内容生成招标控制价相关文件。

4.2.8.3　任务实施

（1）点击"招标投标"菜单，选择"生成招标项目"，如图 4-41 所示。

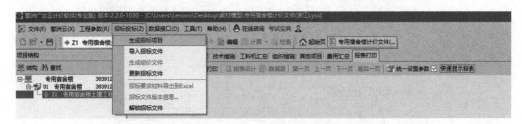

图 4-41

（2）选择招标文件的存储位置，如图 4-42 所示。

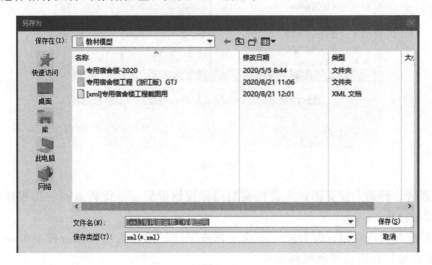

图 4-42

（3）软件弹出生成招标项目对话框，将工程信息和工程量清单中必须填写的项目填写完成，点击"开始生成"即可。如图 4-43 所示。

（4）选择导出位置，点击"确定"按钮，完成招标书的生成，如图 4-44 所示。

4.2.8.4　拓展延伸

（1）编制招标控制价的一般规定

① 招标控制价应由具有编制能力的招标人，或受其委托具有相应资质的工程造价咨询人编制。

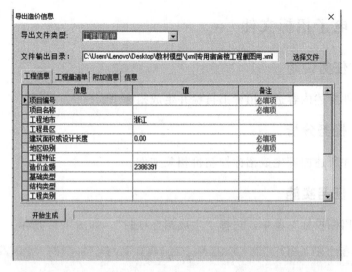

图 4-43

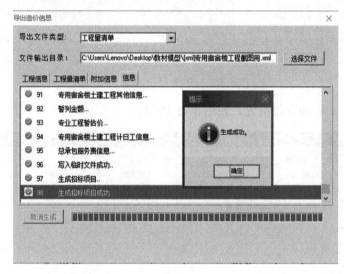

图 4-44

② 工程造价咨询人接受招标人委托编制招标控制价后，不得再就同一工程接受投标人委托编制投标报价。

③ 招标控制价应在招标时公布，不应上调或下浮，招标人应将招标控制价及有关资料报送工程所在地工程造价管理机构备查。

（2）编制与复核

1）编制依据

①《建设工程工程量清单计价规范》（GB 50500—2013）；

② 国家或省级、行业建设主管部门颁发的计价定额和计价办法；

③ 招标文件中的工程量清单及有关要求；

④ 与建设项目相关的标准、规范、技术资料；

⑤ 工程造价管理机构发布的工程造价信息；

⑥ 其他相关资料。

2）综合单价中应包括招标文件中要求投标人承担的风险费用。

3）分部分项工程和措施项目中的单价项目，应根据拟定的招标文件和招标工程量清单项目中的特征描述及有关要求确定的综合单价计算。

4）措施项目中的总价项目应根据拟定的招标文件和常规施工方案按规定计价，其中安全文明施工费、规费和税金必须按国家或省级、行业建设主管部门的规定计算，不得作为竞争性费用。

5）其他项目费应按下列规定计价。

① 暂列金额应按招标工程量清单中列出的金额填写；

② 暂估价中的材料单价应按招标工程量清单中列出的单价计入综合单价；

③ 暂估价中的专业工程金额应按招标工程清单中列出的金额填写；

④ 计日工应按招标工程量清单中列出的项目，根据工程特点和有关计价依据确定的综合单价计算；

⑤ 总承包服务费应根据招标工程量清单列出的内容和要求估算。

4.3 案例项目报表导出实例

能利用软件导出招标控制价所需要的表格。

熟悉编制招标控制价需要的具体表格。

4.3.1 任务说明

结合编制完成的专用宿舍楼工程计价案例，按照招标文件的要求，导出并打印相应的报表，装订成册。

4.3.2 任务分析

结合编制完成的专用宿舍楼工程计价案例，按照招标文件的内容和格式规定，检查打印前的报表是否符合要求。

4.3.3 任务实施

工程量清单招标控制价实例的相关报表主要有以下几类。

① 招标控制价封面。

② 单项工程招标控制价汇总表。

③ 单位工程招标控制价汇总表。

④ 分部分项工程和单价措施项目清单与计价表。

⑤ 综合单价分析表。

⑥ 总价措施项目清单与计价表。

⑦ 其他项目清单与计价表。

⑧ 暂估价材料计价与调整表。

⑨ 计日工表。

⑩ 规费与税金项目清单计价表。

⑪ 发包人提供材料和工程设备一览表。

4.3.4　任务总结

报表详见本书配套电子文档资料。

4.3.5　拓展延伸

按照《建设工程工程量清单计价规范》（GB 50500—2013）的规定，计价表格由八大类构成，包括封面（封1～封4）、总说明（表-01）、汇总表（表-02～表-07）、分部分项工程量清单与计价表（表-08、表-09）、措施项目清单与计价表（表-10、表-11）、其他项目清单与计价表［表-12（含表-12-1～表-12-8）］、规费、税金项目清单与计价表（表-13）和工程款支付申请（核准）表（表-14），表格名称及样式详见规范。

编制招标控制价使用表格包括：封-2、扉-2、表-01、表-02、表-03、表-04、表-08、表-09、表-11、表-12（不含表-12-6～表-12-8）、表-13和表-14。

擎洲广达云计价软件已经根据各地区的具体情况内置了各个阶段需要的各种报表，常用报表分为工程量清单报表、招标控制价报表、投标方报表（新建时需要用表报价模板）和审计审核报表，其中编制招标控制价常用表格如图4-45所示。

图 4-45

4.3.6 思考与练习

　　① 什么是招标控制价？编制招标控制价的依据是什么？

　　② 什么是措施费？措施费通常包括哪些费用？

　　③ 什么是其他项目费？包括哪些费用？

　　④ 什么是清单综合单价？包括哪几项费用？

　　⑤ 工程造价包括哪几项费用？

　　⑥ 请简要叙述清单计价文件的软件编制流程。

第5章

BIM工程案例评测应用

 学习目标

1. 认知目标：新时期的教学课程信息化评价体系；
2. 知识目标：基于互联网＋、大数据、人工智能的技能评价体系；
3. 技能目标：掌握批量快速准确评价学生课程学习效果的流程和方法。

5.1 BIM 工程测评应用场景介绍

5.1.1 任务说明

（1）了解过程性评价和结课性评价。

（2）掌握如何快速对课程结果进行评价。

（3）掌握哪些教学场景中需要进行课程评价。

5.1.2 任务分析

（1）什么是过程性评价？什么是结课性评价？

（2）如何快速评价课程的学习效果？

（3）课程评价适用于哪些教学场景？

5.1.3 任务实施

（1）新时期的课程评价体系

① 过程性评价。过程性评价主要采用"嵌入式"过程性评价，分为两阶层：教师对学生的评价、学生自我评价。在第一节课中教师要有"四个告知"，即告知课程基本信息，告知课程学习目标，告知课程教学内容、总体安排，告知课程上课方式、考核方式和教师相关信息。这其中的考核方式，教师要详细解释，包括任务实施前期准备工作材料、实施过程中完成任务的障碍和解决办法、实施质量评定、阶段成果展示汇报表现、评定成绩计算方法等细节。在这两阶层的评价过程中，第一阶层是教师评定学生，负责评定学习练习的成果；第二阶层是学生自评，学生参照教师的评价标准对自己的学习进

行自我评价。

② 结课性评价。结课性评价主要是考核学生的实际动手能力。教师预先准备检测项目，对学生职业技能进行考评。教师要求学生在规定时间内完成指定的项目任务，主要是考核学生技能应用能力。

③ 课程总评价。课程总评价需结合学生学习能力和工作能力的差异性，根据统一性标准和差异性标准，核定学生课程成绩。它由过程性评价和结课性评价两大部分组成，评价元素各有权重。

（2）快速评价课程的学习效果　课程评价包括过程性评价和结课性评价。过程性评价的过程是在课堂学习阶段进行和完成的，特性是时间短。要在短时间内完成对整个班级学生的学习效果的评价，这对于教师来说是一个非常大的挑战。基于当前的现状，广联达工程教育联合校企推出测评认证平台，用于支撑高校教学所需的快速课程评价。

① 通过内置教材配套的练习题，节省教师编制随堂练习的时间。根据每本广联达实训教材，都精心编制了配套的章节练习题（图 5-1），练习题所采用的图纸、工程均与教材相一致，保障所练即所教，所用即所有，同时搭配不同的难易程度，适用于多场景、多课时的授课安排。教师可以根据自己的授课安排，提前在测评认证平台安排随堂练习题，方便在课堂中随时使用。

☐ CGGTJ109-计算首层装修的工程量		土建计量实操题	易	2019-12-05 13:49:...	修改 删除
☐ CGGTJ108-计算首层楼梯的工程量		土建计量实操题	易	2019-12-05 13:45:...	修改 删除
☐ CGGTJ107-计算首层构造柱过梁及压顶的工...		土建计量实操题	易	2019-12-04 15:57:...	修改 删除
☐ CGGTJ106-计算首层门窗洞口的工程量		土建计量实操题	易	2019-11-06 21:21:...	修改 删除
☐ CGGTJ105-计算首层填充墙的工程量		土建计量实操题	易	2019-11-06 21:13:...	修改 删除
☐ CGGTJ104-计算首层板的工程量		土建计量实操题	易	2019-11-06 21:07:...	修改 删除
☐ CGGTJ103-计算首层梁的工程量		土建计量实操题	易	2019-11-06 21:02:...	修改 删除
☐ CGGTJ102-计算首层剪力墙、连梁的工程量	剪力墙、连梁	土建计量实操题	易	2019-11-06 20:57:...	修改 删除
☐ CGGTJ101-计算首层柱工程量	柱、暗柱	土建计量实操题	易	2019-11-06 20:49:...	修改 删除

图 5-1

② 教师快速掌握学生学习效果，把控教学进度。教师可根据授课进度，在授课中间穿插随堂练习，安排学生进行练习。在学生练习的过程中，教师可通过考试后台轻松查看学生的练习进度、得分情况（图 5-2），并可查看每个学生的评分明细（图 5-3），查看整个班级的成绩分析，快速找到学生对本堂课程知识点的掌握情况，调整教学进度和讲解重点。

③ 学生可通过云对比，快速检查自身不足。学生提交练习成果后，可以立即看到评分结果和评分明细。学生可通过两种方式检查自身不足。一是根据评分明细，核查失分点，找到有问题或疑问的地方进行改进，再次提交；二是可通过云比对功能，将答案工程与作答工程进行对比，检查出差异点，快速定位到问题所在，再进行修改。

（3）课程评价的应用场景介绍　前文讲解了过程性评价、结课性评价和课程总评价三个评价的阶段，紧接着讲解了如何应用测评认证平台进行批量快速准确的评价。接下来将结合前两部分的内容详细讲解课程评价的四大主要应用场景。

图 5-2

序号	构件类型	标准工程量（千克）	工程量（千克）	偏差(%)	基准分	得分	得分分析
1	▼首层	1095.39	0	100	0.9523	0	未画图元/未套清单做法
2	010101001001	829.5	0	100	0.1587	0	未画图元/未套清单做法
3	010402001002	136.11	0	100	0.6349	0	未画图元/未套清单做法
4	010507001001	129.78	0	100	0.1587	0	未画图元/未套清单做法
5	▼第1层	3630.375	0	100	87.9363	66.0196	
6	010401006001	5.992	0	100	1.9048	0	未画图元/未套清单做法
7	010402001001	175.715	173.622	1.19	0.6349	0.6349	
8	010402001003	46.593	45.219	2.95	2.5397	2.5397	
9	010502001001	33.288	33.288	0	7.9365	7.9365	
10	010503002001	37.988	25.107	33.91	9.8413	0	计算误差过大
11	010504001002	16.134	17.013	5.45	3.8095	1.734	
12	010505001001	88.622	88.123	0.56	16.0317	16.0317	
13	010506001001	1.34	0	100	0.1587	0	未画图元/未套清单做法
14	010802003001	16.8	0	100	1.2698	0	未画图元/未套清单做法
15	010903002001	421.8	0	100	0.6349	0	未画图元/未套清单做法
16	011101001002	735.468	0	100	1.2698	0	未画图元/未套清单做法
17	011105001002	58.669	57.205	2.5	18.5714	18.5714	

图 5-3

① 任课教师授课时的过程性评价（随堂练习、课后作业）、结课性评价［认证考试（以证代考）、常规的测评考试］。

② 参加各类赛事的人员选拔。借助提供的各类试题、历届赛事的试题，对人员进行选拔，确定参赛人员；确定人员后，在系统中进行集训，带队教师可随时掌握参赛成员的练习情况。

③ 组织校内竞赛。应用广联达成熟的赛事竞技平台和职业技能标准体系、题库数据，举办校内竞技，以赛促学，提升学生的职业技能。广联达会提供全程的线上服务。

④ 学生的自我练习提升。测评认证平台提供丰富的试题库供学生练习，自动分析练习数据（图 5-4、图 5-5），引导学生学习和练习，减少教师的精力投入。

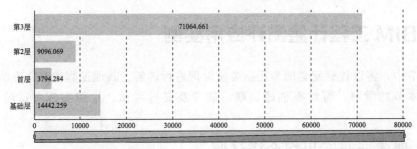

主审工程	送审工程	主审工程量（kg）	送审工程量（kg）	量差（kg）	量差原因分析
⌄整楼	整楼	271420.283	173002.990	98417.293	
⌄基础层	基础层	42357.699	27915.440	14442.259	
⌄绘图输入	绘图输入	42357.699	27915.440	14442.259	
﹥柱	柱	5787.248	5607.904	179.344	

图 5-4

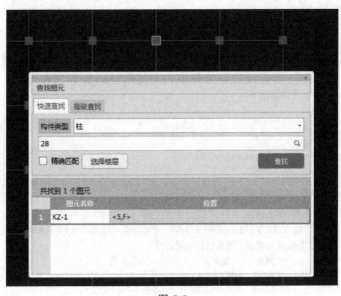

图 5-5

5.1.4 任务总结

（1）过程性评价是指教师对学生的评价、学生的个人评价；结课性评价是指教师设定项目场景，考核学生实际动手能力；完整的课程总评价由过程性评价和结课性评价两部分组成，各自占不同的权重。

（2）测评认证平台适用于教学过程中的随堂测试、课后作业、结课考试、各类赛事的人员选拔、备赛练习等场景，企业和培训机构也会用于人才招聘、内部人才选拔、培训考核等场景。

（3）基于当前的现状，广联达工程教育联合校企推出测评认证平台，用于支撑高校教学所需的快速课程评价，快速完成对每个学生的课程评价，根据成绩分析调控教学进度和讲解重点，进而提升学生的职业技能。

5.2 BIM工程计量测评应用实例

在本节中，将以教材配套的专用宿舍楼为例进行讲解，其他工程的操作方法是与之类似的。通过本节的学习，可掌握创建试题、试卷及安排考试、组织实施考试的整个流程和方法。

5.2.1 创建一套专用宿舍楼试题

（1）任务说明　创建一套专用宿舍楼试题。

（2）任务分析　如何创建一套试题？

图 5-6

（3）任务实施　以广联达土建计量 GTJ2018 为例进行讲解，云计价 P5 实操题的创建流程是与之相同的。

① 准备工作。GTJ 标准工程、试题文档、电子图纸，具备上述资料后，只需两步，即可完成钢筋实操题的创建。

② 点击"新建实操题"下拉菜单中的"土建计量实操题"，弹出土建计量实操题页面。如图 5-6 所示。

③ 输入试题名称、试题内容，设置试题难易度及考核知识点，设置评分标准，上传附件后保存发布即可，如图 5-7、图 5-8 所示。

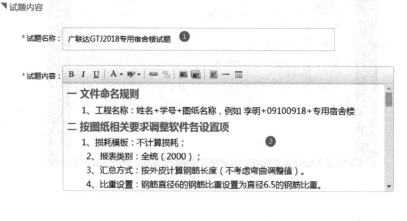

图 5-7

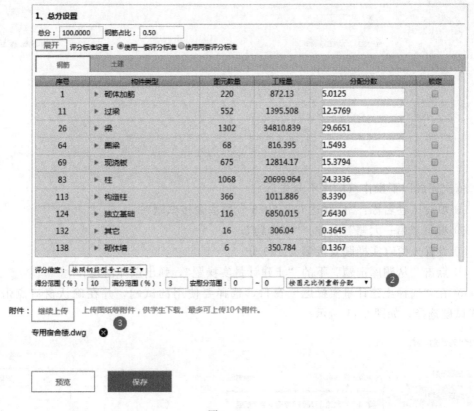

图 5-8

（4）任务总结

① 创建试题时需要准备好试题内容、标准工程。

② 创建试题时，可以通过设置不同的得分范围和满分范围，控制试题的难易程度，范围设置的值越大，试题越简单，反之越难。

5.2.2　创建一套专用宿舍楼试卷

（1）任务说明　创建一套专用宿舍楼试卷。

（2）任务分析　如何在试题的基础上创建试卷？

（3）任务实施　只需两步，即可创建一份试卷。

1）点击"试卷"页面的"我要出试卷"按钮，如图 5-9 所示。

2）填写试卷各项信息，如图 5-10 所示。

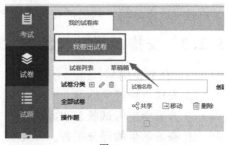

图 5-9

图 5-10

依次完成以下操作（顺序不分先后）：

① 填写试卷名称："广联达 GTJ2018 专用宿舍楼试题"；

② 填写"第一大题"名称："实操题"；

③ 设置分值（实操题直接填写 100 分）；

④ 点击"从题库选题"下的"土建计量实操题"，弹出选择窗口；

⑤ 在"选择土建计量实操题"窗口，选择要使用的试题，并在确认窗口点击"确认"完成试题选择，如图 5-11 所示；

图 5-11

⑥ 以上各项完成后，点击"完成组卷"按钮即可。

（4）任务总结　创建试卷只需要两步：输入试卷基本信息、选择试题。

5.2.3 安排一场随堂练习

（1）任务说明

① 安排一场随堂练习。

② 查看学生考试状态和成绩。

③ 查看学生的评分报告。

（2）任务分析

① 如何安排一场随堂练习？如何添加学生？考试过程中如何添加学生？

② 从哪查看学生的作答状态？从哪查看学生的考试成绩？

③ 从哪查看学生的评分报告？

④ 学生如何参加教师安排的考试？

（3）任务实施

1）安排一场随堂练习。以教师身份登录测评认证平台后，只需以下几步，即可快速完成考试安排。

① 在"考试"管理页面，点击"安排考试"按钮，如图 5-12 所示。

图 5-12

② 填写考试基础信息（图 5-13）。

a. 填写考试名称：2018 级广联达钢筋结课考试；

b. 选择考试的开始时间与结束时间（系统自动计算考试时长）；

c. 点击"选择试卷"按钮选择试卷。

图 5-13

选择试卷时，可从"我的试卷库"中选择，也可在"共享试卷库"中选择，如图 5-14 所示。

③ 考试设置，如图 5-15 所示。

a. 添加考生信息，从群组选择中选择对应的班级学生；

b. 设置成绩查看权限：交卷后立即显示考试成绩；

c. 设置防作弊的级别；

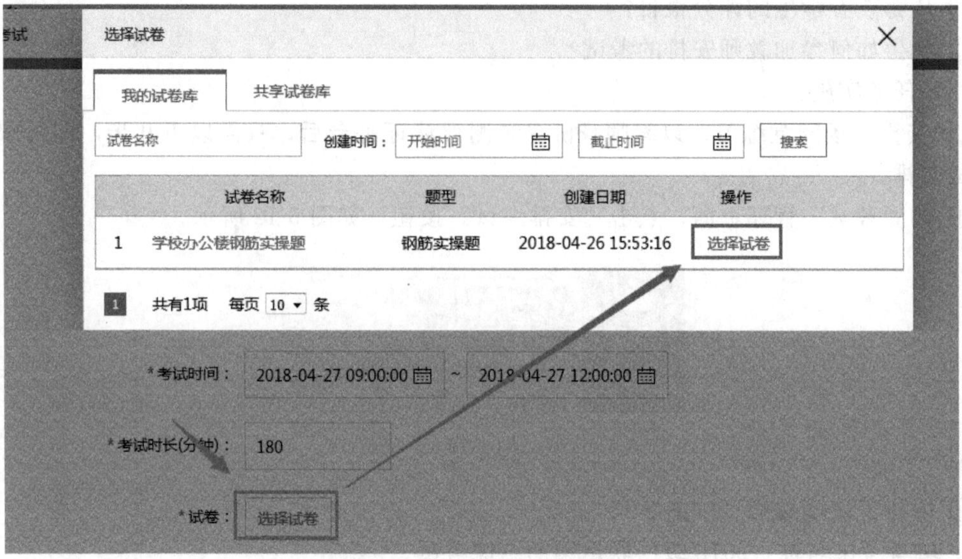

图 5-14

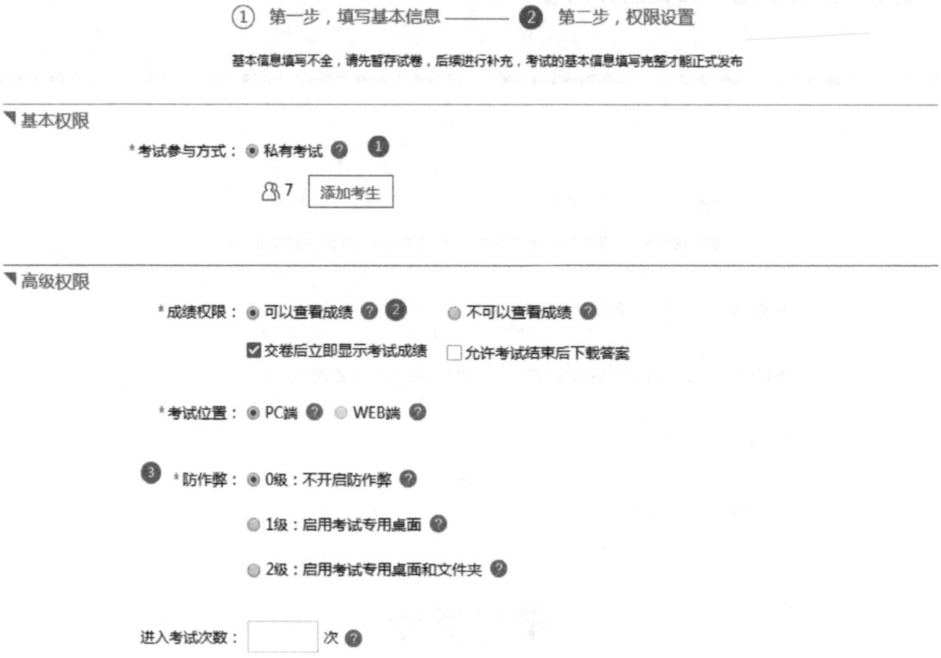

① 第一步，填写基本信息 ——— ② 第二步，权限设置

基本信息填写不全，请先暂存试卷，后续进行补充，考试的基本信息填写完整才能正式发布

▼基本权限

　　*考试参与方式：⦿ 私有考试 ❓ ①

　　　　　　　　👥7　添加考生

▼高级权限

　　*成绩权限：⦿ 可以查看成绩 ❓ ②　　○ 不可以查看成绩 ❓

　　　　　　　☑交卷后立即显示考试成绩 □允许考试结束后下载答案

　　*考试位置：⦿ PC端 ❓　○ WEB端 ❓

　③ *防作弊：○ 0级：不开启防作弊 ❓

　　　　　　○ 1级：启用考试专用桌面 ❓

　　　　　　○ 2级：启用考试专用桌面和文件夹 ❓

　进入考试次数：[　　　] 次 ❓

图 5-15

d. 设置可进入考试的次数，留空为不限制次数；

e. 发布成功后，可在"未开始的考试"中查看。如图 5-16、图 5-17 所示。

安排考试时，考试的起止时间是可以跨天的，开始时间与结束时间之间的间隔没有限制。因此，只需按实际情况设置开始时间和结束时间即可。

如果对防作弊和学生作答次数有要求，可以在"防作弊"及"进入考试次数"处做相应的设置即可。

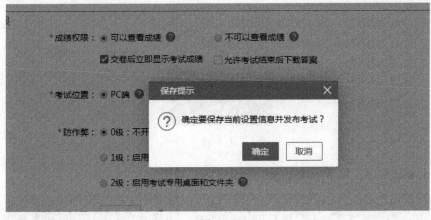

图 5-16

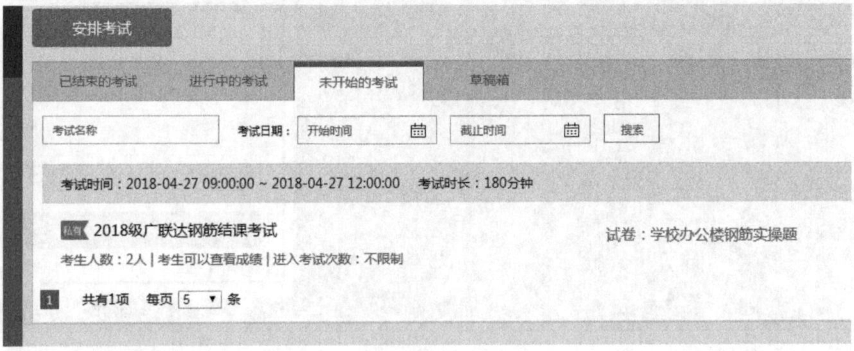

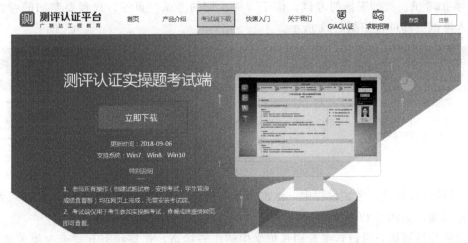

图 5-17

2）参加教师安排的考试。

① 安装实操题考试端。登录"http://kaoshi.glodonedu.com"下载并安装实操题考试端，如图 5-18 所示。

图 5-18

安装完成后，可在桌面看到如图 5-19 所示的快捷方式。

图 5-19

② 登录考试平台。用学生账号登录考试平台，如图 5-20 所示。

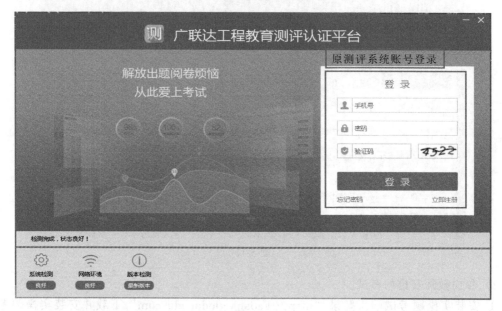

图 5-20

③ 参加考试。教师安排的考试，位于"待参加的考试"页签，找到要参加的考试，点击"进入考试"即可，如图 5-21 所示。

图 5-21

3）考试过程跟进。考试过程中，点击考试右侧的"成绩分析"按钮，即可进入到学生作答监控页面，如图 5-22 所示。

在成绩分析页面，可以详细看到每位学生的作答状态，作答状态有"未参加考试""未交卷""作答中""已交卷"等。现对这四种状态分别说明。

① 未参加考试：考试开始后，学生从未进入过考试作答页面。

② 未交卷：考试开始后，学生进入过作答页面，没有交卷又退出考试了。

图 5-22

③ 作答中：当前学生正在作答页面。

④ 已交卷：学生进入过考试页面，并完成了至少 1 次交卷，当前学生不在作答页面。

考试结束后，可以在成绩分析页面查看考试的数据统计及每位考生的考试结果和成绩分析，如图 5-23 所示。

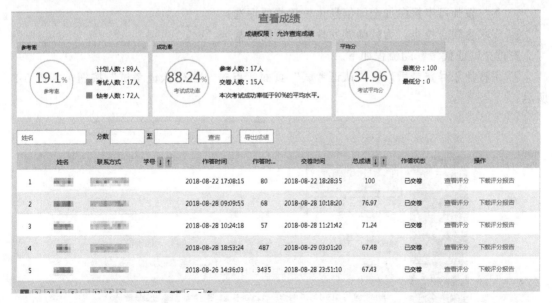

图 5-23

（4）任务总结

① 用教师账号登录测评认证平台（网址：http://kaoshi.glodonedu.com/），在"考试"模块安排考试。

② 用学生账号登录测评认证平台PC考试端，在"待参加的考试"模块参加教师安排的考试。

③ 教师可在网页端考试的成绩分析页，查看学生的作答状态和成绩分析。

5.2.4 结课考试应用实例

（1）任务说明

① 安排一场结课考试。

② 查看学生考试状态和成绩。

③ 查看学生的评分报告。

（2）任务分析 如何安排结课考试？

（3）任务实施 软件提供两种结课考试的服务：以证代考形式的结课考试（推荐）、常规测评形式的结课考试。

1）安排一场以证代考的考试。为了更好地服务院校师生，为社会培养高技能人才，广联达联合院校企业推出一种结课与认证相结合的考试方式（以下简称"以证代考"），该形式在辅助院校实现"信息化实训课程测评考试"的同时，可输出职业技能鉴定证书，协助实现学生"双证毕业""第三方评价"的需求。

院校采用"以证代考"具有以下优势。

① 考评的试题种类多、数量大，满足院校结课考试的需求；

② 可一键导出考试成绩、评分明细、学生作答的工程文件；

③ 院校可申请授牌，成为GIAC认证考试中心；

④ 参与教师可申报参加全国信息化教学奖项评选；

⑤ 广联达联合校企，为教师颁发教学成果奖励基金。

安排"以证代考"的流程如下。

① 用教师账号登录后，在"认证考试"页面，点击"创建认证考试"按钮，如图5-24所示。

图 5-24

② 填写认证考试信息，如图 5-25 所示。

a. 填写考试专业，如"土建"。

b. 填写考试科目，如"广联达 BIM 土建计量"。

c. 填写考试时间。

d. 填写考试容量，即填写本次考试的最大人数。

e. 填写考试地点。

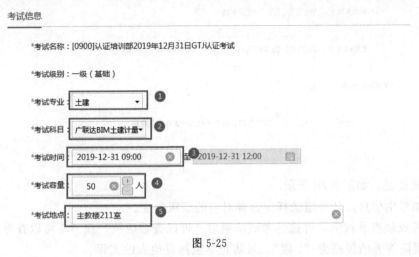

图 5-25

③ 邀请学生报名。点击最下方的"提交审核"后，弹出如图 5-26 所示的提示窗口，可以将报名链接通过其他形式发送给学生，让学生报名本场考试。

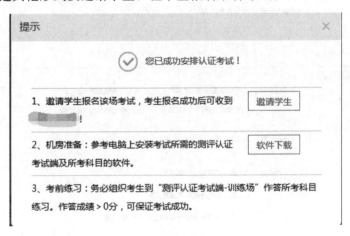

图 5-26

除了上面邀请学生报名考试之外，还可以批量导入学生名单。

④ 填写本学期的课程信息，广联达会提供全程全套服务。

到此，就安排了一场"以证代考"的考试。

2）安排一场常规测评的考试

① 用教师账号登录后，在"考试"管理页面，点击"安排考试"按钮，如图 5-27 所示。

② 填写考试基础信息，如图 5-28 所示。

图 5-27

a. 填写考试名称。

b. 选择考试的开始时间与结束时间，建议考试时长控制在 2～3 小时。

c. 点击"选择试卷"按钮选择试卷。

图 5-28

③ 考试设置，如图 5-29 所示。

a. 添加考生信息，从群组选择中选择对应的班级学生。

b. 设置成绩查看权限，可选择考试结束后"可以查看成绩"或"不可以查看成绩"。

c. 设置防作弊的级别为"2 级"，可防止学生拷贝他人的工程。

d. 设置可进入考试的次数为"2 次"，可给学生两次作答机会。

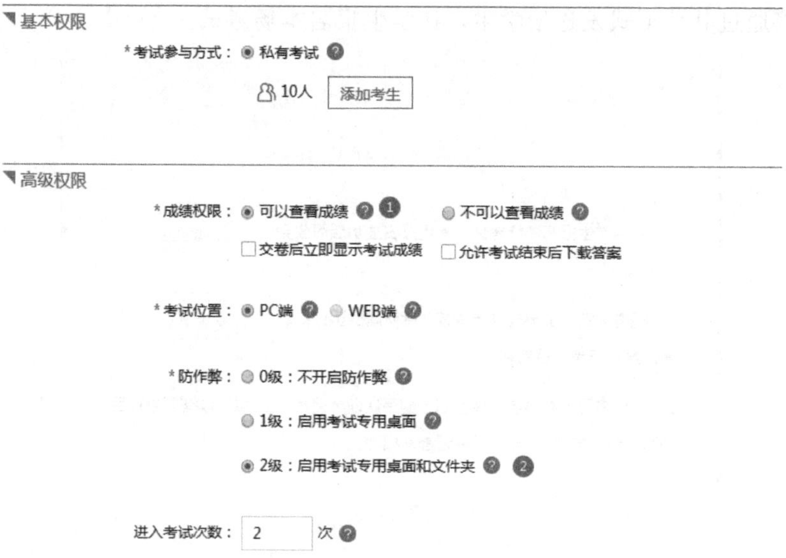

图 5-29

到此，点击"发布"命令，就安排了一场常规测评的考试。

（4）任务总结

① 完成发布一场"以证代考"的考试。

② 完成发布一场结课考试。

③ 通过设置成绩查看权限，满足不同场景的需要。

5.3　BIM 工程计价测评应用实例

BIM 工程计价创建试题和试卷的过程跟工程计量相同，相关流程可以参见相关内容。本节重点讲解计价考试的应用实例。

（1）任务说明

① 安排一场结课考试。

② 查看学生考试状态和成绩。

③ 查看学生的评分报告。

（2）任务分析　如何安排结课考试？

（3）任务实施　提供两种结课考试的服务：以证代考形式的结课考试（推荐）、常规测评形式的结课考试。

1）安排一场以证代考的考试。安排"以证代考"的流程如下。

① 用教师账号登录后，在"认证考试"页面，点击"创建认证考试"按钮，如图 5-30 所示。

图 5-30

② 填写认证考试信息，如图 5-31 所示。

图 5-31

a. 填写考试专业，如"云计价"。

b. 填写考试科目，如"广联达云计价 P5"。

c. 填写考试时间。

d. 填写考试容量，即填写本次考试的最大人数。

e. 填写考试地点。

③ 邀请学生报名　点击最下方的"提交审核"后，弹出如图 5-32 所示的提示窗口，可以将报名链接通过其他形式发送给学生，让学生报名本场考试。

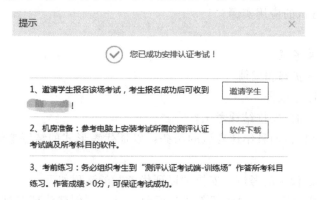

图 5-32

除了上面邀请学生报名考试之外，还可以批量导入学生名单。

④ 填写本学期的课程信息，广联达会提供全程全套服务。

图 5-33

到此，就安排了一场"以证代考"的考试。

2）安排一场常规测评的考试

① 用教师账号登录后，在"考试"管理页面，点击"安排考试"按钮，如图 5-33 所示。

② 填写考试基础信息，如图 5-34 所示。

a. 填写考试名称。

b. 选择考试的开始时间与结束时间，建议考试时长控制在 2～3 小时。

c. 点击"选择试卷"按钮选择试卷。

图 5-34

③ 考试设置，如图 5-35 所示。

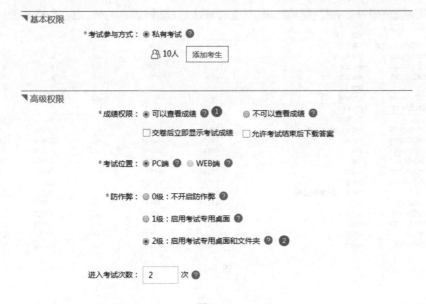

图 5-35

a. 添加考生信息，从群组选择中选择对应的班级学生。

b. 设置成绩查看权限，可选择考试结束后"可以查看成绩"或"不可以查看成绩"。

c. 设置防作弊的级别为"2 级"，可防止学生拷贝他人的工程。

d. 设置可进入考试的次数为"2 次"，可给学生两次作答机会。

到此，点击"发布"命令，就安排了一场常规测评的考试。

3）查看评分报告。考试结束后，教师可以在考试管理页面查看考试的参考率、参考人数、交卷人数及考试平均分、最高分、最低分及未交卷人数，并可以查看人员明细，如图 5-36 所示。

图 5-36

针对每位交卷的学生，可以查看详细的评分明细，查看各知识点的得分情况，如图 5-37 所示。

（4）任务总结

① 完成发布一场"以证代考"的考试。

② 完成发布一场结课考试。

③ 通过设置成绩查看权限，满足不同场景的需要。

评分报告

序号	编号		名称	标准值	作答值	单位	标准分	得分	错误
1	▼ I		分部分项				80	80	
2		▼ A.1	土石方工程				16	16	
3		010101001002	平整场地	6.96	6.96	m2	4	4	
4		010101004002	挖基坑土方	17.74	17.74	m3	4	4	
5		010103001004	素土回填	30.91	30.91	m3	4	4	
6		010103001005	房心回填	45.98	45.98	m3	4	4	
7		▼ A.10	其他				0	0	
8		010507004006	室外坡道	49.78	49.78	m2	0	0	
9		010507004007	钢丝网	18.93	18.93	m2	0	0	
10		▼ A.4	二次结构及砌筑				16	15.9999	
11		010402001008	水泥空心连锁砌块墙	641.43	641.43	m3	2.6666	2.6666	
12		010402001009	砌块墙	649.54	649.54	m3	2.6666	2.6666	
13		010503004003	圈梁	609.95	609.95	m3	2.6666	2.6666	
14		010503005004	过梁	617.66	617.66	m3	2.6666	2.6666	
15		010502002003	构造柱	605.67	605.67	m3	2.6666	2.6666	
16		010503005005	窗台压顶	667.01	667.01	m3	2.6666	2.6666	
17		▼ A.5	混凝土及钢筋混凝土工程				16	16.0000	
18		010501001002	垫层	468.85	468.85	m3	0.7619	0.7619	
19		010501003001	独立基础	621.98	621.98	m3	0.7619	0.7619	
20		010502001004	矩形柱	645.42	645.42	m3	0.7619	0.7619	
21		010503002004	矩形梁	556.74	556.74	m3	0.7619	0.7619	
22		010505001004	有梁板	542.66	542.66	m3	0.7619	0.7619	

图 5-37

5.4 BIM 工程测评成果应用分析

BIM 工程测评成果应用分析是指在考试结束后，可以在考试后台查看学生的考试数据，便于进行数据分析和课程改进。本节将重点讲解数据查看及成绩分析的应用。

（1）任务说明

① 查看学生的基础考试数据。

② 分析班级学生对课程的掌握情况。

③ 课程评价结果应用。

（2）任务分析

① 从哪里查看考试数据？可以看到哪些数据？

② 课程评价结果如何应用于教学改进？

（3）任务实施

接下来，将详细讲解数据的查看及成绩分析的应用。

1）查看考试数据。在已完成的考试页，找到要查看的考试，点击右侧的"成绩分析"，就可以进入成绩分析页面，如图 5-38 所示。

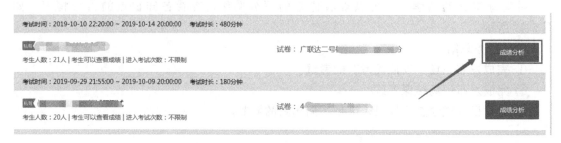

图 5-38

在成绩分析页面，上方为考试的基础数据，下方为每位学生的成绩及评分报告。考试基础数据包含本场考试的参考率（考试人数/计划人数），考试成功率（交卷人数/参考人数），本场考试的平均分，本场考试的已交卷人数、未交卷人数和未参加人数。

点击某个学生的"查看评分"，可以看到详细的评分报告。在评分报告中可以查看学生每个知识点的得分情况，如图 5-39～图 5-41 所示。

图 5-39

图 5-40

2）查看班级的成绩分析。如图 5-42 所示，可以查看各分数段的人数分布。根据图 5-43 可以看出，材料暂估价、暂列金额、总承包服务费、总价措施的得分偏低，属于学生掌握的薄弱点，需要重点加强辅导。

根据图 5-44 可以分析每个知识点不同得分区间的人数占比，可快速掌握学生的掌握情况，分析薄弱环节，调整教学进度和讲解重点。

评分报告

序号	编号	名称	标准值	作答值	单位	标准分	得分	错误
1	▼ I	分部分项				80	80	
2	▼ A.1	土石方工程				16	16	
3	010101001002	平整场地	6.96	6.96	m2	4	4	
4	010101004002	挖基坑土方	17.74	17.74	m3	4	4	
5	010103001004	素土回填	30.91	30.91	m3	4	4	
6	010103001005	房心回填	45.98	45.98	m3	4	4	
7	▼ A.10	其他				0	0	
8	010507004006	室外坡道	49.78	49.78	m2	0	0	
9	010507004007	钢丝网	18.93	18.93	m2	0	0	
10	▼ A.4	二次结构及砌筑				16	15.9999	
11	010402001008	水泥空心连锁砌块墙	641.43	641.43	m3	2.6666	2.6666	
12	010402001009	砌块墙	649.54	649.54	m3	2.6666	2.6666	
13	010503004003	圈梁	609.95	609.95	m3	2.6666	2.6666	
14	010503005004	过梁	617.66	617.66	m3	2.6666	2.6666	
15	010502002003	构造柱	605.67	605.67	m3	2.6666	2.6666	
16	010503005005	窗台压顶	667.01	667.01	m3	2.6666	2.6666	
17	▼ A.5	混凝土及钢筋混凝土工程				16	16.0000	
18	010501001002	垫层	468.85	468.85	m3	0.7619	0.7619	
19	010501003001	独立基础	621.98	621.98	m3	0.7619	0.7619	
20	010502001004	矩形柱	645.42	645.42	m3	0.7619	0.7619	
21	010503002004	矩形梁	556.74	556.74	m3	0.7619	0.7619	
22	010505001004	有梁板	542.66	542.66	m3	0.7619	0.7619	

图 5-41

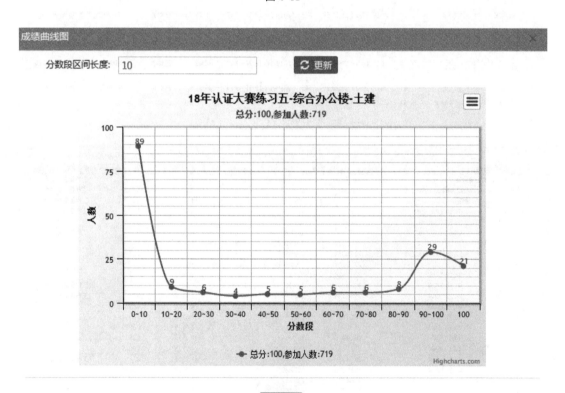

图 5-42

（4）任务总结

① 考试基础数据包含本场考试的参考率（考试人数/计划人数），考试成功率（交卷人数/参考人数），本场考试的平均分，本场考试的已交卷人数、未交卷人数和未参加人数。

② 通过查看整场考试的成绩分析，可以知晓学生对于各知识点的掌握情况，哪些掌握

得比较好，哪些掌握得相对较差，就可以有针对性地对讲解的重点和课程进度进行调整，提升教学效果。

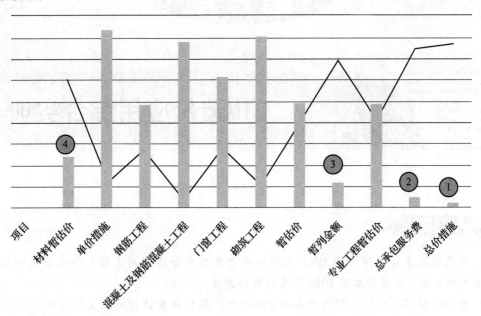

图 5-43

各构件模块人数分布：

得分区间分布
1、定义：按照所设置的得分比例，统计某构件不同分数比例区间内的人数。
2、示例：比如设置比例是30%--50%，柱构件标准分7分，那么统计考生的柱构件得分在7*30%至7*50%，也即2.1--3.5分内的人数。

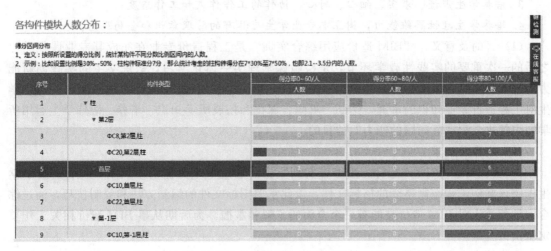

图 5-44

第6章

BIM造价应用综合实训

 学习要求

1. 能系统地掌握建筑工程 BIM 造价应用"员工宿舍楼案例工程"的造价文件编制程序，熟悉其中建筑和装饰工程 BIM 计量计价的方法；

2. 能综合运用所学的工程造价基础理论知识、现行计量计价规则及相关的 BIM 软件操作技能，培养学生对造价行业调查研究，收集资料，获取信息，分析、整理、归类的能力；

3. 培养学生严谨、求实、细心、耐心、协作的工作作风和工作态度；

4. 培养学生理性思维能力，树立本专业学生应具有的管理意识和全局观念。

（1）目的及意义 "BIM 造价应用综合实训"是工程造价专业在完成其专业课程学习之后的一次重要的实践性教学环节，是检验课堂理实一体化学习，锻炼学生的实践创新能力，提升学生综合素质的重要途径。通过实训，提高学生对 BIM 造价应用的能力，强化学生对工程造价专业知识的掌握，达到"巩固、深化和拓展所学知识，培养、锻炼学生运用所学知识解决工程实际问题的能力"的目的。

（2）内容及要求

1）实训内容。"BIM 造价应用综合实训"主要通过一个具体的案例工程项目，要求学生围绕该案例工程编制整套的招标文件，以此掌握招标文件的编制方法和编制技巧，通过综合实训使学生对 BIM 造价技能有一个全面的了解和掌握，为后期从事 BIM 造价相关工作奠定坚实的基础。

本次综合实训，根据《BIM 算量一图一练》中员工宿舍楼案例工程完成以下任务。

① 利用 BIM 计量平台，计算员工宿舍楼案例工程的土建部分工程量。

② 利用云计价平台，编制员工宿舍楼案例工程的土建部分工程量清单，并编制投标报价。

本次综合实训，深度融合的主要课程有"建筑工程计量与计价""建筑工程 BIM 造价应用""建筑工程招投标与合同管理"等；实训的重点在于招标文件的编制，要求学生在初步掌握 BIM 造价系列软件的前提下，着重提升对基于实际案例工程的 BIM 计量、组价，并进行工料分析等 BIM 造价方面的实践能力。

2）成果要求。实训模式根据院校不同的需求，可以是每个学生独立提交成果，也可以是以团队小组的模式提交团队成果。在完成了工程量清单计价编制后，采取 A4 纸打印，需

要打印的表格如下，打印装订好后，按时上交给指导老师。

工程量清单招标控制价实例的相关报表主要有以下几类。

① 招标控制价封面。

② 招标控制价扉页。

③ 总说明。

④ 单位工程招标控制价汇总表。

⑤ 分部分项工程和单价措施项目清单与计价表。

⑥ 综合单价分析表。

⑦ 总价措施项目清单与计价表。

⑧ 其他项目清单与计价表。

⑨ 暂估价材料计价与调整表。

⑩ 计日工表。

⑪ 规费与税金项目清单计价表。

⑫ 发包人提供材料和工程设备一览表。

3）时间安排。建议独立集训实训一周；各位老师根据各院校的具体情况，可对实际进度做适当调整。

4）实训说明。

① 实训场地：BIM 全过程造价实训室等。

② 所用设备：广联达 BIM 造价系列软件。

③ 消耗性器材：相关案例工程实训图纸。

（3）考核方式　强化学生自我管理，实施二级考核，具体考核评价人为实训小组的组长和实训指导老师。成绩比例构成：实训过程考核 20%，实训成果 40%，实训总结报告 40%。

过程考核具体考核依据：学生实训过程中的学习态度、考勤、实训任务完成进度；学生对所学专业理论知识的应用能力，独立思考问题和处理问题的能力；所完成建筑工程施工图预算内容的完整性及质量；各类计算报表运用格式是否规范，书写是否工整、清晰等。

过程考核实施具体由各小组长进行每天一考核，由实训指导负责人抽查审核，实训结束后，由实训指导负责人在各小组长考核的基础上结合实训教学中学生的总体表现，最终综合评定学生的过程考核评分，最后评定学生的实训成果和实训报告。

二级考核严格控制优良率，成绩呈正态分布。成绩分五等：优秀、良好、中等、及格和不及格，相关要求见表 6-1。

表 6-1　成绩要求

项目	分值	优秀 (100>X≥90)	良好 (90>X≥80)	中等 (80>X≥70)	及格 (70>X≥60)	不及格 (X<60)
学习态度	20	学习态度认真，科学作风严谨，严格按照要求进度完成	学习态度比较认真，科学作风良好，能按规定期限完成	学习态度尚好，遵守纪律，基本保证进度，能按规定期限完成	学习态度尚可，基本上能遵守纪律，可以按规定期限完成	学习态度不端正，纪律涣散，不能按照进度要求和规定期限完成

237

项目	分值	优秀 (100>X≥90)	良好 (90>X≥80)	中等 (80>X≥70)	及格 (70>X≥60)	不及格 (X<60)
技术水平与实际能力	40	理论分析和计算正确，有很强的实际动手能力、造价软件应用能力	理论分析和计算比较正确，有较强的实际动手能力、造价软件应用能力	理论分析和计算基本正确，有一定的实际动手、造价软件应用能力	理论分析和计算无大错	理论分析和计算有原则性错误，实际动手能力、造价软件应用能力比较差
报告	40	分部分项工程项目符合规范要求，划分合理，无漏项，完整达到课程实训分量且内容正确，资料齐全	分部分项工程项目符合规范要求，划分较合理，个别漏项，完整达到课程实训分量且内容正确，资料齐全	分部分项工程项目划分符合规范要求，漏项较少，完整达到课程实训分量且内容较正确，资料齐全	分部分项工程项目划分符合规范要求，漏项较多，完整达到课程实训分量，资料齐全	分部分项工程项目划分不符合规范要求，课程实训报告资料不全

（4）参考资料

①《建设工程工程量清单计价规范》（GB 50500—2013）；

②《中华人民共和国招标投标法》；

③各省的定额规则；

④BIM系列软件下载及学习交流QQ群（详见前言说明）。

（5）附件

①投标报价参考格式；

②员工宿舍楼案例工程图纸。

以上附件详见配套的课程电子资源包，索取方式详见前言说明。

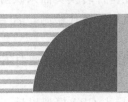

第7章

BIM模型造价应用实例

7.1 BIM模型造价应用概述

7.1.1 BIM模型造价应用流程

本章节以专用宿舍楼案例为例,围绕 BIM 造价应用进行案例精讲,贯穿设计阶段、招投标阶段、施工阶段,实现一体化造价应用。首先在设计阶段利用 Revit 软件进行建筑模型的创建,在招投标阶段通过 BIM 模型交互导入 GTJ2018 算量软件,进行清单做法的套取,导入云计价平台进行合同报价的计算。最终将模型文件、合同报价文件导入 BIM5D 管理平台,实现造价管理应用,如图 7-1 所示。

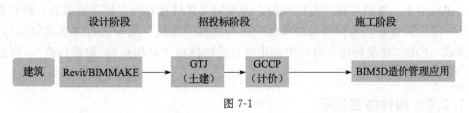

图 7-1

7.1.2 BIM建模规范要求

Revit 建模规范包括构件规范与绘图规范两类。其中设计与算量模型的属性差异由构件规范决定,设计与算量模型的绘图位置差异由绘图规范决定。为满足 BIM 模型贯穿设计、招投标、造价管理一体化应用,需在前期建模时按照以下要求进行。

7.1.2.1 建模方式基本规定

(1) 建模方式

1) 尽量不在 Revit 中使用体量建模和内建模型方法建模。

常见问题:复杂内建模型导入 GTJ 模型丢失。

解决方式:对于板的加腋,可以在 Revit 中通过编辑"梁"族等变通建立。对于柱帽类构件,可以在 Revit 中通过编辑"桩承台"族等变通建立。

2) 不推荐使用草图编辑。

常见问题：墙/板通过复杂的草图编辑导入 GTJ 模型中丢失。

解决方式：对于墙/板通过草图编辑进行开洞者，建议通过墙/板洞变通处理；对于墙/板通过草图编辑进行绘制多个墙/板者，建议分别绘制单个墙/板处理。

3）常规模型仅可以绘制集水坑、基础垫层、挑檐、台阶、散水、压顶、踢脚线。

常见问题：不属于上述范围的构件用常规模型绘制后，在构件转换页面未映射。

解决方式：用命名规范中的族代替绘制，如将阳台栏板改用墙替代绘制，名字中含"栏板"即可。

（2）原点定位 为了更好地进行协同工作和碰撞检测工作以及实现模型向下游有效传递，各专业在建模前，应统一规定原点位置并共同严格遵守。

常见问题：Revit 里面"项目基点"没有对应到模型上；导入 GTJ 模型以后，轴网位置发生偏移，模型不在或者只有部分在轴网上。

解决方式：将 Revit "项目基点"对应到 Revit 模型左下角交点即可。

（3）构件命名 建模构件命名，应符合构件命名规范，具体的构件命名规范参考广联达建模规范即可。

（4）按层绘制图元 建模过程中，尽量按照构件归属楼层，分层定义、绘制各楼层的构件图。在 GFC 中有功能可以分割跨层图元；但对于导入 GTJ 模型为不规则体的跨层图元则无法分割。为养成良好的建模习惯，建议分层定义及绘制各层构件图元。

（5）链接 Revit 外部链接的文件必须绑定到主文件后才能导出。

常见问题：建筑模型在链接的结构模型上绘制，且此链接文件未绑定，导入 GTJ 模型后依附附属链接文件的图元无法导入。

解决方式：将链接的文件绑定。

（6）楼层定义 按照实际项目的楼层，分别定义楼层及其所在标高或层高，所有参照标高使用统一的标高体系；当标高线的属性中既勾选过"结构"又勾选过"建筑楼层"，则在"导出 GFC"下的"楼层转化"窗口中会出现过滤选择项"结构标高/建筑标高"，可进行过滤选择。

7.1.2.2 构件命名规范

Revit 族类型名称命名规则如下：专业（A/S）-名称/尺寸-混凝土标号/砌体强度-GTJ构件类型字样，例如：S-厚 800-C40P10-筏板基础。其中，A 代表建筑专业，S 代表结构专业；"名称/尺寸"需填写构件名称或者构件尺寸（如：厚 800）；"混凝土标号/砌体强度"需填写混凝土或者砖砌体的强度标号（如：C40）；"GTJ 构件类型字样"详见表 7-1 相应内容。

① 构件命名规则：统一两个软件的构件划分，完成构件转化。

② GTJ 构件类型字样：完成构件不同类型的映射。

③ "名称/尺寸"及"混凝土标号/砌体强度"：完成同类构件不同公有属性的映射。

表 7-1 GTJ 构件类型字样规定

GTJ 构件类型	对应 Revit 族名称	Revit 族类型		Revit 族类型样例
		必须包含字样	禁止出现字样	
筏板基础	结构基础/基础底板/楼板	筏板基础		S-厚 800-C35P10-筏板基础

GTJ 构件类型	对应 Revit 族名称	Revit 族类型		Revit 族类型样例
		必须包含字样	禁止出现字样	
条形基础	条形基础/结构基础/结构框架			S-TJ1-C35
独立基础	独立基础/结构基础		承台/桩	S-DJ1-C30
基础梁	梁族	基础梁		S-DL1-C35-基础梁
垫层	结构板/基础底板/结构基础	××垫层		S-厚 150-C15-垫层
集水坑	结构基础/常规模型	××集水坑		S-J1-C35-集水坑
桩承台	结构基础/独立基础	桩承台		S-CT1-C35-桩承台
桩	结构柱/独立基础	××桩		S-Z1-C35-桩
现浇板	结构板/建筑板/楼板边缘		垫层/桩承台/散水/台阶/挑檐/雨篷/屋面/坡道/天棚/楼地面	S-厚 150-C35S-PTB150-C35S-TB150-C35
柱	结构柱		桩/构造柱	S-KZ1-C35
构造柱	结构柱	构造柱		S-GZ1-C20-构造柱
柱帽	结构柱/结构连接	柱帽		S-ZM1-C35-柱帽
墙	墙/面墙	弧形墙/直形墙	保温墙/栏板/压顶/墙面/保温层/踢脚	S-厚 400-C35-直形墙
梁	梁族		连梁/圈梁/过梁/基础梁/压顶/栏板	S-KL1-C35
连梁	梁族	连梁	圈梁/过梁/基础梁/压顶/栏板	S-LL1-C35-连梁
圈梁	梁族	圈梁	连梁/过梁/基础梁/压顶/栏板	S-QL1-C20-圈梁
过梁	梁族	过梁	连梁/基础梁/压顶/栏板	S-GL1-C20-过梁
门	门族			M1522
窗	窗族			C1520
飘窗	凸窗/窗族 注：子类别按飘窗组成分别设置，如玻璃窗-带形窗、窗台-飘窗板			
飘窗	飘窗/PC-1			
楼梯	楼梯	直行楼梯/旋转楼梯		LT1-直行楼梯
坡道	坡道/楼板	××坡道		S-C35-坡道
幕墙	幕墙			A-MQ1
雨篷	楼板	雨篷或雨棚	垫层/桩承台/散水/台阶/挑檐/屋面/坡道/天棚/楼地面	A-YP1-C30-雨篷
散水	楼板/公制常规模型	××散水		A-SS1-C20-散水
台阶	楼板/楼板边缘/公制常规模型/基于板的公制常规模型	××台阶		A-TAIJ1-C20-台阶
挑檐	楼板边缘/楼板/公制常规模型/檐沟	××挑檐		A-TY1-C20-挑檐
栏板	墙/梁/公制常规模型	××栏板		A-LB1-C20-栏板

续表

GTJ 构件类型	对应 Revit 族名称	Revit 族类型		Revit 族类型样例
		必须包含字样	禁止出现字样	
压顶	墙/梁/公制常规模型	××压顶		A-YD-C20-压顶
墙面	墙面层/墙	墙面/面层		灰白色花岗石墙面
墙裙	墙饰条	墙裙		水磨石墙裙
踢脚	墙饰条/墙/常规模型	踢脚		水泥踢脚
楼地面	楼板面层/楼板	楼地面/楼面/地面		花岗石楼面
墙洞	直墙矩形洞/弧墙矩形洞/墙中内环			S-QD1
板洞	普通板内环/屋顶内环未布置窗/屋顶洞口剪切/楼板洞口剪切			S-BD1
天棚	楼板面层/楼板	天棚		纸面石膏板天棚
吊顶	天花板	吊顶		石膏板吊顶

对于表 7-1，当族类型名称没有按照命名规范命名时，可以通过批量修改族名称，对族名称批量进行修改；当族类型名称中包含禁止出现的字样的，则在导出 GFC 时匹配为禁止出现字样对应的构件类型，这时建议先将族类型名称按照规范修改正确，当族类型名称中未包含必须包含的字样的，则在导出 GFC 时默认匹配关系会有误，这时可以通过"导出GFC"下的"构件转化"，手动匹配来修改对应关系，但仍建议将族类型名称按照规范修改正确。

对于族类型名称有自己公司一套命名体系的，可以通过"导出 GFC"下的"构件转化"中修改构件转化规则，重新匹配对应关系。

7.1.2.3　图元绘制规范

（1）同一种类构件不应重叠绘制时应注意：墙与墙不应平行相交；梁与梁不应平行相交；板与板不应相交；柱与柱不应相交。

对于不同类型的构件，相交无影响，如梁与柱相交，柱与板相交等；对于墙与墙、梁与梁平行相交，见图 7-2（a）、（b），均为重叠情况；对于墙与墙、梁与梁垂直相交，见图 7-2（c），此类情况可以存在。

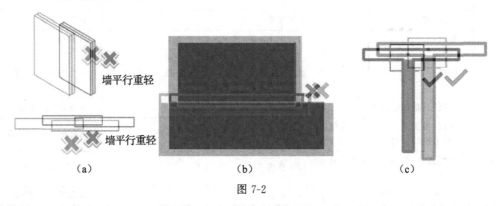

（a）　　　　　　　　　（b）　　　　　　　　　（c）

图 7-2

常见问题一：用墙或板绘制墙或板的装修时，极易重叠相交，如不修改模型，则不能顺利导入 GTJ 模型，会出现导入的进度条一直停留在导入后处理界面。

问题一解决方式：

① 绘制时注意利用捕捉、细线模式等功能精确绘制。

② 对于在主体上绘制装修的，建议在结构编辑里增加材质方式。

③ 利用模型检查功能检查、定位及修改重叠部分图元。

常见问题二：Revit 中的不同高度垂直相交的墙未做不连接处理，导入 GTJ 模型后墙易异形。

问题二解决方式：在 Revit 中选中墙，右键，选择不允许连接。

（2）封闭性线性图元（墙、梁等）只有中心线相交，才是相交，否则算量软件中都视为没有相交，无法自动执行算量扣减规则。

常见问题：梁未绘制到柱中心，导致板为不规则体，不规则体无法正确计算体积和模板面积等。

解决方式：梁绘制到柱中心。

（3）依附构件和附属构件必须绘制在它们所附属和依附的构件上，否则会因为找不到父图元而无法计算工程量。

GTJ 中依附构件有墙面、墙裙、踢脚、保温层（依附于墙）、天棚（依附于板）、独立柱装修（依附于柱）；GTJ 中附属构件为门窗洞（依附于墙）、板洞（依附于板）、过梁（附属于门窗洞）。

常见问题：子图元找不到父图元。

原因分析：

① 主体装修和主体不在一个 Revit 项目文件里。

② 装修和主体在一个文件中，但主体是链接文件且未绑定。

③ 子图元超出父图元，如当门窗框宽度超出墙结构层（注意仅仅是结构层）厚度时。

解决方式：

① 把装修和主体文件链接绑定，且装修层和主体层不能相离或相交。

② 将主体链接文件绑定，之后再进行导出。

③ 通过模型检查可以对其定位及修改。

（4）Revit 的草图编辑非常灵活，在某些情况下构件导出后会出现丢失或者为不规则体情况。

常见问题：对于墙/板用编辑轮廓开洞口的，导入 GTJ 后板为不规则体。

解决方式：建议使用洞口功能对墙/板开洞。

（5）绘制图元时，应使用捕捉功能并捕捉到相应的轴线交点或者相交构件的相交点或相交面处，严禁人为判断相交点或相交面位置，以免视觉误差导致图元位置有所偏差，造成工程量错误。对此可以利用细线模式进行捕捉。

（6）板顶、板底（或者附着屋顶）平板和直墙相交时，墙顶部、底部不需要进行附着操作；斜板和墙相交时，需要顶部、底部附着，导出为不规则墙不能编辑。

为避免此类问题，在斜板和墙相交时，可以在 Revit 中取消顶部、底部附着，导入后在 GTJ 中执行"平齐板顶"功能，这样导入的墙属性可编辑。

7.2 BIM 模型应用实例

7.2.1 BIM 设计模型交互实例

本节以专用宿舍楼案例为例，读者根据前述章节所学内容，自行完成专用宿舍楼的 Revit 模型创建，根据交互规范，导出 GFC 模型文件，为 BIM 招投标应用提供基础模型数据。

7.2.1.1 任务说明

打开专用宿舍楼 Revit 模型，导出专用宿舍楼 GFC 交互文件。

7.2.1.2 任务分析

要进行 BIM 应用导出 GFC 的操作，需要安装 Revit to GFC 的插件，并申请广联云账号。在 Revit 中的广联达 BIM 算量选项卡中，通过"工程设置""导出全部图元""模型检查"及"构件显隐"等功能，输出 GFC 模型。

7.2.1.3 任务实施

首先打开专用宿舍楼 Revit 模型，进入广联达 BIM 算量选项卡，登录广联云账号，进行工程设置，如图 7-3 所示。

图 7-3

分别对"工程概况""楼层转化""构件转化""构件楼层归属"进行设置，根据项目概况及图纸要求，进行调整，如图 7-4 所示。

图 7-4

工程设置完成后，点击"导出全部图元"，选择需要导出的楼层及构件，如图 7-5 所示。

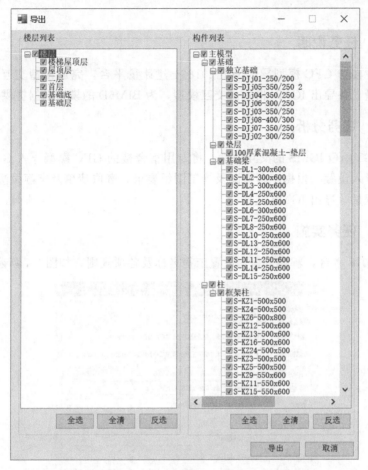

图 7-5

选择导出路径，保存为"gfc2"的交互模型，如图 7-6 所示。

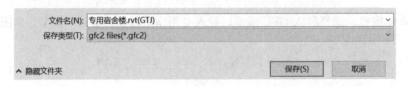

图 7-6

7.2.1.4　归纳总结

BIM 模型在设计阶段的交互应用主要分为以下步骤。

① 需要申请广联云账号及安装交互插件。

② 进行交互设置，导出全部图元。

③ 导入 Revit 交互文件（GFC），实现设计模型在造价计量中的应用。

7.2.2　BIM 算量模型交互实例

本章节以专用宿舍楼案例为例，读者根据前述章节导出 GFC 模型文件，将其导入 GTJ

土建计量平台，避免二次建模，利用设计模型交互后，直接套取清单及定额做法，输出工程量。

7.2.2.1 任务说明

将专用宿舍楼的 GFC 模型导入 GTJ2018 土建计量平台，完成模型交互，套取清单定额，输出工程量，并导出 IGMS 格式的交互模型，为 BIM5D 的模型数据提供依据。

7.2.2.2 任务分析

首先安装 GTJ tO IGMS 的交互插件，将专用宿舍楼的 GFC 模型导入 GTJ2018 土建计量平台，进行导入设置，根据工程概况及施工图纸要求，套取清单及定额做法，输出清单工程量及定额工程量，导出 IGMS 文件。

7.2.2.3 任务实施

打开 GTJ2018 平台，新建工程，设置工程名称及各项规则，如图 7-7 所示。

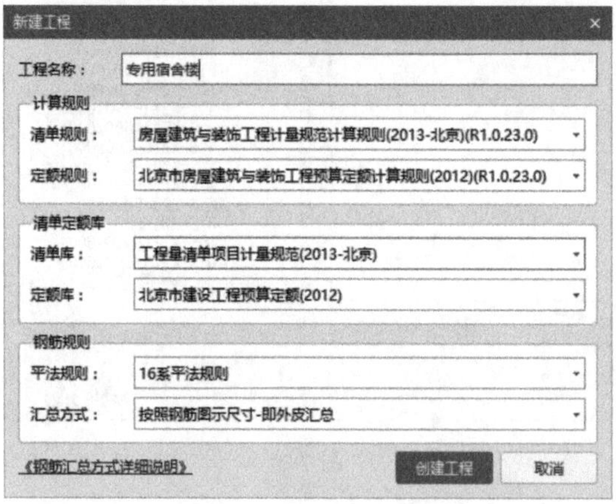

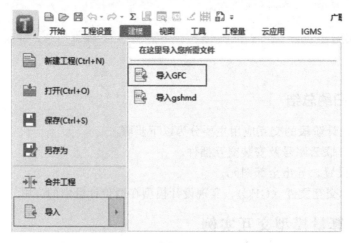

图 7-7

点击主菜单按钮，选择导入 GFC 模型，导入专用宿舍楼的"gfc2"模型，如图 7-8 所示。

图 7-8

在"GFC 文件导入向导"对话框中，选择导入楼层及构件，设置导入规则，如图 7-9 所示。

图 7-9

导入完成，如图 7-10 所示。

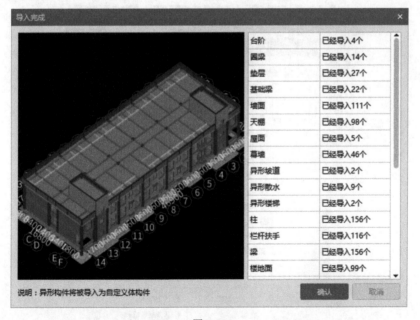

图 7-10

对导入的专用宿舍楼模型的每个构件，套取清单及定额做法。以柱构件为例，打开"构件列表"，选择"构件做法"界面，查询匹配清单及匹配定额，根据工程图纸及地区规则，选择相应的清单项和定额子目，同时录入项目特征，选择匹配的表达式，如图 7-11 所示。

图 7-11

完成所有构件的清单及定额套取后，点击"工程量"页签，进行"汇总计算"，可通过"查看报表"，导出相应需求的工程量报表，如图 7-12、图 7-13 所示。

图 7-12

图 7-13

通过点击"IGMS"页签，导出 IGMS 模型，如图 7-14 所示。

图 7-14

点击"保存"按钮，保存 GTJ 模型。

7.2.2.4　归纳总结

BIM 模型在招投标阶段的交互及应用主要分为以下步骤。

① 安装交互插件。

② 进行交互设置，导入 GFC 模型。

③ 套取清单及定额子目，计算工程量，输出报表。

④ 导出 IGMS 模型。

7.2.3　BIM 模型导入计价平台实例

本节以专用宿舍楼案例为例，读者根据前述章节完成的 GTJ 模型，将其导入云计价平台，进行人材机调整，输出合同报价文件。

7.2.3.1　任务说明

将专用宿舍楼的 GTJ 模型导入云计价平台，进行人材机调整，输出合同报价。

7.2.3.2　任务分析

新建招投标项目，将输出的 GTJ 模型直接导入 GCCP5.0 云计价平台，进行人材机调整及各项设定，输出合同报价文件。

7.2.3.3　任务实施

打开云计价平台，选择离线使用。新建招投标项目，选择需要的地区，如图7-15所示。

图7-15

新建招标项目，输入设定信息，包括"项目名称""地区标准"及"定额标准"等，如图7-16、图7-17所示。

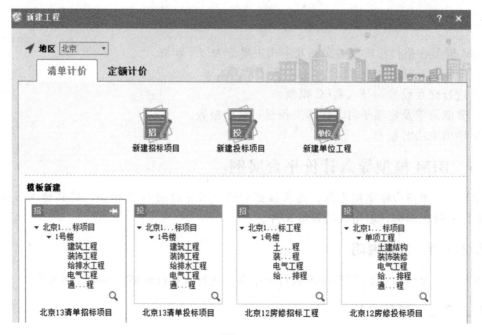

图7-16

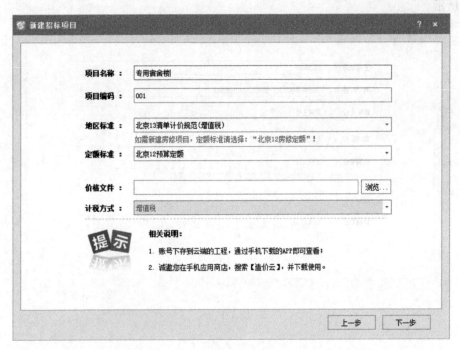

图 7-17

新建单位工程，设置相关信息，包括"清单库""清单专业""定额库"和"定额专业"等，设置完成后，点击"完成"即可，如图 7-18、图 7-19 所示。

图 7-18

进入单位工程项目后，点击"导入单位工程"，选择专用宿舍楼的 GTJ 模型文件，如

图 7-20 所示。

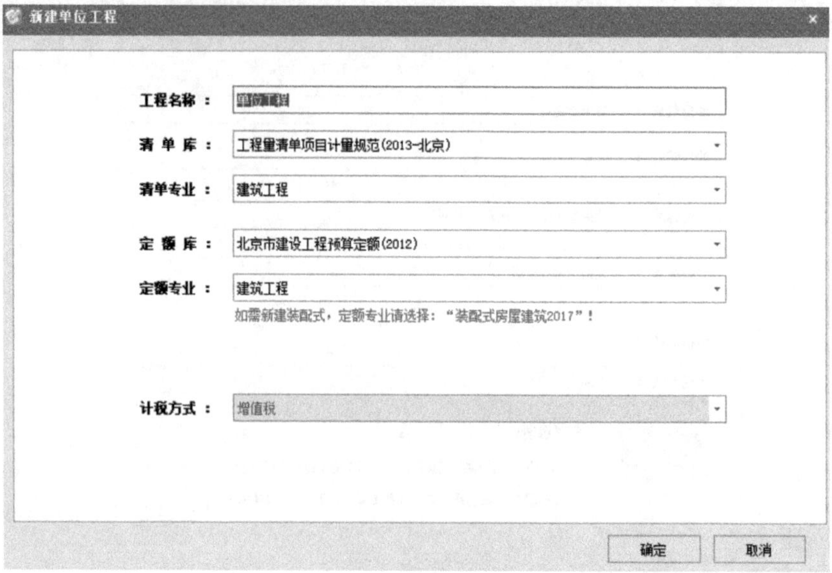

图 7-19

图 7-20

识别出清单及定额项目，选择相应内容，进行导入，如图 7-21 所示。

图 7-21

　　导入完成后，进入"人材机汇总"界面，可以设置各项人工、材料及机械的市场价信息，可根据实际情况询价载价，进行价格调整，如图 7-22 所示。

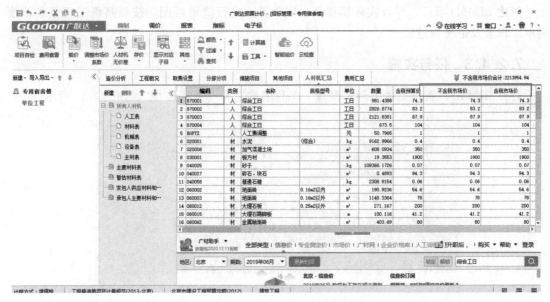

图 7-22

　　调整完成后，保存报价文件，命名为"专用宿舍楼"，如图 7-23 所示。

图 7-23

7.2.3.4　归纳总结

BIM 模型在招投标阶段的清单定额交互主要分为以下步骤。

① 新建招投标文件。

② 导入算量模型。

③ 修改市场价信息。

④ 保存并导出报价文件。

7.2.4　BIM5D 造价应用实例

　　本章节以专用宿舍楼案例为例，将根据前述章节完成的 GTJ 模型及报价文件，导入 BIM5D 平台，进行造价应用。

7.2.4.1　任务说明

　　将专用宿舍楼的 GTJ 模型及报价文件导入 BIM5D 平台，进行清单匹配关联，完成清单工程量造价信息的多维度提取。

7.2.4.2 任务分析

新建 BIM5D 项目，导入实体模型及合同预算，进行清单匹配，按照高级工程量各维度提取工程量及造价信息。

7.2.4.3 任务实施

打开 BIM5D，新建工程案例，设置"工程名称"和"工程路径"，如图 7-24 所示。

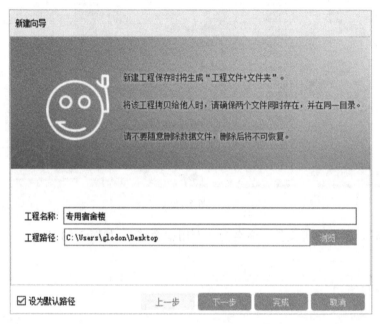

图 7-24

在"数据导入"模块，选择"模型导入"，在"实体模型"位置处，点击"添加模型"，导入专用宿舍楼的 IGMS 模型，如图 7-25 所示。

图 7-25

在"数据导入"模块，选择"预算导入"，在"合同预算"位置处，点击"添加预算书"，导入合同报价文件，如图 7-26 所示。

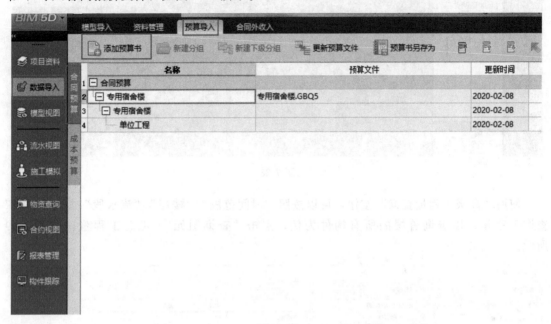

图 7-26

点击"清单匹配"，在预算清单处选择导入的合同报价文件，进行自动匹配，选择清单类型，设置匹配规则进行匹配，如图 7-27 所示。

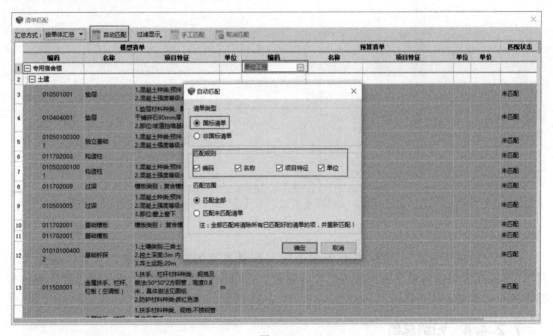

图 7-27

匹配完成后，进入"模型视图"。选择楼层和专业构件类型，点击"高级工程量查询"功能，如图 7-28 所示。

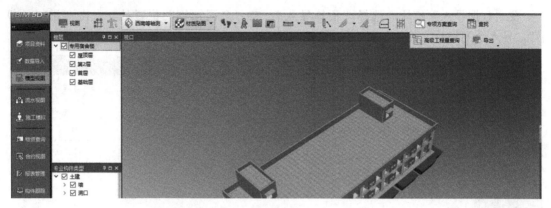

图 7-28

使用"高级工程量查询"按钮，可以按照"时间范围""楼层""流水段""构件类型"查询工程量。以查询首层的所有构件为例，点击"查询图元"，汇总工程量，如图 7-29 所示。

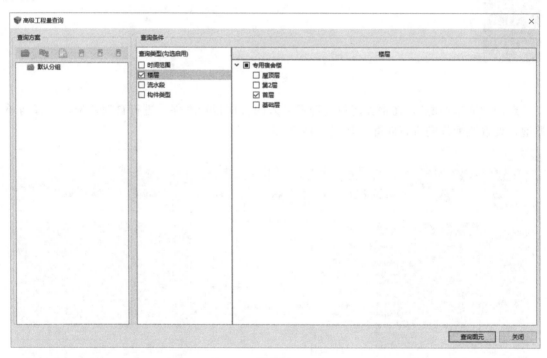

图 7-29

选择"构件工程量"，可以查看各项不同工程量类型的构件工程量；选择"清单工程量"，可以查看各条清单及子目的清单和定额量，还可以查看综合单价及总价合计信息。根据需求，导出 Excel 表格信息，如图 7-30、图 7-31 所示。

7.2.4.4 归纳总结

BIM5D 造价管理应用主要分为以下步骤。

① 新建 BIM5D 文件。

② 导入 BIM 模型。

③ 导入合同报价文件。

④ 按照各项维度需求提取工程量及造价信息。

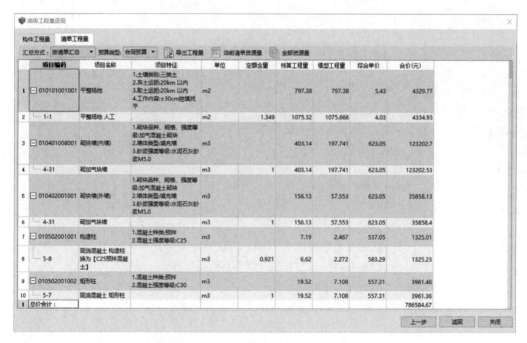

图 7-30

图 7-31

	项目编码	项目名称	项目特征	单位	定额含量	预算工程量	模型工程量	综合单价	合价(元)
1	⊟ 010101001001	平整场地	1.土壤类别:三类土 2.弃土运距:20km 以内 3.取土运距:20km 以内 4.工作内容:±30cm挖填找平	m2		797.38	797.38	5.43	4329.77
2	─ 1-1	平整场地 人工		m2	1.349	1075.32	1075.666	4.03	4334.93
3	⊟ 010401008001	砌块墙(内墙)	1.砌块品种、规格、强度等级:加气混凝土砌块 2.墙体类型:填充墙 3.砂浆强度等级:水泥石灰砂浆M5.0	m3		403.14	197.741	623.05	123202.7
4	─ 4-31	砌加气块墙		m3	1	403.14	197.741	623.05	123202.53
5	⊟ 010402001001	砌块墙(外墙)	1.砌块品种、规格、强度等级:加气混凝土砌块 2.墙体类型:填充墙 3.砂浆强度等级:水泥石灰砂浆M5.0	m3		156.13	57.553	623.05	35858.13
6	─ 4-31	砌加气块墙		m3	1	156.13	57.553	623.05	35858.4
7	⊟ 010502001001	构造柱	1.混凝土种类:预拌 2.混凝土强度等级:C25	m3		7.19	2.467	537.05	1325.01
8	─ 5-8	现浇混凝土 构造柱 换为【C25预拌混凝土】		m3	0.921	6.62	2.272	583.29	1325.23
9	⊟ 010502001002	矩形柱	1.混凝土种类:预拌 2.混凝土强度等级:C30	m3		19.52	7.108	557.31	3961.46
10	─ 5-7	现浇混凝土 矩形柱		m3	1	19.52	7.108	557.31	3961.36
1	总价合计:								786584.67

参考文献

[1] 朱溢镕，黄丽华，赵冬. BIM 算量一图一练. 北京：化学工业出版社，2018.

[2] 朱溢镕，焦明明. BIM 建模基础与应用. 北京：化学工业出版社，2018.

[3] 朱溢镕，阎俊爱，韩红霞. 建筑工程计量与计价. 北京：化学工业出版社，2018.

[4] 中华人民共和国住房和城乡建设部，中华人民共和国国家质量监督检验检疫总局. 建筑工程工程清单计价规范 GB 50500—2013. 北京：中国计划出版社，2013.

[5] 中华人民共和国住房和城乡建设部，中华人民共和国国家质量监督检验检疫总局. 房屋建筑与装饰工程工程量计算规范 GB 50854—2013. 北京：中国计划出版社，2013.